连接之后

公共空间重建与权力再分配

胡 泳　王俊秀　主编

互联网：全球共同善

人民邮电出版社
北 京

《公地》文丛总序

胡　泳

2016 年是《数字化生存》中文版问世 20 周年。有出版社决定重出这本引领中国进入互联网时代的开山之作，我请作者尼古拉·尼葛洛庞帝（Nicholas Negroponte）教授为中国读者写几句话。他写道，大家总是着眼于有多少关于技术发展的预测是准确的抑或失误了，“但是，与一个真正的、堪称是我有生以来最大的误判相比，这些只是细枝末节，事实上微不足道。25 年前，我深信互联网将创造一个更加和谐的世界。我相信互联网将促进全球共识，乃至提升世界和平。但是它没有，至少尚未发生。真实的情况是：民族主义甚嚣尘上，管制在升级，贫富鸿沟在加剧。我也曾经期待，中国可以由于其体量、决心和社会主义的优势在引领全球互联网方面发挥更好、更大的作用。实际情况如何呢？”

这段话道出了互联网走入大众 20 余年后，这一全球化的虚拟空间的演进与当初一些先行者的预期呈现出巨大的不同。如果今天的读者还记得《数字化生存》一书的结语，它的标题叫做“乐观的年代”。尼葛洛庞帝自称天性乐观。他说：“我们无法否定数字化时代的存在，也无法阻止数字化时代的前进，就像我们无法对抗大自然的力量一样。”

尼葛洛庞帝和其他的数字乐观主义者坚信，计算机与互联网将使所有人的生活都变得更好。当然，对这些眼里只有“闪闪发亮的比特”的人，从来也不缺乏批评者。政治学家凯斯·桑斯坦（Cass Sunstein）认为，尼葛洛庞帝的技术乌托邦主义疏于考虑新技术应该被置于其中加以看待的历史、政治和文化现实。

互联网的解放性正在被替换为压制性吗？互联网正在从“同一个世界，同一个网络”走向四分五裂的巴尔干化吗？互联网上的“旧大陆”和“新大陆”会产生重大对抗吗？这些是尼葛洛庞帝忧心忡忡的互联网“实情”。人们对互联网的认识变得更为多元，甚至在很大程度上是不可调和的。

互联网一度被宣扬为民主参与和社会发展的工具，尤其给予边缘群体全新助力，帮助他们成为经济和政治生活的充分参与者；同时，人们也期待它可以对威权体制形成强大压力，促进开放和民主。然而，在今天，许多研究者发现，政治权力有能力迫使互联网按照自己的意愿发展，并经由新技术极大地增强“老大哥”的监控能力。公民的权利不仅在很多情况下被政府所剥夺，也被大企业所侵害。很多人发现自己处于十字路口，不确定是否该允许“一切照常”抑或是拥抱更多的规制。例如，言论自由和隐私就是人们矛盾心理极为明显的两个领域。

出于历史的原因，现有的互联网规制和治理如同中国人常说的“九龙治水”，来源多样，彼此重叠，甚而冲突。民族国家的“尺寸”在跨越地域的互联网上显得奇怪，然而它们坚持自己地域内的管辖权。互联网服务提供者通过用户协议规范用户的网络行为，而技术的开发者又不无“代码即法律”的傲慢。用户机会与全球性的网络生态就这样被多股力量所塑造，令人惊异的是，在一个高唱“消费者至上”“用户为本”的时代，用户不仅失语，而且备倍感无力。

互联网上的三股力量

政府、市场和公众构成了互联网上的三股力量。他们也带来了互联网的三种治理模式：以政府为中心的模式，可以称之为“新威权模式”，或者叫做“网络威权主义”，它维持适度的市场竞争，但强调网络设施为国家所有，推动国家支持的互联网产业，并通过监控加以限制。以市场为导向的模式，具有强烈的技术乌托邦色彩，有人命名为“加州意识形态”，夹杂了控制论、自由市场思想和反文化的自由意志论。以公众为中心的模式，我叫做“公地模式”，它的比较极端的表述，可以称之为“激进的自由至上主义”。三股力量奇特地搅在一起，彼此生成，又互相缠斗。

“加州意识形态”从宏观层面上塑造了加州今日自由开放的硅谷，从技术角度上影响了此后的半导体产业、PC 产业和互联网。虽然标榜自由市场，它也催生了如信息高速公路这样的国家行为。奇特的是，加州意识形态还衍生出了赛博文化，其要旨是通过技术项目达至技术乌托邦。通过用技术系统来表达设计者的梦想，互联网被视为解放和民主的催化剂。在这种对互联网的历史性解释中，互联网生来就是要打破政府的桎梏，典型的表达是约翰 · 巴娄（John Barlow）的《赛博空间独立宣言》：“工业世界的政府们，你们这些令人生厌的铁血巨人们，我来自网络世界——一个崭新的心灵家园。作为未来的代言人，我代表未来，要求过去的你们别管我们。在我们这里，你们并不受欢迎。在我们聚集的地方，你们没有主权。”

今天我们都知道，赛博空间根本无法独立，“激进的自由至上主义”敌不过新威权模式和大企业的操控。就连巴娄的“互联网主权”概念也被完全挪作相反的用途。斯诺登事件不过是这种现状的最经典的反映。仍然对互联网心怀理想的人为此发出“夺回互联网”的呼吁，比如有名的密码学专家布鲁斯 • 施奈尔（Bruce Schneier）就严厉抨击说，政府和产业背叛了互联网。经由把互联网变成巨大的监控平台，NSA（美国国家安全局）破坏了基本的社会契约，而大公司也是不可信任的互联网管家。

旧制度与数字大革命

至于说到企业，它们既需要关注经济上的“公地”环境——例如，对基础设施或是人力资本的投入是否不足，也需要更多考量政治上的“公地”环境——只要想想在一个民主而公正的社会中做生意会有多么顺畅，就明白其中的道理了。今天企业赖以运行的环境，本身就是政治决策的产物。法治和产权对一种稳定的经济系统的作用，历史上的例证历历在目。就像良好的治理是企业高绩效的必要前提一样，善治也是高绩效国家的必要前提。让一个国家拥有健康的民主文化环境，由此也是完全符合企业自身的利益的。

在互联网发展的最近 10 年，技术发生了许多重要变化，不论是工具、平台，还是人们对这些工具和平台的使用和理解，都显示出一种明确无误的演进：互联网终于由工具的层面、实践的层面抵达了社会安排或旧制度形式的层面。我们将面临一场“旧制度与数字大革命”的冲突。正是为此，围绕互联网的公共讨论和学术话语正在发生一场从“强调可能性、新鲜感、适应性、开放度到把风险、冲突、弱点、常规化、稳定性和控制看作当务之急”的迁移。

我所说的这场冲突，构成全人类共同面临的一个关键性挑战：它并不仅仅关乎信息自由，而是关乎我们是否能够生活在同一个互联网、同一个国际社区和同一种团结所有人，并令所有人得益的共同知识之中。

互联网的管控存在三个突出的主题：一是自由与控制的关系，即如何平衡个人权利与安全。数字社会的复杂性质令我们需要重新思考固有的自由与安全的概念。个体公民更加关心自己的数据为何人掌握，政府则看到电脑犯罪、黑客活动、恐怖袭击等占据国家安全政策和国际关系的核心。我们有可能同时在网上获得自由与安全吗？

二是如何建立数字信任。无所不在的互联网要求我们重新界定信任的边界，并在数字时代建立新的社会规范。用户现在可以方便、灵活地收发各种信息，这给网络法与网络规范造成了空前挑战。后者的问题在于，它们几乎总是落后于技术的发展。网络行为如何在规制与规范下得以发生和展开？信息的完整性与可靠性如何保证？边缘群体和弱势群体是否能共享技术带来的好处？在不同的语境和社会当中，到底如何才能建立数字信任？这种线上的信任又是怎样同线下的责任感、透明度等关联在一起？在这些方面，我们的问题比答案更多。

三是，数字社会的成熟化必然要求填平数字鸿沟与提高网络素养。网络接入权与网民素养是网络社会的基石所在，个人因此而赋权，知识藉此而撒播，从而确保不会有人中途掉下高速前进的互联网列车。在这里，数字鸿沟不仅意味着网络接入权的泛化与网络普及率的提高，还包括上网设备的成本、用户的技能、应用 ICT 技术的时间与机会以及用户使用的目的和影响等多个参数。我们常常看到，数字鸿沟的分裂带也是社会阶层与种族的分裂带。此外，年龄、教育程度、性别等的差异也不可忽视。例如，年轻的技术精英掌握编程技巧，熟稔代码，颠覆了传统精英的位置，致使整个社会弥漫“后喻”文化。然而数字一代的成长也需要新的教育、新的素养以及新的伦理，特别是在年长者对年轻人引领的网络规范充满狐疑的情况下。所有这一切决定了数字时代的连接是否最终会导向赋权，以及赋权的对象为何。

为了回应这些主题，我们集合全国的一批有志于从各个方面探讨互联网未来的优秀学者，通过开展独创性的研究，从中国本土实践出发，面向全球互联网发言。我们将把这些研究成果汇集为年度的《公地》文丛。

我们反对把“互联网”视为一个单一的实体，而是将其看做一种是有不同的技术、平台、行为和话语的集合，它们与社会互相激荡，共同演变。我们希望我们的研究从历史延伸至当代，以使人们了解和挑战对互联网与社会之间的互动的理解和假设。我们涵盖的主题包括但不限于：文明变迁，财富历程，认同与主体性，政治与民主，技术、知识与媒介，产业与管理，数字权利与网络治理，人类以及人类社会的未来。

至于我们的努力效果如何，就交给你们——亲爱的读者——去加以评判。希望年年见到你们。

2016 年岁末于维也纳大学

目　录

CONTENTS

《公地》文丛总序
胡泳

001 **互联网主权、私权力与流动性挑战**

- **余盛峰**　互联网法治政治的生成、演化与挑战 /002
- **周　辉**　技术、平台与信息：网络空间中私权力的崛起 /016
- **范　为**　如何平衡隐私保护与数据开发 /034
  ——浅谈欧美立法改革对我国的启示
- **杨　涛**　新技术、流动性冲击与超主权货币探讨 /042
- **李海英**　跨境数据流动与数据主权关系之探讨 /063

073 **共同体、信任与网络自发秩序**

- **刘　锋**　互联网神经学与互联网的演变趋势 /074
- **孟兆平**　网络规范体系化研究 /98
- **胡　凌**　在线声誉系统：演进与问题 /110
- **刘业进**　一般演化框架下的“涌现”与合作秩序 /123

141 **思辨**

- **张笑宇**　互联网与新社会形态 /142
- **包刚升**　数字时代不必要的恐惧 /153
  ——与张笑宇博士候选人商榷

159 **实证**

- **汪建华** 信息技术与中国产业工人群体 /160
- **邱泽奇** 数字鸿沟的新发展 /172

183 **法意**

- **余盛峰** 失败的知识产权？ /184
  ——从中国视频企业的版权原罪说起
- **岳　林** 警察、法官与手机 /197
- **展　江　王锦东** 法院为何对媒体下达报道禁令？ /220
  ——360公司诉“每经”名誉侵权案解读

231 **前沿**

- **庞　春** 以超边际方法观察新经济 /232
- **陈　浩** 中国社会情绪的脉搏：网络集群情绪的测量与应用 /240
- **王成军　吴令飞** 空间约束的人类行为：追踪移动公民的注意力 /256

互联网主权、私权力与流动性挑战

互联网法治政治的生成、演化与挑战

余盛峰[1]

作为当代世界秩序隐喻的互联网

互联网已然成为当代社会的标识。20 世纪 80 年代以来，全球范围的信息化重组进程，正将历史推进到一个新的发展阶段。根据研究统计，全球的生物信息是 10 万尧字节，而技术元素的信息则是 487 艾字节，虽然总数还不如生物信息，但呈指数级增长。其中，计算机数据每年净增 66%，是其他一切制造品的 10 倍以上，这种爆炸式增长正使整个地球裹挟在知识与信息越来越致密的互联网络之中。[2] 当代全球信息网络是一个由 10 亿台中央处理器组成的超级有机体，其中包括难以计数的储存设备、信号处理器、信息流通渠道和分布式通信网络，以及围绕于这一网络的全部服务设施、芯片和设备——包括卫星、服务器、扫描仪、二维码、传感器等。这样一台超级虚拟计算机，其所有晶体管数量高达 10 万万亿支。每一秒有 10 万亿比特信息通过，每一年数据量接近 20 艾字节。另外，还包括 27 亿部手机、13 亿部固定电话、2700 万台数据服务器和 8000 万台掌上电脑。整个网络约有 1 万亿网页，每一个网页链接 60 个网页。[3] 这一切的总和，无疑就是当代法律全球化核心的技术性和物质性根基，也构成了互联网作为一个封闭自主运作系统的法则化进程的物理性基础。

民族国家的领土疆界正在失效，信息不再受到主权边界的有效控制，这种全面互联的信息网络深刻改变了传统的社会与政治模式，

1 余盛峰：北京航空航天大学法学院、人文与社会科学高等研究院。论文简版曾发表于刘茂林主编：《公法评论》第八、九合卷，北京大学出版社 2015 年版。

2 参见 [美] 凯文·凯利：《科技想要什么？》，熊祥译，北京：中信出版社 2011 年版，第 69 页。

3 参见 [美] 凯文·凯利：《科技想要什么？》，第 332 页。

当代的法律、金融与贸易体制也随之改变。更为深刻的变化，也是极易被忽视的，则是这一超越主权管控范围的，愈益呈现全球化封闭运作的互联网系统，正在进入一个自主的法则演进过程之中。[1]这类似于16世纪以降，伴随中世纪天主教神权普世秩序的崩溃，由地域性领土国家所开启的重构人类政治空间的法则化进程。以美国革命和法国革命的法则结晶为标志，全球空间秩序开始进入威斯特伐利亚体系的领土分化模式，以主权领土和民族国家认同为分界线的国家法律化进程，主导了时至今日的世界政治－法律秩序基本形态。[2]

互联网政治的意义不只是哈贝马斯意义上的网络公共领域的建构，而是作为一种秩序生发的形态和隐喻意象，指示了某种在二战之后承担拯救民族国家功能的秩序生发形态。各种超国家、跨国家、亚国家组织和全球化网络及其功能系统，通过多层次、多中心、多节点的契约和产权关系，形成了一个包围民族国家的全球多元法律秩序。民族国家秩序危机在二战中总爆发，并在冷战时期的帝国对峙中持续呈现，但与此同时，战后孕育的大量去中心化的自发全球秩序体系，比如贸易、金融、投资法律机制，特别是全球互联网系统更是提供了指数级意义上的秩序增量维度。它们填补了民族国家秩序的真空地带，通过填补民族国家秩序辐射的空白，通过全球空间尺度的秩序查漏补缺，以及逐步的秩序替代，从而提供了超越单一民族国家与国际秩序体系的多元选项。这些秩序的生成方式，基本是多中心的、去中心的、普通法式的，其秩序溢出部分当累积到一定程度，则进一步刺激民族国家法律做出相应的调整、吸纳和回应。所以，二战后全球法律秩序的重构，不只是表面上的基于大屠杀记忆的道德主义或新自然法转向，拯救民族国家秩序的重要力量来自比如WTO、IMF、投资争端解决机制等超国家和跨国家法律体系的建构。由这些全球化的、多中心的司法性秩序，重新塑造了民族国家和国际法秩序。国际秩序既认可、保卫、巩固这些多中心秩序要素，而且其反对也往往变成多中心秩序进一步自我演化和调整的契机。民族

1 Poster, Mark. "Cyberdemocracy: Internet and the public sphere." *Internet culture* (1997): 201–18; Fuchs, Christian. "The internet as a self-organizing socio-technological system." *Cybernetics & Human Knowing* 12.3 (2005): 37–81; Lessig, Lawrence. "Reading the constitution in cyberspace." *Emory Lj* 45 (1996): 869; Wu, Timothy S. "Cyberspace Sovereignty—The Internet and the International System." *Harv. JL & Tech.* 10 (1996): 647.

2 Meyer, John W., et al. "World society and the nation-state." *American Journal of sociology* 103.1 (1997): 144–181; Barkin, J. Samuel. "The evolution of the constitution of sovereignty and the emergence of human rights norms." *Millennium-Journal of International Studies* 27.2 (1998): 229–252.

国家在这个过程中不断学习和调试，从而深刻改变了传统的国家形态与国家理论。我们今日的世界秩序绝不是哈特和内格里所谓的“帝国”，既不是“民族国家”，也不是“帝国”，而是指向一种新型的政治法律结构，或可称之为“帝国网络政体”。

经典帝国体系是辐辏式的中心－边缘政体结构，而帝国网络政体则没有真正的中心和顶点。在这种全球政体结构里，甚至美国也不是真正的世界秩序中心。实际上，是不断自我演化的超逸于民族国家的世界秩序动力借助美国的肉身，利用美国宪制结构特殊柔软的身段，来推动这种网络政体秩序的扩展。而之所以依然使用帝国概念，除了再一次说明民族国家概念的理论与实践的双重失效，而且还因为这个世界性网络秩序依然存在中心－边缘的差序结构，其作为秩序组织原则仍在发挥作用，尽管已不是唯一和支配性的作用。美国特殊的政法制度结构，特别使其具有学习能力来内化、同化与传播这种秩序原则，也使其自身深度内嵌到这种网络体系之中，从而遮蔽了美国秩序背后更为深层的网络化秩序原则。在这个意义上，互联网时代下宣称所谓网络主权本身就是一个伪命题，正如在网络法时代，国家法的种种制度变革与条文解释已不具备揭示未来全球社会法律演化动态的能力。

互联网法治与国家法治的异同点

互联网系统法治与民族国家法治自主演化的相似性在于，一方面，它们都因应于当时所处的世界和社会分化的范式转移，社会结构和社会语意的巨大转型，构成了法治化进程启动的内在动力，同时，法制化进程的启动，也是因应于这一时代和社会大转型的挑战。可以看到，紧接牛顿时代所出现的霍布斯、洛克等政治哲学家的系列讨论，都是针对当时工业文明的转换对政治－法律体系的挑战。当时所出现的宗教战争以及各国爆发的内战，实际上都和背后一系列的政治、经济和社会变化直接相关。简而言之，是从中世纪的层级式社会分化形态向现代的功能性社会分化形态转型的产物。[1]

1 Luhmann, Niklas. “Differentiation of society.” *Canadian Journal of Sociology/Cahiers canadiens de sociologie* (1977): 29–53; Luhmann, Niklas. “Globalization or world society: how to conceive of modern society?.” *International review of sociology* 7.1 (1997): 67–79.

中世纪宪法建立于教士－贵族－平民的等级性分化结构之上，从而形成“等级会议－三级会议”宪法结构，它符合中世纪天主教普世秩序的想象，预设了托马斯·阿奎那的神法－自然法－人法的天主教神圣秩序构想。[1] 而这一秩序构想的特征在于宗教、政治、经济、法律等领域的相互缠绕关系，并由宗教神权赋予其顶点和中心的神圣权威性保证。此后的人文复兴运动、宗教改革运动、近代启蒙运动的产生，既是对这一神圣秩序的反叛，也隐含了这一神圣秩序自我松动的迹象。特别是新教改革运动所推动的信仰自由心证和民族国家对宗教精神事务的干预，带来了中世纪神圣秩序与领土分化世俗秩序之间的剧烈冲突，两套秩序的内在张力，通过领土国家的社会分裂和暴力冲突形式集中反映出来，并体现为“正义－和平－秩序”等法律语意冲突形式。在这一转型过程中，中世纪神权秩序的正当性基础受到了冲击，等级会议宪法不再能够有效整合新兴的民族国家秩序，资产阶级不再满足于由教士和贵族所垄断的法律特权，以及由此形成的社会排斥结构。而与此同时所形成的国家理性（*ratio status*），仍然有待于一种新的政治－法律哲学论证来进行驯服，它必须面对正在迅速崛起的“第三等级”（西耶斯）所提出的普遍制宪权挑战。[2]

霍布斯在面对这样一个“一切人对一切人”的战争状态下，试图解决这种混乱的自然状态，从而提出社会契约论的思想，希望通过社会政治秩序正当性的重新建构来实现政治和平。经由洛克、卢梭、普芬道夫这一思想谱系的展开，最终形成了对民族国家世俗法律秩序构建的思想指导，其终极成果的典型成功代表则是美国宪法。[3] 这一宪法模式有效回应了现代社会系统的功能分化趋势，通过政治国家－市民社会的对立构造实现了政治系统与经济系统的分离和耦合，通过国家宪法的创设实现了政治系统与法律系统的分化和耦合。宪法基本权利体系的构建，则保证了不同社会空间自主性的展开，并实现了在民族国家范围内的去政治化－再政治化张力的平衡，社会涵括的自由－平等化进程通过综合化基本权利体系的不断扩展得以推进。[4]

---

1 Pocock, John Greville Agard. *The ancient constitution and the feudal law: A study of English historical thought in the seventeenth century*. Vol. 276. Cambridge University Press, 1987; Blythe, James M. “The mixed constitution and the distinction between regal and political power in the work of Thomas Aquinas.” *Journal of the History of Ideas* (1986): 547–565.

2 Mansfield Jr, Harvey C. “On the Impersonality of the Modern State: A Comment on Machiavelli’ s Use of Stato.” *The American Political Science Review* (1983): 849–857; Sewell, William Hamilton. *A Rhetoric of Bourgeois Revolution: The Abb é Sieyes and What is the Third Estate?*. Duke University Press, 1994.

3 Bellamy, Richard. “The political form of the constitution: the separation of powers, rights and representative democracy.” *Political Studies* 44.3 (1996): 436–456.

4 T.H.Marshall,*Citizenship and Social Class*, London: Pluto Press ,1987.

当代互联网系统自主空间的生成，同样预示了世界社会分化形态的潜在转变。互联网其实已经不仅仅是技术，而是我们当代一种区别于工业文明的新型文明的象征。互联网是作为当代世界秩序演变，作为世界秩序潜在革命性变化的精神象征物，凸显其重要性。正像牛顿时代和霍布斯时代以机器为时代象征物，互联网则是当代政治法律秩序演变的精神象征物。对这种象征物的理解和分析，如果继续沿用工业时代的政治与法律概念进行分析的话，就会出现许多错误。在这样一个急剧变动的时代背景下，我们整个政治和法律的概念，实际上面临一种危机和重构的需要。如果说，现代国家法律因应了功能式分化社会的内在要求，因为中世纪神圣帝国秩序及其法律形态所代表的等级式社会分化不再有效，从而推动了一种新的法律形式的产生与演化。那么，今日互联网技术所导致的全球空间与时间结构的重新调整，实际也正在侵蚀近代建构的民族国家法律体系及其法理基础，甚至也正在改变现代性所预设的社会系统功能分化逻辑。[1] 当代诸多疑难案件的密集出现与传统人权保护的内在困境，都预示了民族国家法律在全球化、私有化、数字化转向潮流中所面临的不适。这使当代互联网系统遭遇和近代法律生成时相似的历史挑战。但是，与此同时，今天我们所面临的问题，实际上又不简单等同于霍布斯所面临的困境，在笔者看来，至少有三个方面的重大变化。

告别霍布斯时代的利维坦国家哲学

第一个方面是空间结构的变化，也就是说，17 世纪建立的威斯特伐利亚民族国家体系已经受到冲击，传统工业社会和福特主义生产，依托于民族国家和传统国际关系的空间结构，依赖于民族国家市场经济、议会政治、政党政治和司法独立的政治 - 法律框架，这一切都配合于 18 世纪工业革命的历史进程。今天，我们可以看到全球媒介的广泛传播，金融资本、知识资本和信息资本的全球流动，已经突破了原来的领土分化的逻辑，这是空间逻辑上的变化。[2]

1 Roth, Steffen. “Fashionable Functions: A Google Ngram View of Trends in Functional Differentiation (1800–2000).” *International Journal of Technology and Human Interaction* 10.2 (2014): 34–58.

2 Tække, Jesper. “Cyberspace as a Space parallel to geographical space.” *Virtual space*. Springer London, 2002. 25–46.

第二个方面是时间结构的变化，在工业社会，时间的预期和规范的预期相对来说比较静态，比较稳定。但是我们当代时间的概念已经发生了很大变化，不确定性、动态性，以及有关过去、现在和未来一种非常灵活的、自我反身性的时间概念，在不同的领域，在资本运作的领域，在法律运作的领域，在媒介运作的领域，在政治运作的领域，时间概念的变化，都已在其中出现。[1]

第三个方面是社会秩序的基本单元，已经从过去的个人和主体转向匿名的系统，在霍布斯时代，社会政治法律秩序是建立在个人的主体之上。现在，我们却发现不同的系统，已经逐渐成为一个自成一体的独立运作体系，对于这样一个独立运作的系统，个人心理的感受、个人的情感、个人物质的需要，只是偶尔被不同的系统所考虑，只是作为系统的环境而存在，如果简单套用传统法律主体和主观权利所依托的诉讼请求权，已难以真正做到“为权利而斗争”。不同匿名的魔阵、匿名的母体、匿名的 MATRIX，构成了当代社会的基本秩序单元。互联网系统、经济系统、宗教系统、医疗系统、科学系统，它们只是在各自内部封闭运作的基础上认知个体的感受，个人的利益和需求，不会直接转化为系统自身运作逻辑的转变。[2]

所以，上述三点变化，实际上对于我们当代法律秩序构成了非常严峻的挑战，我们传统的法律理论、传统的政治理论，都在这些变化面前遭遇困境，这三个变化，也正是和互联网技术的迅速发展紧密相关的。它们既是互联网技术发展推动的结果，同时，这种变化也使得互联网系统进入了更为快速发展的轨道，互联网恰恰是作为这种时代秩序展开最好的体现和象征。

民族国家政治法律的时代不适症

所以，面对这些新型变化，霍布斯的政治－法律解决方案已经不再可行，如果继续试图套用民族国家政治法律，试图通过议会立

1 以上可详参余盛峰：“全球信息化秩序下的法律革命”，载《环球法律评论》2013 年第 5 期。

2 可以详参 [德] 贡塔 • 托依布纳：《魔阵、剥削、异化：法律社会学文集》，泮伟江、高鸿钧等译，清华大学出版社 2012 年版。

法、司法独立、行政集权来解决互联网系统自身的运作问题，多数时候会发现越管越糟糕，也就是所谓的规制悖论问题。[1] 甚至，互联网系统自身构筑的“代码即法律”，会使其在技术设计的层面，就将国家法律的规范效力阻挡在外。[2] 政治议会出台的法案或者司法系统做出的判决，因为它不能真正进入到不同社会系统的自我运作逻辑当中，最后可能使得监管的情况越来越糟糕。面对这种局面，我们就必须承认当代社会正在经历的深刻变化，不同系统，包括政治系统、法律系统、互联网系统、金融系统的独立运作逻辑，是我们当代对法律和政治重新想象和进行设计时，必须要直面的现实。如果不能直面这个现实，很多法律解决方案都会适得其反。民族国家法律统辖主权领土范围内一切规范性事件的历史预设已经消失了。

此处可以举一个例子。在 2008 年金融危机发生后，欧美国家的不少学者和政治家提出很多解决方案。比如说，要求取消投资银行家的奖金或者要求提高金融产品的质量，加强国家或跨国金融监管等等。但是，这一系列考虑和制度设计，最后都发现不能解决根本问题。因为，这些制度设计，最终还是希望能够约束资本家的贪婪本性或者进行道德上的批判，试图通过国家政治法律对社会个体的外围监管来解决这个问题。也就是说，传统的国家法律设计（黑格尔的国家 - 市民社会 - 家庭秩序体系），预设了政治法律能够确保市民社会“需求的体系”与国家公共普遍性的协调，因为，黑格尔时期的“政治经济学”被成功限制在主权领土范围之内，不同社会系统的功能分化，仍然可以寄托于一个具有全社会代表性的“政治国家法律”来保证其公共性的实现。[3] 但是，当代社会系统实际上已经多数脱离于主权领土的分化逻辑，而呈现为全球空间尺度范围的运作。因此，这些传统的法律设计和法律监管措施，实际已难以处理“金融危机”难题，因为它已难以介入到一个逐渐在全球范围内封闭自我运作的金融系统。

因此，在目前欧洲，已经出现了一种新的讨论方式，就是所谓的

1 Sunstein, Cass R. “Paradoxes of the regulatory state.” *The University of Chicago Law Review* (1990): 407–441.

2 Lessig, Lawrence. “Code is law.” *The Industry Standard* (1999): 18; Lessig, Lawrence. “Law regulating code regulating law.” *Loy. U. Chi. LJ* 35 (2003): 1; Kerr, Orin S. “Are We Overprotecting Code−−Thoughts on First−Generation Internet Law.” *Wash. & Lee L. Rev.* 57 (2000): 1287.

3 See, Pelczynski, Zbigniew Andrzej, ed. *The State and Civil Society: Studies in Hegel’s Political Philosophy*. CUP Archive, 1984; Avineri, Shlomo. *Hegel’s theory of the modern state*. Cambridge University Press, 1974.

纯货币改革。[1] 它的基本思路，就是认为要解决金融系统本身的问题，必须要首先搞清楚，金融系统自身的运作逻辑。所谓的纯货币改革，就是意识到在一个全球化的条件之下，原来由国家中央银行垄断货币发行的可能性已经消失了。因为大量的商业银行、影子银行的出现，借助金融交易的跨境操作、实时变化、衍生交易，实际上已使其获得事实上的货币发行权，这是金融危机发生的根本性原因，而只有进入到金融系统内部代码的运作，根据“中央银行”无法垄断货币发行的问题，针对全球金融系统货币符码的运作特点，设计出相应的政治法律方案，才能解决这个问题。简单做个类比，“中央银行”实际类似于民族国家政治法律系统中的“最高法院”，也就是说，要介入到这一金融系统的运作，就必须通过“中央银行”这个中介管道输入，它是法律系统与金融系统的结构耦合地带，也正如“最高法院”是法律系统和政治系统的结构耦合地带。当然，这一思路仍然局限于民族国家的问题解决思路，因此，在全球尺度上，法律系统与金融系统的结构耦合，是否需要一个全球中央银行的创设呢？

实际上，这个问题与当代互联网的相关讨论也有直接相关性，因为，我们也往往希望对互联网系统进行外围的监管或者希望对互联网中的个体参与者进行法律控制，不管是传统的审查许可或者分类许可方式，都是希望通过国家权力和国家法律，对商业互联网的从业者进行道德规训和外部的法律规制。实际上，研究已表明这些规制措施的效果往往都不太理想。这一规制困境的发生逻辑，实际上正和国家法律难以处理全球金融危机的挑战是一致的。

这里可以再举个例子。在互联网领域讨论中非常重要的原则，就是互联网中立性原则（net neutrality）。[2] 所谓中立性，就是指所有主体都应具有自由、平等的权利进入到互联网系统，互联网系统作为人工共同体财产（artificial community asset），应该保证所有主体都能自由和平等地涵括到其中。在互联网诞

1 Kjær, Poul Fritz, Gunther Teubner, and Alberto Febbrajo. *The financial crisis in constitutional perspective: the dark side of functional differentiation* ,Hart Publishing Pty Ltd, 2011; Teubner, Gunther. "A Constitutional Moment–The Logics of ‘Hit the Bottom’." THE FINANCIAL CRISIS IN CONSTITUTIONAL PERSPECTIVE: THE DARK SIDE OF FUNCTIONAL DIFFERENTIATION, Poul Kjaer and Gunther Teubner, eds., Hart Oxford (2011).

2 See, Economides, Nicholas, and Joacim Tåg. “Network neutrality on the Internet: A two-sided market analysis.” *Information Economics and Policy* 24.2 (2012): 91–104; Sidak, J. Gregory. “A consumer-welfare approach to network neutrality regulation of the Internet.” *Journal of Competition Law and Economics* 2.3 (2006): 349–474; Economides, Nicholas. “Net neutrality, non-discrimination and digital distribution of content through the internet.” *ISJLP* 4 (2008): 209.

生之初，这样一个中立性原则，是通过互联网自身的技术架构设计来实现的。互联网架构最初的设计，本身在技术上就保证了所有主体都可以自由平等地进入。但是，随着整个商业互联网资本力量的扩张，我们发现，这样一个中立性原则已经受到了很大的挑战。新的数字工具可以区分不同的应用等级，在不同条件下提供不同的互联网服务，网络运营商可以区分不同用户等级，向付费最多的用户授予最高等级优先权时（接入排名，access tiering），网络中立性原则已经受到了互联网高度资本化趋势的冲击。谷歌操纵搜索算法，或者网络运营商切断网络等行为，以及百度的垃圾广告搭车行为，都已经改变了互联网系统诞生之初的中立性保证。因此，在这里，原先由技术所支持的互联网中立性原则，现在就需要一种互联网系统的基本权利体系的生成来提供额外的法律保护与救济。

在国家法律层面，这从属于反歧视和言论自由的基本权利，这种基本权利，需要在互联网系统中进行再特殊性的转化，至少需要通过合同法上的契约义务来保证："接入规则应当确保所有媒介用户原则上享有相同自由。"

对于互联网系统的这种内在演化逻辑，我们如果简单站在国家监管的角度或者说简单的法律批判角度，则无助于问题解决和权利救济。而必须通过互联网系统自身的政治和法律设计来弥补不足。比如，通过把中立性原则转化为互联网合同法上的契约原则，来保证不同法律主体进入的平等性。也就是说，互联网中立性原则，在当代条件下如果要维续，就必须根据整个互联网系统的运作和演化逻辑进行重新设计，也就是说，传统国家法律已经不能有效导控互联网系统的特殊治理需求，如果继续停留在政治国家－市民社会的分析框架之上，将实际已经自我治理的互联网简单视为一个去政治化的纯粹技术领域，就会将实际正在发生的社会排斥和权力压制阻挡在有效的法律救济和政治表达渠道之外。

数字化、资本化与全球化对国家法律秩序的挑战

所以，关键的问题是，传统的政治和法律理论如何应对当前三种主要趋势——数字化、资本化和全球化——所带来的挑战？[1] 由全球化导致的空间变化、生产方式和生产关系的变化、时间概念的变化，都来自于一个巨大的新变量，即互联网的出现及其迅速发展。我们已经不能像霍布斯时代那样，通过民族国家法律，试图解决主权领土范围的一切社会权力和权利冲突的问题，当代法律理论，必须同时应对国家政治之外的跨国家运作的新型社会系统力量。传统法律理论在互联网时代已经捉襟见肘。

试图通过民主国家和民主政治，通过一个固定领土国家之内的议会政治、民主政治、党派政治，通过政治系统的集中输出，来解决各大社会系统出现的不同问题。经济也想管一下，教育也想管一下，互联网也想管一下。事实证明，这些不同的社会子系统已经形成其自身一套独特的运作逻辑，国家政治法律和国家政治权力的渗透，事实证明，大多是失效的。[2]

不同社会系统的代码，已经不能直接相互翻译和输入。在这种情况下，实际正出现一种新的发展状况，即在全球以及民族国家范围内，出现不同社会系统自身的法律化趋势，包括 WTO 规则、世界金融规则、媒体规则、互联网规则、体育规则，科学规则、贸易规则等概念，这些都已经在西方法律思想界引发了许多讨论。[3] 在不同的封闭运作的社会子系统内部，它们会逐渐内生出一套这个子系统自身的内在法律。在这样一个演化过程中，可能也会同时形成全球片段化的子系统之间的法律化网络结构。在这样一个网络化的演进过程中，不同系统的法律秩序会相互激荡与干扰，在这个互动、激扰和结构耦合进程中，会逐渐形成一套新的世界法律秩序。这一全球网络化的法则运动进程，也正与互联网的当代秩序隐喻形成了一种时代呼应。

---

1 Gunther Teubner, *Constitutional Fragments:Societal Constitutionalism and Globalization*, Oxford: Oxford University Press,2012

2 Nachbar, Thomas B. "Paradox and Structure: Relying on Government Regulation to Preserve the Internet's Unregulated Character." *Minn. L. Rev.*85 (2000): 215.

3 Teubner, Gunther. "Constitutionalising polycontexturality." *Social and Legal Studies* 20.2 (2011): 209–220.

互联网法治政治的四大命题和挑战

限于篇幅，在这里，笔者试图提出四个框架性的分析纲要供方家做进一步的讨论。

第一，互联网法治政治的发展，要处理的第一个问题就是如何寻找互联网人民和互联网公民的问题，也就是说，互联网法治的未来演化及其正当性证成，以及互联网系统的“民主”根基，有赖于互联网系统的“We the People”的发现。这也是互联网系统立宪时刻能够发生的前提条件。也就是说，需要在商业资本和政府力量之外，寻找到新的可持续的能够支撑互联网公共领域发展的商业模式和非商业模式，来保证政治性的公共批判性功能和自由公开表达功能在互联网领域的扩展和实现，也就是说，需要发现新的多元化的社会力量来构筑互联网系统的“公共领域”，来支撑或者重新发现互联网系统的“我们人民”。[1]这比单纯强调互联网传播的新闻职业伦理、抽象的言论自由权利和数字权利、在道德层面批判商业资本更为急迫。换言之，我们今天面对的一个正在迅速崛起的新政治空间——互联网空间，实际上已迫切面临如何构造互联网系统的法律制定权问题。[2]如果说，在互联网系统诞生的早期，因应于一种“片段式”的“部落化”自然状态，现在实际上已经进入类似于中世纪的封建秩序结构，不同的互联网商业资本与金融资本已逐渐形成一种等级性的互联网封建化生态结构，根据不同的互联网身份和财产特权结构，形成一种封建化的等级分化形态，并形成一种新的互联网社会涵括－排斥结构。因此，我们需要在互联网系统中“发现人民”，寻找“第三等级”，来对逐渐“教士化”和“贵族化”的互联网系统进行“制宪权”意义上的革命性再造。

第二，是互联网代码自我执行的悖论问题。在互联网系统，其特殊的内在悖论是，立法、行政、司法这三种权力功能的配置，在电子

1 Wellman, Barry, et al. “Does the Internet increase, decrease, or supplement social capital? Social networks, participation, and community commitment.” *American behavioral scientist* 45.3 (2001): 436–455; Wellman, Barry, et al. “Does the Internet increase, decrease, or supplement social capital? Social networks, participation, and community commitment.” *American behavioral scientist* 45.3 (2001): 436–455; Dahlberg, Lincoln. “The Internet, deliberative democracy, and power: Radicalizing the public sphere.” *International Journal of Media & Cultural Politics* 3.1 (2007): 47–64; Margolis, Michael, and Gerson Moreno–Riaño. *The prospect of Internet democracy*. Ashgate Publishing, Ltd., 2013.

2 Davis, Richard. *The web of politics: The Internet's impact on the American political system*. Oxford University Press, Inc., 1998; Dahlberg, Lincoln. “The Internet and democratic discourse: Exploring the prospects of online deliberative forums extending the public sphere.” *Information, Communication & Society* 4.4 (2001): 615–633.

手段的自我执行这里是三位一体的。[1] 我们都知道，所有古典政治哲学家都已经发现了三权合一会带来专制结果的规律。因此必须通过联邦制、三权分立以及司法独立等政治法律技术来分配和疏导权力管道。实际上，如果互联网系统内部的经济和政治利益实现封建化结盟，再借助互联网代码的“三权合一”，就会形成技术专制的可能，就会从最初互联网黄金时代的无政府主义自然状态，转变为奥威尔式的 1984 互联网极权主义。对于这个问题，就必须在互联网法治设计上进行一些想象性的探索，要建立一种类似于三权分立制衡、联邦制、司法独立、司法审查的法律 - 技术框架结构，重新设计互联网的治理权力和基本权利的对抗格局，这也可以从古典时期的国家法则演化成就那里寻找灵感。简言之，要从互联网系统的三权合一，走向三权分立制衡的可能性。目前的互联网名称与数字地址分配机构（ICANN）仲裁委员会，包括有关功能和地域代表制、互联网分权结构、域名分配方面的司法权、互联网自主的基本权利标准（专属于互联网系统的言论自由标准和隐私权保护标准、信息公开权利）这些讨论，已经在这个方向上做了不少理论探索。[2]

第三，借用美国宪法学家阿克曼（Bruce Acerman）的概念，即区别于议会一元民主的二元民主论构想。[3] 二元民主论，如果要沿用在互联网系统，就要区分出两种政治空间，一个是互联网制度化、组织化的政治空间，另一个是互联网的自发政治空间。要区分出这两种空间，并对其进行分离，使得这两种政治空间形成一种对抗和制衡的可能性。当前的挑战在于，既有的社会系统之中，只有政治系统和经济系统演化出了卓有成效的制度化、组织化空间与自发性空间的分离与张力。政治系统建立在国家制度化政治（如立法、行政、司法、外交）与社会自发政治（如选举、参与、审议、运动）的分离和张力之上；经济系统建立在“企业”（看得见的手）与“市场”（看不见的手）的分离和张力之上。互联网系统的自发政治空间要能对其组织化政治空间形成控制、监督和影响力，实际就类似于社会公民运动（公共舆论）对国家日常政治的影响力，以及市场调控（价格）对企业投资决策的影响力。也就是说，既要有

1 Lessig, Lawrence. “Limits in Open Code: Regulatory Standards and the Future of the Net, The.” *Berkeley Tech. LJ* 14 (1999): 759; Jordan, Tim. *Cyberpower: The culture and politics of cyberspace and the Internet*. Psychology Press, 1999; Karavas, Vaios. “Force of Code: Law’s Transformation under Information-Technological Conditions, The.” *German LJ* 10 (2009): 463.

2 See, Froomkin, A. Michael. “Wrong Turn in Cyberspace: Using ICANN to Route around the APA and the Constitution.” *Duke Law Journal* (2000): 17-186; Klein, Hans. “ICANN and Internet governance: Leveraging technical coordination to realize global public policy.” *The Information Society* 18.3 (2002): 193-207; Mueller, Milton. “ICANN and Internet governance: sorting through the debris of ‘self-regulation’.” *info* 1.6 (1999): 497-520.

3 See, Ackerman, Bruce A. “The Storrs Lectures: Discovering the Constitution.” *Yale Law Journal* (1984): 1013-1072; Burnham, Walter Dean. “Constitutional Moments and Punctuated Equilibria: A Political Scientist Confronts Bruce Ackerman’s “We the People.” *Yale Law Journal* (1999): 2237-2277.

议会的民主、制度化的民主，也要有大众的民主、社会的民主；既要有企业的经济、组织化的经济，也要有市场的经济、价格化的经济。而在互联网领域，就是既要有组织化的制度性互联网民主，也要有不局限于代码制度化运作的互联网自发民主。只有形成这两个互联网空间的分离和对抗，才能使互联网系统的民主潜力获得现实化。[1] 其难度则在于，如何在传统的政治系统和经济系统之外，超越传统的政治国家和市场经济非此即彼的涵摄模式，通过法律系统的介入，推动互联网系统内部这两个政治空间的生成和演化？

最后，则是互联网系统法律的构成性功能和限制性功能的分离和合一的问题，这看起来比较抽象，但如果借用波兰尼在《大转型》中提出的核心命题，也即我们整个现代性自 19 世纪自由主义发展过程中始终需要解决的一个难题，即资本逻辑在自我发展过程中，由经济系统自身的无限扩展所带来的内在毁灭趋势，面对这种历史挑战，就需要形成社会自我保护的反向机制。[2] 因此，从自由主义模式到福利国家模式的发展，其实正是要防止经济资本吞噬一切其他社会空间的威胁。这种法律化的历史“双重运动”，反映在互联网系统，则会变得更为复杂，因为它所面临的危险，不仅是来自外部资本的影响和政府权力的控制。因为，互联网系统的技术代码的自我运作和扩张，就有吞噬其他一切社会空间的可能性，因此，它必然面临如何在其自身运作中寻找反制性力量的问题，以避免由自身过度扩张所引发的自我毁灭趋势，它必须把这种反制性力量内化为互联网系统的反身限制性功能的一种法律化形式。

近代政治在其系统分出和历史生成的过程中，也即“政教分离”的历史时刻，伴随政治系统与宗教系统的分离，政治系统不断获得扩张，这正是政治系统“自我构成性”历史运动逻辑的展现。而在这个演化过程中，由于政治权力的不断扩张，政治专制程度不断加剧，“国家理性”因此开始遭遇一个“反制性”和“对抗性”的历史运动进程，比如基本权利、司法审查的出现，这些实际共同构成了政治系统演化过程中的“自我限制性”法律化形式。“构成性”

1 See, Graber, Christoph B. “Internet Creativity, Communicative Freedom and a Constitutional Rights Theory Response to ‘Code is Law’.” *TRANSNATIONAL CULTURE IN THE INTERNET AGE*, *Sean Pager and Adam Candeub, eds*(2012): 135-164.

2 Polanyi K. ,*The Great Transformation: The Political And Economic Origins Of Our Time* ,Beacon Press,2001.

和“限制性”这“双重运动”推动了社会子系统法律化进程的实现。因此，当代的互联网系统，也很有可能会面临同样的规则“双重运动”的演化趋势。这样一种自我限制性的系统约束机制，将由哪些社会力量、社会动力和社会结构来支撑和发动，也即互联网系统“反制性力量”的发现，将是未来互联网政治法则讨论中需要关注的重大问题。[1]

笔者认为，寻找互联网系统的“我们人民”、重构互联网系统的三权分立制衡、形成互联网系统的二元对抗政治空间以及互联网系统的宪法化双重运动。这四个问题，将是未来有关互联网政治和互联网法治研究绕不过去的四大基本问题。只有在考虑互联网法则政治演化的这四大基本变量的前提下，很多更为技术化的法律讨论，才能有更基本的价值指向和理论支撑作为基础，限于篇幅，以上还只是一些概要性的思考，需要在未来更为细致的讨论中进一步展开。

1 Buchstein, Hubertus. “Bytes that bite: The Internet and deliberative democracy.” *Constellations* 4.2 (1997): 248–263; Brunkhorst, Hauke. “Globalising democracy without a state: Weak public, strong public, global constitutionalism.” *Millennium–Journal of International Studies* 31.3 (2002): 675–690; Palfrey, John. “End of the Experiment: How ICANN’s Foray into Global Internet Democracy Failed, The.” *Harv. JL & Tech.* 17 (2003): 409; Hacker, Kenneth L., and Jan van Dijk, eds. *Digital democracy: Issues of theory and practice*. Sage, 2000.

技术、平台与信息：网络空间中私权力的崛起

周辉[1]

阿里巴巴在电子商务领域、腾讯在社交网络、百度在搜索领域都建立起了自己的“帝国”版图。这些网络帝国巨人成长的故事中隐含新的治理机遇。在网络“帝国”时代，“帝国”的主人可能不再是政府，也不是广大网民，而是这些“帝国”巨人。这就意味着网络治理的关注重心不应再仅仅放在公权力与私权利对峙的传统命题上，而有必要同时应对、回应私权利在网络空间分化、异化为“私权力”所带来的挑战。

私权力的可能性

在以国家和私人二元主体划分为基础的传统公私法结构中，相对于“*拥有权力，拥有支配性独断意志的仅仅是通过合法程序约束下的政府及其机关（公主体）。*”[2]私主体似乎与权力绝缘。但随着时代的进步和社会的发展，一切确定的逻辑都有重新反思的可能，甚至必要。

“权力”是社会科学中的基础概念工具。罗素曾经说过：“在社会科学上权力是基本的概念，犹如在物理学上能是基本概念一样。”[3]选择这一概念工具，似乎不需要再去说明其中的理由，更不用说去阐释权力的内涵。这一概念似乎就是不言自明的。甚至，寻求一个权力的恰当定义也许本身就是一个错误。[4]但是，从理论上去应用这一概念工具，就不能不面对这一问题。

1 周辉：中国社会科学院法学研究所助理研究员。

2 斜体部分为本文所加。参见邓峰：“经济法漫谈：社会结构变动下的法律理念和调整（6）”，http://article.chinalawinfo.com/ArticleHtml/Article_31619.shtml，2015 年 10 月 18 日最后访问。

3 〔英〕伯特兰·罗素：《权力论：新社会分析》，吴友三译，商务印书馆馆 1991 年版。

4 Lukes, Power, New York University Press, 1986:4，转引自李猛：“日常生活中的权力技术：迈向一种关系 / 事件的社会学分析”，北京大学 1996 届社会学硕士论文，页 20。

社会学对于权力的界定是较为体系和完整的。按照达尔的观点，权力真正成为一个解释性概念，是从韦伯开始的。权力理论在近代有了深入发展，被称为是十九世纪重大发现之一。[1]韦伯指出："权力意味着在一种社会关系里哪怕遇到反对也能贯彻自己意志的任何机会，不管这种机会是建立在什么基础之上。"[2]R·H·陶奈对权力的定义除了明显地将人们的注意力引向权力关系的不对称之外，也同样集中于将某人的意志强加于他人，"权力可以被定义为一个人或一群人按照他所愿意的方式去改变其他人或群体的行为，以及防止他自己的行为按照一种他所不愿意的方式被改变的能力。"[3]《布莱克维尔政治学百科全书》也持类似观点："权力就是一个行为者或机构影响其他行为者或机构的态度和行为的能力。"可见，在社会关系中，权力就是此主体影响乃至支配彼主体的能力或机会。也就是说，基于某种资源（力量）对比的失衡，彼主体成为此主体的支配对象。国家是最典型的权力拥有者。主权就是权力的极致表现。那么，私主体可否成为权力的拥有者呢？显然，按照社会学的概念界定，二者之间并无显著张力。

网络空间中的技术与私权力

技术资源在不同的语境里有不同的含义。[4]在网络空间中，技术资源指的是对技术工具的占有、对技术知识的掌控和对技术架构的支配。

网络空间具有典型的技术性。懂得并能够运用最基础的网络技术知识，是成为一名合格网民的必要条件。这也是网络空间与现实空间的巨大差别：在现实空间里，人只要有意愿就能够从事与其能力相匹配的生产、生活活动；在网络空间里，一切活动必须借助一定的技术工具实现，不掌握技术工具就无法开展任何活动。

进一步地，对技术工具掌握水平的高低不同，将会直接影响相应主

1 李猛："日常生活中的权力技术：迈向一种关系 / 事件的社会学分析"，北京大学 1996 届社会学硕士论文，页 49。

2 〔德〕马克斯·韦伯：《经济与社会》（下卷），林荣远译，商务印书馆 1997 年版，页 81。

3 〔美〕彼得·M. 布劳：《社会生活中的交换与权力》，李国武译，商务印书馆 2008 年版，页 176。

4 张钢、郭斌："技术、技术资源与技术能力"，载《自然辩证法通讯》1997 年第 5 期，页 37–43。

体在网络空间行为能力的大小。能够进入网络空间的普通私主体一般是以消费者或者被服务对象的身份出现的。在网络空间中，提供服务的私主体必然明白其提供的网络服务背后的技术逻辑。但是，在网络空间中服务[1]的具体提供过程中，服务提供者没有意愿（这样会耗费不必要的成本）、也没用必要（对于服务对象而言，能够体验服务就已足够）将具体服务背后的所有技术知识告知其服务对象。因此，在网络空间中的服务提供者与服务对象就必然存在这样的技术知识落差。作为服务提供者的私主体一方相对于作为服务对象的私主体一方，就拥有了技术资源方面的优势。

正是凭借技术资源优势，服务提供者才能在服务提供过程中，选择最有利于己方的技术手段。网络空间的合同多是采取“take-it-or-leave-it contracts”（要么接受服务，要么离开）模式。比如，网站拥有者会把网站的隐私政策设计在非常不显著的位置，即便隐私政策内容极不利于网站的访问者，后者也难以知晓。网站访问者的访问记录等隐私信息就在不知不觉中为网站拥有者所获取。再如，一些网站在设定定向广告（也称“互联网精准广告”）的接受选项时，采用了 OPT-OUT 机制——可以在获得用户同意前，采集用户的浏览记录等包含用户偏好和兴趣的信息，进而有针对性地投放广告。这一技术机制的背后是对用户针对相关行为默示同意的意思推定。而这在大大降低服务提供者商业成本的同时，也给用户带来了隐私泄露的风险。需要指出的是，对于这种商业模式，有的国家已经在电话网络中实施了干预：美国、英国、加拿大、澳大利亚等国均已通过立法规定，用户在自愿登记成为“拒绝来电名单”的成员后，如果再收到营销电话，电话网络运营商将受到处罚。[2]但是，这种纠偏政策还未能在网络空间中全面确立。

此外，软件提供者可以采取技术手段保障作品降低遭受侵权的风险——现代版权法已经认可了权利人设置技术措施的特权。这也就意味着在被许可使用的软件中，软件权利人可以置入与软件功能无关的代码，而软件的使用者在接受这种软件服务的同时必须

1 网络空间里的所有商业活动都是某种类型的服务活动。网络服务易被理解成提供网络技术的服务，从而将一些并非网络技术服务但仍通过互联网媒介或可以经由互联网媒介体验的服务（比如，许多软件服务功能的实现也是需要通过连接互联网实现的）排除在外。因此，用网络服务的这一概念来概况网络空间里的所有服务活动不太精确，会带来偏差。考虑到这一点，在指称整个网络空间里的服务活动时，本文尽量避免使用“网络服务”这一概念，而是选择了“网络空间中的服务活动”等类似概念。

2 Opt-out，http://en.wikipedia.org/wiki/Opt-out；“在美国遭遇营销电话骚扰”，http://www.chinanews.com/hr/2010/08-19/2477827.shtml，2015 年 10 月 18 日最后访问。

接受这些对其而言没有价值的代码的“搭售”。除了对软件使用者意愿的强制外，这也带来了潜在的安全风险——只有软件权利人真正知道这些被植入的无关代码真正具有怎样的功能。毕竟，“斯诺登事件”已经让我们明白：网络空间中的许多窃听丑闻都可以来自这样的代码。[1]“微软黑屏”事件就是与技术措施有关的一个代表性例子。有关“微软黑屏”事件的详细分析将在后文详细展开。

在网络空间中，技术资源的优势以对代码的控制为集中代表。控制了代码也就决定了整个网络应用背后架构的模式，对相关的网络应用行为也就构成了约束。技术能力基础上的私领域与公共领域的失衡。劳伦斯·莱斯格教授曾经指出：“传统上，法律保持公共领域与私人领域之平衡，著作权法的期间相对而言不长，主要基于商业性的使用。但是因为技术的急剧演变导致著作权法的范围及性质产生重大改变，现在已威胁此项平衡。因为数字技术的高速公路上，盗版充斥，立法者及科学家因而发展出前所未有的一套法律及技术武器，以对抗盗版并恢复文化所有人的控制力。……公私的平衡可能因此断丧，私人领域将吞噬公共领域，文化及创造力之开发将受到声称对之有所有权的人支配……大多数人并未看到隐藏在狂热取缔盗版背后的危险。这就是公共领域何以早在许多人知道其已消失之前就已经被自以为是的极端主义悄悄害死。”[2]

正是在这个意义上，我们才可以理解为什么代码被称为网络空间特有的法律（代码就是法律[3]），被认为是一种规制形式：“这些（网络空间如此的软件和硬件构成的对行为的一整套的）约束的实质可有不同，但都是作为进入网络空间的前提条件而被你感知的。在一些地方（如美国在线等），你必须输入密码方可获准进入；在另一些地方，无须身份验证即可进入。在一些地方，你从事过的活动会留有痕迹，借此将活动（“鼠标动作”）与你联系起来；在另一些地方，你可以选择说一种只有接收者方能

1“外媒：斯诺登爆料 英美用愤怒的小鸟窃密”，http://www.guancha.cn/america/2014_01_29_203141.shtml，2015年10月18日最后访问。

2 Lawrence Lessing, The Public Domain, Foreign Policy, http://www.foreignpolicy.com/articles/2005/08/30/the_public_domain。转引自刘孔中：“论建立资讯时代公共领域之重要性及具体建议”，载《台大法学论丛》35卷6期，页1-36。

3 美国信息法专家Joel Reidenberg教授在下文中阐述了代码法律（lex information）这一概念，参见Joel Reidenberg, Lex Informatica:The Formulation of Information Policy Rules Through Technology, Texas Law Review 76, 1998, p. 553. 转引自〔美〕劳伦斯·莱斯格：《代码2.0：网络空间中的法律》，李旭、沈伟伟译，清华大学出版社2009年版，第一章注[7]，页375。

听懂的语言（通过加密）；在其他一些地方，加密就不被允许。代码，或软件，或架构，或协议，设置了这些特性；这些特性是代码作者的选择；其通过使一些行为可行与否来约束另一些行为。代码蕴含了某些价值，或者说，其使另外一些价值难以实现。在此意义上，代码就如同现实空间的架构，也是一种规制。”[1]“对代码的控制就是权力。”[2]换而言之，对以代码为代表的技术资源的支配就这样转为了对私主体行为的支配，成为一种私权力。

网络空间中的平台与私权力

我们可以把网络空间里的平台对照现实空间中的“市集”来理解。在现实空间中，市集这个“平台”提供了完善的“交易规则”（税收比例、营业时间）与“互动环境”（街道、广场、垃圾处理系统），并将其开放给几个不同的群体（商店、百姓、摊贩、街头艺人），令其相互吸引，且在一方壮大的同时，牵引着其他方一起成长。在网络空间里，平台的利用者之间（主要是利用平台提供服务和接受服务的主体之间），不再直接通过物理空间的行为完成交易活动，而是需要借助于平台提供者（控制者）所提供的技术手段实现一种无纸化的数字化交易。在现实空间中，平台即便提供交易规则，对其利用者的约束力也是很难内化在他们之间的交易活动之中。但是，网络空间里的数字化交易一般必须按照平台提供者（控制者）设定的规则完成。这种规则在表面上是交易规范，在实施过程中却是以作为代码的技术规则来体现的。由于数字化交易必须遵循相应的技术规则，所以，网络环境下的平台提供者（控制者）所设定的交易规范可以直接内化在交易活动中，具有直接的实施效力。具体的例子可见淘宝网的淘宝规则体系[3]和腾讯开放平台的系列应用接入政策与规范[4]。也就是说，在网络平台的控制者与使用者之间存在着典型的影响与被影响，乃至支配与被支配的关系。

在网络空间中，互联网平台服务和网络应用服务“分属不同主体，

1 〔美〕劳伦斯·莱斯格：《代码2.0：网络空间中的法律》，李旭、沈伟伟译，清华大学出版社2009年版，页139–140。

2 William J. Mitchell, City of Bits, Space, Place, and the Infobahn, Cambridge, Mass.: MIT Press, 1996, p.112. 转引自〔美〕劳伦斯·莱斯格：《代码2.0：网络空间中的法律》，李旭、沈伟伟译，清华大学出版社2009年版，第五章注[46]，页392。

3 http://rule.taobao.com/，2015年10月18日最后访问。

4 http://wiki.open.qq.com/wiki，2015年10月18日最后访问。

不同主体处于上下双层经营状态，构成同一个市场”。[1]这个市场具有“基础业务平台的自然垄断与增值业务的完全竞争二重属性”。在存在网络空间平台的情形中，网络平台服务提供者、网络应用服务提供者与网络用户之间共同形成了一个市场。正是由于平台方的特殊地位，需要跳出简单的服务供给二元视角，重新审视这个市场中的各方关系。如果 I_P 代表网络平台服务提供者，I_n 分别代表网络应用服务提供者（考虑到网络平台上的网络应用服务提供者必然不是单一的，还会存在 I_1、I_2、I_3 等其他私主体，因此，在图 1 中，使用 I_1、I_2 代表众多利用网络平台提供服务的网络应用服务提供者），C 代表网络用户。那么，I_P 与 C 之间、I_P 与（I_1、I_2）之间、（I_1、I_2）与 C 之间的复杂关系可以用图 1 来说明。

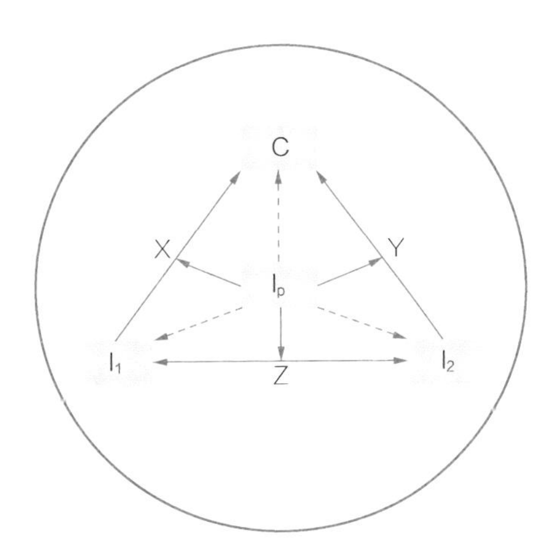

图 1　互联网市场各方关系图

图 1 中，任两个箭头的交叉点 X、Y 就是网络空间市场二重性的结合点。这种二重性使得网络空间市场中的私主体间关系上比现实空间的单一维度市场中私主体间关系更加复杂，具体表现为：

第一，私主体身份类型更加多元。在现实空间中，私主体身份类型主要是经营者与消费者；在网络空间中，私主体身份至少存在网络平台服务提供者、网络应用服务提供者与消费者三种。虽然在某种意义上，网络平台服务提供者、网络应用服务提供者都可以视为经营者，但是

1 姜奇平：“论互联网领域反垄断的特殊性——从‘新垄断竞争’市场结构与二元产权结构看相关市场二重性”，载《中国工商管理研究》2013 年第 4 期，页 12-14。

二者在网络空间中所处的地位明显不同——因为就基础服务（平台服务）而言，前者对于后者有着支配性影响，姜奇平就这一层次的市场称为“自然垄断”。所以，在身份类型上，作为网络平台服务提供者的私主体与作为网络应用服务提供者私主体应当视为两种独立类型。

第二，私主体间关系相互交织。网络应用服务最终指向网络用户（消费者）。就其实现和完成来看，需要网络平台服务提供者与网络应用服务提供者的共同配合。在 I_P、I_n 与 C 之间，任意两类私主体间的关系变动都会对其与第三方私主体间的关系产生影响。

第三，网络平台服务提供者的地位在整个关系图中处于相对支配地位。支配性影响不仅存在于 I_p 与 I_1 或者 I_2 之间（苹果应用平台可以根据自己制定的规则决定其他应用软件能否上架）、I_p 与 C 之间（比如腾讯具备强制要求其用户做出类似“3Q 大战”中“二选一”的能力），也存在于 I_p 与 I_1、I_2 的竞争关系之间。I_p 还会对 I_1 或者 I_2 与 C 之间的关系产生影响，例如，《淘宝规则》会对网店与消费者买卖双方的相互评价作出规范（详见《淘宝规则》第 27 条）。

第四，作为消费者的网络用户地位更加复杂。一方面，如上所述，网络用户可能受网络平台服务提供者所支配。另一方面，网络平台服务提供者用户粘性的大小与其对普通网络应用服务提供者的支配性影响能力大小成正比例。网络平台服务提供者一般不会调整平台基础服务的免费模式。因为，假如网络平台服务提供者针对其与网络用户之间的服务收费，基于消费习惯，网络用户可能就会转向其他的网络平台服务提供者。而用户数量的流失将会导致网络应用服务提供者也转向其他网络平台服务提供者。在这个意义上，可以说 C 具备影响 I_p 与 I_n 之间关系的能力。

第五，收入机制和价格机制更加复杂。网络平台服务提供者与普通网络应用服务提供者一样是以营利为目的的市场主体，只不过一般不直接从网络用户那里获取收入。网络平台服务提供者获取收入的模式大体有以下几种类型:（1）由普通网络应用服务提供者向网络平台服务提供者支付网络平台的使用成本，例如腾讯的 QQ 号码虽然可以免费申请，但实际上腾讯基于 QQ 平台市场可以向其他软件厂商收费。（2）普通网络应用服务提供者向网络用户提供收费的网络应用服务，其将收入与网络平台服务提供者分成，例如许多网络文学网站上网络作家向网络用户提供收费的阅读服务，有关收入在网络作家与网站之间分成。（3）普通网络应用服务提供者为网络平台服务提供者带来用户流量，基于用户流量可以获得广告收入。这是比较常见的类型，比如，用户使用软件提供的网络应用服务，可以到 360 手机助手等软件下载平台直接查询下载，下载这些软件就可以给 360 带来流量收入。相对应地，除了网络平台服务提供者提供具体的网络应用服务以外，网络用户一般不会向网络平台服务提供者支付对价。因此，价格的市场信号传导作用只能在普通网络应用服务提供者与网络用户之间直接体现。也就是说，价格机制在 I_p 与 C 之间很难发挥作用。

第六，在网络平台应用和网络服务应用共生的市场中，网络平台服务提供者一般就是网络平台的开发者或者控制者，其在基础应用层面（网络平台应用层面）的支配性地位是必然的，具有自然垄断的性质。而在网络服务应用层面，不同的网络服务应用提供者之间是自由竞争的关系。前者自然垄断的存在未必会对网络用户的利益产生损害，相反，越是统一的网络基础应用平台越能给网络用户带来便利的网络应用服务体验。在保障数据安全和网络隐私的前提下，可以在不同网络应用服务之间“穿越”体验，将会节省用户不少精力和时间。后者有序竞争的实现，在某种程度上也有赖于前者对平台使用规则的明确。前者甚至可以发挥规范后者竞争秩序的作用，《淘宝规则》就是这样的典型代表。

网络平台的控制者与使用者之间的关系已经突破了现实空间中所谓商场（市集）与商铺之间的一般契约关系。虽然二者在某种意义上都具有服务关系性质，对于服务对象针对被服务对象设定的服务条款也都只有或者接受或者退出的选项。但是，前者有着后者所无法具备执行其设定的服务条款的能力——在平台构建之时，技术上就设定了服务对象的行为空间。

在这里需要指出的是，技术资源与平台资源是难以切割开来的。平台资源优势的发挥离不开技术资源的支撑，尤其体现在平台对于技术资源基础上的架构优势的依赖；技术资源通过与平台的结合，才能更充分地发挥比较优势。当然，二者之间的差异也是可以识别的：技术资源更多的可以理解为网络应用服务提供者对普通用户实现支配、影响的基础；平台资源则更多的可以理解为平台架构开发者的基础应用服务提供者对其他普通网络应用服务提供者实现支配、影响的基础。

网络空间中的信息与私权力

美国学者曼纽尔·卡斯特曾经指出："知识和信息一直是生产力和权力的重要源泉。"[1]

那什么是信息？目前公认的有关信息最权威的定义，来自信息论创始人、美国数学家克劳德·艾尔伍德·香农（Claude Elwood Shannon）和美国数学家、工程师沃伦·韦弗（Warren Weaver）。他们的信息论将信息界定为："一个数量，它以位元（bit）为单位测量并通过符号出现的概率来定义。"[2] 在《贝尔系统技术杂志》发表的"通信的数学理论"一文中，香农将信息量定义为随机不定性程度的减少。换而言之，在香农看来，信息就是用来减少随机不定性的东西。[3] 这个"东西"在网络时代最集中的体现就是网络空间中的"数据信息"或者"网络数据"。

严格来讲，信息与数据是有一定区别的：数据是记载客观现象的原始数字、事实；信息则是有表述内容的消息，是有意义的数据。[4] 信

1 〔美〕曼纽尔·卡斯特主编：《网络社会：跨文化的视角》，周凯译，社会科学文献出版社 2009 年版，页 46。

2 〔英〕弗兰克·韦伯斯特：《信息社会理论（第三版）》，曹晋等译，北京大学出版社 2011 年版，页 34。

3 钟义信：《信息科学原理》，北京邮电大学出版社 2002 年版，页 47-56。该书将"香农"译为"仙农"。钟义信教授从哲学角度认为，"信息是事物运动的状态及其改变方式"，详见该书页 56。

4 梁战平、张新民："区分数据、信息和知识的质疑理论"，载《图书情报工作》2003 年第 11 期，页 32-35。

息具有使用价值，能够满足人们的特殊需要，可以用来为社会服务。[1] 对于信息资源，有狭义和广义之分：狭义的信息资源，指的是信息本身或信息内容，即经过加工处理，对决策有用的数据。广义的信息资源，指的是信息活动中各种要素的总称。“要素”包括信息、信息技术以及相应的设备、资金和人等。[2] 本文所指的信息资源就是狭义上的概念，即经过挖掘整理后的有意义的数据。

进入网络时代以来，网络空间里的各类数据大量增加，基于云计算的数据挖掘技术 [3] 也逐步成熟，原本孤立的零散数据有了挖掘整合的可能，本来很难产生价值的数据反而会变成有巨大商业价值潜力的信息资源。在网络空间中，网络用户使用网络应用过程中会产生大量记载其个人信息内容的数据：搜索引擎上的搜索记录、浏览器上的网页浏览记录、电子商务平台上的交易记录、电子邮件信箱里的通信记录、即是通讯软件上的聊天记录和社交关系以及在各种网络应用使用前注册登记成为用户时所填写的各种个人信息等等。针对这些数据，网络应用服务的提供商可以自己或转让给有需求的第三方，利用数据挖掘技术进行分析，进而获得商业利益——有关商业利益的转化方式最主要的就是根据网络用户的兴趣、偏好等信息投放定向广告，获取广告收入。某些情况下，网络应用服务的提供商所控制的此类信息资源会成为公司重要的无形资产。

把信息与信息资源的分析引入当代的研究范畴，信息不对称理论有非常重要的贡献。因为，“一个竞争性的市场要运作良好，买方必须掌握充分的信息，来对相互竞争的产品加以评估。”[4]

美国经济学家乔治·阿克罗夫在 1970 年发表了《柠檬市场：质化的不确定性和市场机制》一文，提出了相对成熟的“信息不对称”或者“不对称信息”概念。[5] 三十年后，他也正是凭借该文基础上对信息经济学 [6] 的开拓性贡献与斯蒂格利茨、斯彭斯一起获得了

1 http://baike.baidu.com/view/58439.htm，2015 年 10 月 18 日最后访问。

2 李兴国：《信息管理学》，高等教育出版社 2007 年版，页 9-11。

3 参见周晏、桑书娟：“浅谈基于云计算的数据挖掘技术”，载《电脑知识与技术》2010 年第 34 期，页 9681-9683。

4 〔美〕史蒂芬·布雷耶：《规制及其改革》，李洪雷等译，北京大学出版社 2008 年版，页 40。布雷耶大法官提到哈耶克的代表作《知识在社会中的运用》(F. Hayek, The Use of Knowledge in Society, 35 Am. Econ. Rev. 519(1945)) 是关于信息问题的经典论文。

5 Akerlof. The Market for “Lemons” : Quality Uncertainty and the Market Mechanism, Quarterly Journal of Economics, 1970, 84(3), pp. 488-500。

6 关于信息经济学的介绍参见张维迎：《博弈论与信息经济学》，上海人民出版社 2012 年版。

2001年度诺贝尔经济学奖。广义的信息不对称包括两种含义：一种指的是交易双方掌握的信息不均等，也就是狭义上的信息不对称概念；另外一种指的是不完全掌握与做出最优决策所需要的全部信息。相对于完全信息，信息不对称也可以称为不完全信息。[1]信息不对称的核心是揭示了信息资源的不均衡对于个人选择及相关制度安排的影响。在法学语境中，我们在要关注“信息不对称所导致的逆向选择、道德风险以及危及交易安全等问题”[2]时，需要重点考虑信息不对称对个人选择权的影响。

客观上来看，网络技术的发展的确增加了用户获取信息的能力。但这种结论是含有水分的，也是相对性的。首先，这种获取到的信息的真实性、准确性肯定是存在问题的，普通用户获取的信息庞杂、凌乱、相互矛盾，专业性上无法确保每一项判断都是正确的。其次，就像“道高一尺魔高一丈”那样，相对于服务提供方而言，普通用户所掌握的信息量的增长，在那些拥有大数据基础上的云计算技术的网络空间的服务提供商面前，仍然显得微不足道。

网络空间信息资源的鸿沟使得强势的一方具备了影响弱势的一方的能力。这种影响最集中的体现在对选择权的影响上。按照传统的研究视角，网络用户受限于信息的不足，选择自由受到限制，可能会做出与内心真意不同的意思表示[3]，很容易遭受欺骗或买到假冒伪劣产品，成为侵权行为的受害者。其实，在这种传统视角之外，还有一种情况：选择在表面上是自由的，行使选择权的网络用户本人甚至也会这么认为的，可事实上，这种选择是信息资源弱势的一方被信息资源强势的一方诱导做出来的。这种选择结果在某些情况下与第一种情形类似，会造成对网络用户权益的侵害，但更值得注意的是这样的情况：选择结果对网络用户本人的利益没有直接的影响，但却间接通过网络用户的选择之手影响到其他在网络空间提供服务的私主体的利益。比如，在安全软件提供的一键优化过程中，用户在不掌握一键优化详细内容的情况系下，会被引导卸载与该安

1 曾国安：“论信息不对称产生的原因与经济后果”，载《经济学动态》1999年第11期，页58-60。

2 邢会强：“信息不对称的法律规制——民商法与经济法的视角”，载《法制与社会发展》2013年第2期，页112。

3 同上。

全软件控制者存在利益冲突的第三方的软件。这种造成第三方软件被卸载的情形就构成了对网络用户与第三方之间网络应用服务法律关系的直接灭失。相对应的，如果在一键优化过程中让用户在不知情的情况下安装了与该安全软件控制者利益密切的第三方软件，这种引导安装的行为也就构成了对网络用户与第三方之间网络应用服务法律的产生。这便是典型的“通过一定行为或不行为而改变某种法律关系的能力。”[1] 此种情况下，也就蕴含了从私权利到私权力的转变。

如果说在网络空间中确定一种占用信息资源最多的网络服务类型，那么网络搜索服务肯定是其中的代表。就中文信息资源而言，百度拥有无人匹敌的规模。即便放在全人类既有的信息资源规模来看，百度所掌握的信息资源量也是惊人的。据统计，目前百度掌握的信息资源的体量在 EB 级别，约占全人类信息资源规模的 1‰ ~ 1 %。EB 是个什么级别的数量单位呢？1EB 等于 1024PB，1PB 等于 1024TB。如果一个移动硬盘是 1GB 容量，那么需要有约 105 万个这样的移动硬盘满容量装载百度所掌握的信息资源。[2]

正是因为知道百度有巨量的信息资源，我们才在需要检索信息时求助于它。但是，在提供网络检索服务时，百度不仅会收集检索本身所产生的信息资源，还能对检索结果发挥影响。这种影响指的不是搜索引擎根据其数据库里的信息资源和搜索关键词机械计算出的搜索结果，而是通过技术干预这种客观结果的出现，使得本来关联度不高的信息以较显著的方式呈现，或者使得可能基本没有关联的信息呈现为搜索结果。

有一个典型的例子，2013 年 12 月 17 日，作者曾在百度搜索框中键入“国土资源部”一词（得出的检索结果可见图 2-4）。令人吃惊的是，排名第一的搜索结果竟是某房地产中介公司的广告信息。

1 沈宗灵：“对霍菲尔德法律概念学说的比较研究”，载《中国社会科学》1990 年第 1 期，67-77 页。

2 大数据就在你身边：全人类信息量百度掌握近 1%，http://news.xinhuanet.com/fortune/2014-01/12/c_125991782_2.htm，2015 年 10 月 18 日最后访问。

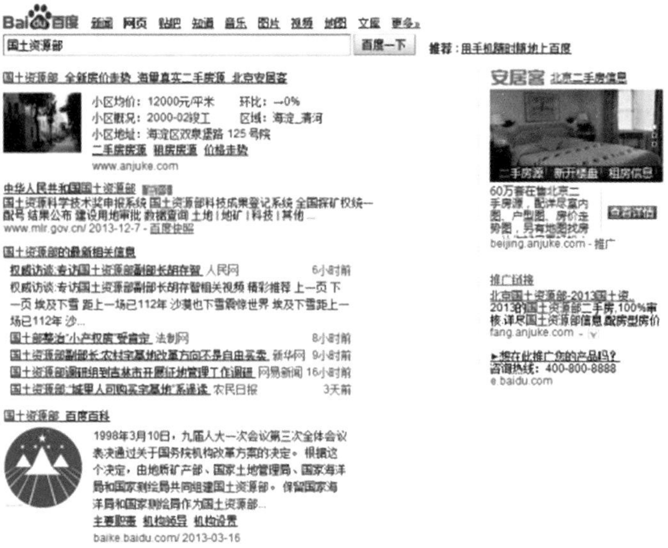

图 2　百度搜索截图

对于这种影响搜索结果的方式，百度自己命名为“百度推广”——“按效果付费的网络营销服务，借助百度 87% 中国搜索引擎市场份额和 60 万家联盟网站，打造了链接亿万网民和企业的需求平台，让有需求的人便捷地找到适合自己的产品和服务，也让企业用少量投入就可以获得大量潜在客户，有效提升企业品牌影响力。”[1] 针对这一行为，法学界更多的是用“竞价排名”来描述。在相关的专利文件中更能看出其中的问题。百度就此申请的专利名称为：“一种利用搜索引擎发布信息并按竞价排名的方法”（专利号：02117998.0）。专利主权项载明：这是“一种利用搜索引擎发布信息并按竞价排名的方法，该方法是通过计算机互联网络，利用设置在服务器上的软件系统，而实现，其特征在于，将信息发布到互联网搜索引擎中，并按照信息提交者设定的每次点击金额进行排序，生成结果页面，其包括以下步骤：（1）通过信息输入系统：信息发布者将所需发布的信息以及其他相关信息输入数据库；（2）利用信息存储系统将信息发布者提交的信息以及其他相关信息存放在数据库；（3）利用信息审核系统审核信息发布者所提交的信息是否合适，被批准发布的信息被列在搜索引擎结果中；（4）利用检索

1 http://e.baidu.com/product/，2015 年 10 月 18 日最后访问。

系统响应搜索用户的搜索请求，接受用户提交的搜索关键字，并根据搜索关键字给出相应的搜索结果的核心内容；（5）利用排序系统分析检索系统所提供的搜索结果中包含信息的点击价格，然后根据系统设定的各种规则对搜索结果进行排序；（6）利用结果页面生成系统：根据预先设置的网页格式模板，将搜索结果核心内容按照排序系统所给出的顺序整合起来，生成最终结果页面。”可见，百度的检索结果并不是完全中立、客观，而是根据第三方报价高低的有关规制先后呈现相关信息。在某种意义上，这是信息资源优势最集中的体现——决定信息呈现的等级制。所以，在网络时代，信息的泛滥是与这种信息呈现的先后与多少的等级制并存的。在这个意义上可以说，网络服务提供者可能具有决定使用者是否接受特定信息的权力。

关于竞价排名是否属于广告法的调整范围以及相关法律规制，已有不少研究。姑且不论原有研究路径的结论如何，这种对搜索结果的影响，事实上限制了用户获取信息的能力。不管用户意愿如何，其检索结果还是要受到网络检索服务提供商的制约和影响。在这种意义上，竞价排名也是一种私权力现象的表现。

与对某些敏感词的过滤要求相比，这种私权力行为对用户知情权、选择权的影响并非不严重。只不过体现在每个用户的每次检索行为上不会太过明显而已。但是，如果考虑每天发生的大量检索行为，将每次的影响乘以巨量的次数，实际上的总体影响也是非常大的。

私权力的规制

让我们重温莱斯格在《代码 2.0：网络空间中的法律》一书中所重复的那些关于网络空间“码法”的经典注解：“代码就是法律”。“不同的（网络空间）版本支持不同的梦想。我们正在选择，或明智地，或不明智地。”或者说，代码“决定了什么样的人可以接入什么样的网络实体……这些程序如何规制人与人之间的相互关系……完全取决于做出的选择。”[1]

网络空间骨架是由代码编织出来的。一旦技术架构失衡，主体间的关系也会随之受到影响。网络安全服务只是其中的一种情形。在“3Q 大战”中，腾讯能够让用户进行“二选一”凭借的就是腾讯能够拥有绝对的技术优势，可以控制服务是否提供、何时提供、如何提供。腾讯与其用户之间也是一种不均衡的关系。进一步地，淘宝网上，阿里巴巴能够制定淘宝规则的背后何尝又不是一种失衡的私主体间关系呢？再放大视角，微软黑屏事件中，微软与用户之间不均衡的地位更加明显，微软可以直接在用户的电脑上采取“维权”措施——这难道不就是以“权利”之名行“权力”之实么？面对这些新问题，唯有接受变革，要站在既有学术路径资源的肩膀上，去建构解释和解决新问题的概念。

私权力为我们提供了一个认识网络空间侵权与维权的新视角。网络安全服务的背后是技术架构上的优势，微软黑屏的背后是其所拥有的技术资源和信息资源，《淘宝规则》的背后则是其所拥有的平台资源，360 网络安全服务背后则是其所拥有的技术资源与平台资源的结合。[2]

在私权力主体与普通私权利主体对峙之间，失落的是个体权益。公权力主体与私权利主体之间的张力尽管仍面临着这样那样的问题，但近现代以来的政治学、法学已经设计出参与、公开、程序、问责等诸多制度去尽力纾解。而私权力主体与私权利主体之间仍然缺乏相应的平衡制度。在私权力主体可能侵犯私权利主体权益的场域中，私权利主体的救济手段仍然相对有限，且显得那么苍白无力。“3Q 大战”、“3 百大战”、“3 狗大战”的战火持续延烧，而微软黑屏事件却鲜见后话。其中的缘由不禁令人深思。三个大战之所以大且长，就因为其中涉及的都是具备私权力实力的网络服务提供者，尽管这几个网络服务提供者间存有不均衡的情况，但仍不至

1 〔美〕劳伦斯·莱斯格：《代码 2.0：网络空间中的法律》，李旭、沈伟伟译，清华大学出版社 2009 年版，页 6–7。

2 应当说，私权力与经济实力、市场资源是一种共生的关系：一方面，从根本意义上讲，私权力的存续离不开经济实力、市场资源的支撑；另一方面，私权力的存续也会促进经济实力的成长。本文对私权力背后技术资源、平台资源、信息资源的强调，并不意味着对经济实力、市场资源价值的否定。

于过度失衡。反观微软黑屏事件的双方则是力量悬殊：在强势的一方实施私权力之际，弱势的一方几无还手之力——或者接受或者退出，基本没有第三个选择。这种态势的不均衡发展到一定程度，强势者甚至可以令具有公共话题价值的“冲突”在公共舆论中消失、被遗忘。

但是，这并不意味着要全盘否定私权力的合法性。比如，在公权力主体需要私权力主体配合实施治理的情况下，私权力就因为立法授权、行政委托而具备了合法性。再如，淘宝规则的存在就有客观的社会需求。所以，对于私权力应当采取一种客观的态度：正视私权力存在的现实和价值，参考公权力的合法性规则方案，设计防范私权力滥用的程序和规则。

对于存在社会需求的私权力，应通过建立建设性的规范机制扬其长避其短。在网络空间中，除了按照既有的机制对越权、侵权行为进行事后制裁外，还可以超越司法保障，强化过程性规制，进行私权力的规制机制建设，在损害发生之前，纾解私权力与私权利之间的张力。具体而言，权力规制的角度出发，应将下述机制落实为法律规范或者政策指引，实现过程性、系统性的治理目标。

第一，需要引入私权力动态规制机制，预防其运行风险，降低侵权发生的可能性。基本权利需要加强保障，既有的法律部门解决方法需要整合，尤其在互联网发展日新月异、商业模式层出不穷，网络服务提供者与用户之间信息不对称、技术不对称、资源不对称愈来愈加剧的情况下。公权力作为必要的恶，需要合理介入，积极制定合适的规则，界分私权力的边界和规范私权力的行使。比如，对微软黑屏类似的私权力行为应当积极主动干预；对于网络安全服务平台基础上的私权力要限制其与其他网络应用服务的集中，实施网络安全服务这一基础业务与其他普通网络服务业务的相对分立，避免网络安全服务提供者既做裁判员，又当运动员。

第二，需要引入处于相对弱势一方的私主体的参与机制，实现私权利对私权力的有力监督。私权力主体与私权利主体间地位的不平等，是私权力得以滥用的重要原因。解决这一问题，需要将私权利主体引入到私权力作用的过程中，建立正当程序，保障私权利主体对涉及自身的决策和规则制定的参与权。淘宝规则的修订、“避风港”规则中通知删除程序的细化、网络隐私政策的改动，都应建立可操作的参与机制。在参与机制的具体设计上，可以积极吸收 Facebook 隐私政策修订的全球公投模式，探索一定形式、一定范围内的网络投票。

第三，需要构建有效的信息公开机制和用户教育机制，尽可能打破信息资源和技术资源的不对称。解决其中的信息不对称问题是确保私权力在运行过程中不被滥用的基础。充分公开私权力运行细节，确保相应的私权利主体享有充分的知情权。对于网络安全服务和网络信息服务而言，重点是充分披露有关默认设置的细节；对于淘宝规则的制定和实施而言，核心是规则制定、修改的全过程公开；对于众多收集用户信息的网络服务提供者而言，这还意味着要专门设立独立的隐私政策网页，详细公开隐私政策内容。单纯地加强私权力透明度建设未必能扭转私权力主体与私权利主体间的知识均衡。由于网络空间越来越复杂的技术细节的存在，普通私主体拿到有关信息后，也未必有理解的能力。比如，网络服务中不同设置的选项即便公开，没有相关的知识，私主体也无法做出正确的选择。解决这一困境，就必须构建完善的用户教育机制，让用户知晓有关私权力行为对自己权益的确切影响的同时也能做出对自己真正有利的合理选择。从另外一个角度来看，进行用户教育，也是在为参与充权，提升私主体的参与能力，提高参与机制的有效性。用户教育对于私权力规制及相应的网络治理问题具有特殊的重要性。

第四，需要积极培养第三方专业机构的成长，通过其客观专业中立的评测监督机制，引导私权力主体公平作为。首先，第三方评测机构有充分的专业优势，可以在不投入公共成本（财政预算）和避免家长主义的情况下，透过舆论力量和市场机制实现对网络空间私权力主体的有效监督。其次，第三方评测机构可以发布相关评测标准，为私权力的规范作为提供指引。由于是社会标准，具有相对的灵活性，可以在实践中及时调整，不会浪费国家立法和行政资源，且可以为国家相关立法、执法、司法活动提供重要参考。以隐私保护为例，要加强网络应用服务提供者的企业隐私管理体系建设。将类似 ISO9001 的管理标准引入企业。实现潜在私权力的动态运行规范，提前防止滥用风险的发生。再次，第三方评测机构还可以成长为专业的用户教育主体。当然，也要解决评测俘获的问题。这需要加强第三方评测机构自身的公开和参与机制建设。比如，应当将评测报告向社会详细公布，应当吸收用户参与到评测过程中。

如何平衡隐私保护与数据开发

——浅谈欧美立法改革对我国的启示

范为[1]

徐玉玉案引发了对个人信息保护的热议与高度重视，推进个人信息保护全面性立法的呼声甚高。然而笔者认为，我国当前的问题并非出在欠缺一部全面性立法，而是在传统的立法思路及框架下，个人信息的后续流通环节缺乏“实质性”的规制。如何在强化隐私保护的同时，促进数据的流通与后续开发？应跳脱业已失效的“知情同意”框架，构建顺应大数据发展的新思路。在此方面，欧美立法改革已经做出了良好表率，对我国具有重要借鉴意义。

为什么要保护个人信息

（一）个人信息保护的立法初衷

个人信息保护的意义超出我们传统理解的狭义上的个人隐私，它的立法初衷是避免大规模数据处理对个人的权益及自主造成的损害。提到个人信息保护，我们大多数人通常担心的是个人信息的泄露，然而比这更可怕的是基于信息的收集分析做出有关我们个人的决策、进而影响我们各方面的权益。以信用计算来说，政府或企业基于收集到的个人信息和开发出来的算法计算出我们的信用值，然而它和我们真实的信用存在差距时，人们会相信哪个呢？恐怕会越来越相信“科学”的数据。对数据的掌握意味着控制，“数字人格”日益取代我们的真实人格，个人沦为数据与算法的奴隶。当我们的权益因为不公平的信息处理和算法受到损害时，我们有没有权利提出异议？有没有权利进行救济？甚至知不知道自己的权益正在受到

---

1 范为：数据保护与治理研究中心秘书长。

损害？对抗这种个人面对数据的“无力感”才是个人信息保护的深层意义。

（二）如何确定个人信息保护的“合理边界”

个人信息保护的合理边界是防范个人信息的滥用，换言之，规范个人信息的“合理使用”。何以构成合理使用，取决于信息的处理方式是否能为当事人所接受，或者说是否符合当事人的合理预期。进一步来讲，要防范信息处理行为给当事人带来的不合理的隐私损害或隐私风险。对于隐私风险，国际上并无统一的界定，然而可喜的是，欧美数据保护改革法案都明确地提出了此概念并界定了内涵，大意均是信息处理行为对用户造成精神压力、人身、财产、职业及其他方面损害或负面影响的可能性。

（三）问题的核心出在哪里

当前我国已经建立了个人信息保护的初步法律框架，然而数据黑产盛行，个人信息泄露的问题日益严峻。徐玉玉案件发生后，我们应该审视问题出在哪个环节？除了个人信息过度收集的情况外，可以看到，大多数情况下，个人信息的收集是基于合法事由的，例如徐玉玉案中学校对学生个人信息的手机号码的收集，然而个人信息在后续流通时问题频出，即个人信息的后续流通环节缺乏有效规制。大数据时代，个人信息的后续流转、比对关联以及挖掘分析是隐私风险的核心来源，但与此同时也是充分挖掘数据价值的关键所在。如何规范数据的后续流动，实现隐私保护与数据价值开发的合理平衡，成为解扣困局的关键所在。

2015 年 10 月 19 日，网站安全漏洞发现者乌云平台用户“路人甲”发布了《网易 163/126 邮箱过亿数据泄密》，国家互联网应急中心 20 日通报证实，泄露数据为 100 条，其中账号与密码匹配正确的 20 条。但事件的关键不在于泄密数量多少，而在于泄密本身，数据安全成为信息社会中最突出的问题之一。

传统“知情同意”框架为何失去效力

“知情同意”为核心的传统机制带来“双输”局面

传统的个人信息保护机制主要依赖“告知同意”框架作为信息处理的主要授权手段，在大数据时代已经捉襟见肘。就告知机制而言，在网络场景里主要体现为隐私政策，且不说数据处理的复杂场景难以为文字所清晰的描述；对于用户而言，理解起来是沉重的负担，有研究表明用户每年如果认真阅读隐私政策需要耗费244天的时间，事实上，用户往往既不阅读更不理解这种“告知”；此外，信息的后续处理的目的也难以在初始收集时预料到，“如何告知用户根本没法预期的目的”成为告知悖论。在信息的后续处理脱离了向用户“直接收集”的场景后，告知便更加难以实现。传统立法上对告知内容的要求又极为严格，在很多国家，隐私政策成为企业证明履行告知义务的“幌子”，其“形式”意义远大于确保用户实际“知悉”的目的。在用户同意方面，首先，它不是用户在充分知情的基础上做出的，其次，用户为使用服务，往往除了点击同意外并没有其他的选择，没有实现个人偏好的渠道，基于“不知情”和“不自主”的同意没有任何意义，用户授权成为一纸空文。因此，借西方学者所言，告知同意机制只给用户造成拥有控制权的“假象”，实质上则完全架空了用户权利，且通过这种不公平的“授权”手段把信息处理的风险转嫁给用户，换言之，用户对于其个人信息的后续流转完全“失控”了。

不仅是用户同意，在大数据分析广泛应用的背景下，传统的架构在个人信息定义、目的限定原则、透明度与用户控制、第三方主体责任认定、数据跨境传输等各个方面都面临着严峻困境。世界经济论坛（WEF）联合微软研究团队发布的一份研究报告指出，由于缺乏实质意义上的用户控制及透明机制，传统个人信息保护架构在当下社会已经失灵；学者 Rubinstein 则更进一步指出，知情同意机制在大数据时代已经“无可挽回地走向瓦解，超出了任何规制的修复能力”。因此，欲实现隐私保护与数据价值开发的共赢，亟须破旧立新，因势利导，跳脱传统知情同意架构的局限，转而探索顺应技术发展的新路，构建个人信息保护的有效机制，以适应大数据时代的发展需求。就像用来规范马车的规则没法继续套用在汽车上一样，“告知同意”的机制在大数据时代已经“无可挽回地走向瓦解，超出了任何规制的修补能力”。其后果是两头落空：一方面架空了用户权利，并没有达到充分保护用户隐私的目的；另一方面也给企业造成沉重负担，严重阻碍了数据后续的流通开发。面对这样一个“双输”机制，是全盘推翻还是小修小补，欧美给出了不同的答案。

跳脱“知情同意”的新思路成为必然趋势

（一）场景与风险导向的新思路

世界各国均不同程度地认识到了知情同意机制的局限，因而积极寻找顺应大数据时代的新思路。为了提高用户授权的效率和实质性，同时减少数据流通利用的不必要障碍，告知和获取用户同意在有“必要”的情况下才需要进行，而且通过有实质意义的方式获取。进一步来说，个人信息在构成“合理使用”时，并不需要用户的主动授权。何以构成“合理使用”没法预先划定一个固定的边界，需要在具体的场景里进行风险评估。场景和风险的理念由此应运而生。场景理念是指信息处理带来的风险要在相应的场景中进行评估；风险理念是认识到个人信息保护的目标是合理控制隐私风险，这需要在每个具体场景中进行风险评估，根据风险程度衡量是否构成“合理使用”，并采取相应的保障措施。换言之，“场景”与“风险”导向的新思路是将“合理使用”或“未引发不合理的风险”作为信息处理的主要授权手段，在风险程度高出合理或可接受的范围时，才需要用户授权等等强化性的保护手段。在没有用户同意的“必要”时，无需取得用户授权。这种基于隐私风险“有的放矢”地进行动态控制的思路，一方面有助于提升数据保护的实质意义及针对性，另一方面能够大幅减轻企业负担，促进数据流通开发，激活数据价值，是平衡数据保护和数据开发的绝佳手段。可喜的是，纵观国际个人信息保护立法改革，均不同程度地融入了这一新思路。以下仅以欧美为例加以说明。

（二）美国《消费者隐私权利法案》（草案）

美国于2015年2月发布了《消费者隐私权利法案》的讨论稿（Consumer Privacy Bill of Rights，以下称“CPBR”），虽然后续进程停滞不前，但草案的内容体现了美国政府和业界公认的理念和导向。它最大的亮点在于在国际上率先引入了“场景”导向的新思路。CPBR规定，机构“只能通过相应场景中合理的手段收集、留存及利用个人信息”，以“在相应场景中合理”（reasonable in light of context）的标准作为个人信息处理行为的合法性授权，界定了合理使用的动态边界，为整部法案奠定了基调。其规定，若个人信息的处理“在相应场景中不合理”，机构需要“进行隐私风险评估”（privacy risk analysis），并“采取适当的手段降低风险”，包括但不限于“提供增强性披露及用户控制机制”。CPBR进一步规定，机构须告知用户场景中不合理的事项，并以合理的方式为用户提供是否要承担风险以及是否希望降低风险的选择机制。由此可见，CPBR建立了以场景为基础、增强用户控制为补充、风险评估为手段、风险控制为目标的架构，即个人信息处理在相应场景中合理，或虽不合理但为用户提供了增强性控制机制时，均构成个人信息的合理使用，从而跳脱了以用户同意作为主要合法事由的传统知情同意架构。

（三）欧盟《数据保护一般条例》

相比之下，欧盟则选择了小修小补的方式。2016年4月正式通过的改革草案《数据保护一般条例》（General Data Protection Regulation，以下称“GDPR”）中，“风险”和“场景”要素的显著增加同样成为最大的亮点，搭建起了风险管理的初步框架。如第22条“数据控制者（机构）义务”中强调，机构应“根据其个人信息处理行为的性质、范围、场景、目的及影响公民权利的可能性、敏感度等”承担相应责任，又如规定在职场、个人或家庭目的利用或“引发高风险的行为”等不同场景中的处理方式。GDPR 将风险按大小分为高（high risk）、中（risk）、低（low risk）三个等级，为“可能引发高风险的行为”规定了额外的增强性义务，如就数据处理行为事先征询数据保护监管机构，进行数据保护影响评估（Data Protection Impact Assessment，简称 DPIA），发生数据泄露事件除告知监管机构外还需通知数据主体等。与此同时，为风险低的数据处理行为豁免部分义务，如发生数据泄露时可免予通报监管机构，外国的数据控制者可免予任命代表等。此外，尤为值得指出的是，GDPR 突出强调了维护企业“合法利益”作为信息处理的合法事由，亦即，在企业“履行合同义务所必须”或“维护企业合法权益”等情形下，无需取得用户同意。何以构成“合法利益”的解释非常宽泛，同样需要视具体场景进行风险与收益的权衡。

需要指出的是，GDPR 对场景理念的引入只停留在碎片化的初步阶段，未能有效处理风险导向的理念同传统制度的关系，因而未能建构起风险管理为核心的系统框架，最终无法突破传统路径的困境与局限。虽然 GDPR 中的风险要素只是小修小补，总体上没有改变传统框架，但未来无论执法还是实践当中，风险导向的思路必将发挥日益重要的指导意义，例如，GDPR 已经规定监管者在做出处罚时需要具体考虑信息处理行为引发的风险等等。相比于碎片化、噱头式的“被遗忘权”等等新增规定，GDPR 中引入的风险导向的要素，对未来的影响和意义显然更为深远，因为它为搭建一个新的框架体系指明了方向。

然而，GDPR 并未从最重要的用户角度强调尊重用户在相应场景中的合理期待，更未将“风险程度低”作为个人信息处理的合法授权，而是在传统的合法授权事由框架下，进一步提升了用户同意的形式要求，继续强化传统知情同意的框架，构成了其最大局限及诟病所在。这主要是传统机制强大的惯性使然，负面效果也是可想而知的。需要特别提醒注意的是，国际上普遍推崇 GDPR 看似健全、严格的制度设计，但法律的纸面规定与实践的具体落实可能南辕北辙。事实上，早在大数据分析盛行前，欧盟数据保护指令就一直饱受执行不力的困扰。可以想见，GDPR 未来在执行层面势必遭遇更加严峻的障碍。

建立大数据时代公平、有效的新机制

由前述可以看出，欧美立法改革有进步也有局限，在此基础上，笔者提倡进一步进行改善，构建场景为基础、风险为导向的新思路，以“隐私风险评估”为工具，在信息处理生命周期进行全流程的风险管理。将隐私风险分级（如高、中、低），以风险程度为核心确定相应的保护义务。值得指出的是，隐私风险评估已经成为国际通行的个人信息管理工具，国际上已有成熟的操作指南和最佳实践可供参考借鉴。通过尊重数据处理“场景”中普遍认同的要素，与此同时调试地区间差异的要素，使得构建国际统一的隐私保护框架成为可能。

具体而言，在个人信息定义方面，淡化个人信息定义作为法律适用前提的作用，侧重基于隐私风险的程度而不是信息类型来界定相应的义务；目的限定原则方面，尤其在信息的后续处理环节中淡化用户同意的地位，变“目的限定”为“风险限定”，即信息处理及后续利用不得引发超出原有程度的风险；透明度与用户同意方面，强化“高风险要素”的告知，通过技术机制的设计提升告知的实效性，在信息处理行为构成“合理使用”时，即引发的风险在可接受范围时，无需用户授权；第三方主体义务界定方面，传统框架中“数据控制者”及“数据处理者”的区分困难且并无实质意义，应本着“谁使用谁负责”的原则，通过统一的风险评估框架来界定多方主体义务；数据跨境传输方面，除加强国际执法协作，参与国际传输框架外，重点通过风险评估的体系搭建数据传输的国际统一基准和框架，此外，基于“第三方认证”授权的传输势必成为未来的主流机制。

对我国个人信息保护立法的启示

信任是产业发展的基石，构建公平、信任的产业环境，是数字经济长足发展的基础。在大数据与互联网产业蓬勃发展的背景下，我国在个人信息保护方面能否形成合理、高效的制度设计，关乎公民权益的保护、用户信任的提升和产业的长足发展。我国现行的立法制度基本沿袭了欧盟式的传统思路。我国当前已经制定了很多相关法律规范，然而实践中个人信息保护问题却日益严峻，对建立一部统一的个人信息保护立法呼声甚高。然而，当前的问题并非出自缺少一部个人信息保护立法。在推进统一立法、加强执法力度之外，我们是不是更应该反思立法思路和立法框架本身的局限？务必清醒地认识到构建在“知情同意”架构上的传统路径已经走入穷途末路。在欧美正在努力地摆脱传统框架的局限时，我们不应再重走他们积重难返的弯路，应该抓住立法改革转型的机会窗口期，发挥后发优势，实现弯道超车，积极构建顺应大数据时代发展的新框架，在有效保护用户隐私的同时，促进数据流通开发，充分释放数据红利。在大数据时代的个人信息保护机制构建方面，交出一份我们自己的答卷。

此外，尤为值得指出的是，在个人信息生态体系的秩序构建当中，立法只能起到非常有限的作用。正如美国教授Lessig所言，市场、立法、技术架构与社会习惯四个要素均能够影响主体的行为。因此，应从多重维度构建良性生态体系，使得个人信息保护成为内生的、默认的机制，而不是在数据泄露事件发生后，再花很高的代价去维权，把压力都集中在后端的执法环节。总而言之，通过多管齐下的方式，构建数据流通的良性生态体系，实现隐私保护与数据价值开发的合理平衡。

新技术、流动性冲击与超主权货币探讨

杨涛[1]

从技术视角看，我们可以用大数据、云计算、平台经济、移动支付这些通行概念来描述新技术，也可以概括称为ICT。ICT是信息、通信和技术三个英文单词的词头组合（Information Communications Technology，简称ICT)。它是信息技术与通信技术相融合而形成的一个新的概念和新的技术领域。21世纪初，八国集团在冲绳发表的《全球信息社会冲绳宪章》中认为："信息通信技术是21世纪社会发展的最强有力动力之一，并将迅速成为世界经济增长的重要动力。"事实上，信息通信业界对ICT的理解并不统一。作为一种技术，一般人的理解是ICT不仅可提供基于宽带、高速通信网的多种业务，也不仅是信息的传递和共享，而且还是一种通用的智能工具。作为大国经济发展质量提升的重点，技术进步已经成为我国走向现代化的重中之重，尚需大力提升水平。如国际电信联盟对2015年度全球ICT（信息、通信和技术）发展指数的排名中，我国居第82位；世界经济论坛的《2016年全球信息技术报告》对全球139个经济体的信息技术水平进行评估，我国居第59位。

以ICT为代表的新技术能够改变什么？从宏观看，是经济金融活动的搜索成本、匹配效率、交易费用、外部性和网络效应。从微观看，则是影响企业内部的信息管理、激励约束机制、技术进步和治理环境等。

1 杨涛：中国社科院金融所研究员。

当前，关于技术对金融的影响，国外最流行的概念就是“Fintech”，即伴随着科学技术和管理技术的发展，为了降低金融交易成本、提高金融交易效率而在金融交易手段、交易方法和物质条件方面发生的变化与革新。金融技术创新既是金融效率提高的物质保证，同时还是金融创新的内在动力之一。正是由于科学技术特别是电子计算机技术在金融交易中的广泛应用，才使得金融制度与金融交易工具发生了深刻的变化。

英国财政部经济部长在2016新加坡Fintech峰会上演讲。

应该说，技术对于金融的影响，几个世纪以来一直都存在，并非现在才凸显出来。例如，早在19世纪上半期，股票交易信号的传递，是由经纪人信号站的工作人员通过望远镜观察信号灯，了解股票价格等重要信息，然后将信息从一个信号站传到另一个信号站，信息从费城传到纽约只需10分钟，远比马车要快，这一改变曾掀起了一轮小小的“炒股”热。直到1867年，美国电报公司将第一部股票行情自动收报机与纽约交易所联接，其便捷与连续性深刻激发了大众对股票的兴趣。1869年，纽约证券交易所实现与伦敦证券交易所的电缆连接，使交易所行情迅速传到欧洲大陆，纽约的资本交易中心地位进一步凸显。

从制度视角看，现代金融改革也离不开制度与规则的优化。例如，从普惠金融到共享金融，更加强调金融发展中的伦理问题，重视制度经济学的影响。近年来，经济金融发展中由于出现了诸多矛盾，因此人们更加重视伦理学的引入，也就是从伦理方面对经济制度、经济组织和经济关系的一种系统研究。就此角度而言，市场经济和金融运行不仅是经济的，更是伦理的；它是以人为本，是公平的、多赢的。

一方面，我国的金融创新动因，有一些全球性的制度要素，如普惠金融。技术所伴随的机制变革动力，能够对可持续协调发展与实现经济金融伦理做出了贡献。例如，美联储在 2012 年的一份报告中指出，美国消费者中有 11% 享受不到银行服务（unbanked），另有 11% 享受的银行服务不足（underbanked），而伴随着智能手机的普及化，这些人群更容易、也愿意运用移动设备来享受电子银行或支付服务。另一方面，还有一些中国转轨期的特有因素。如，目前很多互联网金融模式就是一种特殊的监管套利创新，是具有短期化特征的。如果利率进入完全市场化状态，金融市场充分竞争，客观地说很多模式存在空间会进一步缩小，最典型是货币基金消费支付，像余额宝，欧美货币市场基金的网络化发展轨迹其实已经证明了这一点，当然这只是其中一点，很多现象反映了它可能兼具技术和制度因素驱动特征，所以分析新金融模式，必须一分为二来看。

信息社会的货币金融学理论变革

要进行理论追溯的话，关于技术对经济和金融的创新贡献，其起点可以从约瑟夫・熊彼特（Joseph Alois Schumpeter）的创新视角展开。他提到："大规模、集群式的科技创新对经济发展和市场运行有着根本性影响。技术创新周期持续影响着社会经济周期和金融结构的变迁。故而唯有充分把握重大科学技术变革及其产业化的基本方向和态势，方可准确解释实体经济以及为其服务的金融体系的种种基本格局性的变化。"我们同意的是，技术对于经济金融影响的本源，始终体现在"创新"二字之上。

作为当前时代的伟大技术，互联网信息技术本身的创新特征包括：共享性、多元性、互动性、即时性。这些特点落到经济层面，已经开始带来深刻的变革。如（1）宏观经济层面：改变了搜寻成本、匹配效应、交易成本、外部性和网络效应；（2）微观经济层面：改变了微观主体的信息管理、激励约束机制、技术进步和治理环境、企业组织的边界；（3）制度经济学层面：在信息高速流动和传播的时代，传统的各类制度规则都遭遇了挑战；（4）伦理经济学：原本难以解决市场经济伦理矛盾，在新技术条件下的可行性在上升。

当前互联网信息技术对经济运行的影响，进一步映射到金融层面，我们则看到了：多样性（新型机构、新型业务、新型方法）；草根化（直接面对大众需求、低进入成本）；“小即是美”（小而专业的金融机构）；行业融合（实体经济对金融领域的进入）；挑战权威（非标准的行业规则、电子货币）等等。与之相应的理论解释如：市场集中度降低、去中介化、实体经济企业与金融机构的一体化、双边交易平台的竞争、货币替代等。

可以说，从理论和方法的不同层面上，互联网信息技术已经潜移默化地影响着现代货币经济学和金融经济学这两大学科体系。举例来看，以下几个研究领域就体现出令人兴奋的探索前景。

（一）影响新货币经济学研究范式

所谓哈恩难题，是英国经济学家哈恩在 1965 年提出的问题，即：为什么没有内在价值的纸币与商品和劳务相交换的过程中会具有正的价值？从 20 世纪 60 年代开始，经济学家们开始对货币理论缺乏有效的微观基础而感到不满，并且提出了许多理论来试图解决。其中，“新货币经济学”是由美国经济学家罗伯特・霍尔（Robert Hall）在20世纪80年代提出的概念，用来描述一种经济分析方法，该方法最初是由费希尔•布莱克（Fischer Black，1970）、尤金•法马（Eugene Fama，1980）及罗伯特・霍尔本人（1982）在其各自的论述中用来解决关于货币经济学的一些基本问题。

新货币经济学作为一种经济分析方法，是在既有货币理论面临巨大挑战的背景下提出来的。主要是电子货币产生和快速发展之后，缺乏理论基础的有效支持，并且主流经济学家沿着传统理论研究路径不断探索。即：如果货币最终消失；法定纸币不再是唯一的交易媒介，并且最终被产生货币收益的由私人部门发行的金融资产所取代；或者货币全面电子化。那么，我们将如何描述一个没有传统货币假设前提的货币经济学？这正是新货币经济学带来的悖论与难题。

尤其值得关注的是在货币政策层面的冲击。在电子货币日新月异的今天，其形式也不断演化，甚至出现了脱离央行控制的网络货币形态。在新技术的冲击下，货币概念、范畴、转移机制都在发生变化。其中，大额与小额、银行与非银行、央行控制与非央行控制，构成了不同形态的货币及货币转移带来的深刻政策影响，这体现在对货币数量、价格、货币流通速度、货币乘数，以及存款准备金等制度的冲击。如 BIS 早在 1996 年就开展了一系列研究，并认为电子货币可能会影响到中央银行的货币政策，如影响央行控制的利率和主要市场利率的联系。BIS(2004) 的调查发现，虽然在一段时间内预计电子货币不会对货币政策产生重大影响，但调查中的中央银行都开始密切关注电子货币的发展。BIS(2012) 认为非银行机构发行的电子货币，对中央银行的货币控制有一定影响，如影响短期利率水平等变量，但央行可以运用多种方式来保持电子货币与央行货币的紧密联系. 从而控制短期利率水平。

（二）引入货币信用的宏观分析

哥特勒（Gertler，1988）指出，宏观经济理论通常隐含地假设金融体系（financial system）顺利地运作，以至于可以忽略不计。在总体上忽视信用和金融系统的大背景下，也有少数文献主张信用或者金融体系（银行）十分重要，但将二者在主流宏观理论模型中结合在一起，是 2008 年金融危机之后的事情。由此，当前宏观经济学分析的一个重要前沿领域，就是结合信息时代的来临，如何基于新的技术路径、在宏观分析模型中引入货币和信用。例如，20 世纪后期出现的真实经济周期理论认为，造成经济波动的最根本的原因是真实冲击（real shocks）的扰动，包括技术进步的速度、制度变化、天气等等。无疑这些因素可以解释相当部分的经济波动，但是这种理论却忽略了金融系统的重要作用。那么，在互联网信息技术快速发展的当前，会否对熨平周期波动带来新的更复杂影响？是否会使金融系统带来新的周期扰动？这些都给我们提出了新的思路和命题。

此外，在宏观分析中如何充分考虑和预测金融危机，也是当前的重要挑战。互联网信息技术一方面有助于解决这一矛盾，如在动态随机一般均衡模型（DSGE）这一主流分析工具中进一步引入复杂系统仿真、复杂系统与网络结构等，另一方面，互联网信息技术同样能产生新的风险与危机动因，给金融监管带来新的挑战，如股市的高频交易、场外衍生品市场的风险快速传染等。

（三）金融功能的融合

按照传统金融功能理论，金融体系的基本功能是互补的关系，同时不同金融子行业之前虽然出现融合倾向，并未出现大规模混业的趋势。但是，互联网信息技术在潜移默化的改变着这一格局。首先，新技术使得金融业务的平台化融合成为可能。一方面，互联网加速了混业经营时代的降临。随着将来我国金融业综合经营程度不断提高，有的机构会越来越专业化，有的可能会转向金融控股或银行控股集团。互联网信息和金融技术飞速发展，一是促进了以支付清算为代表的金融基础设施的一体化融合，二是使得网络金融活动同时深刻影响银行业、证券业、保险业等传统业态，并且给其带来类似的风险和挑战，由此，使得涵盖不同金融业态的大金融服务平台在制度和技术上逐渐显现。另一方面，伴随着各类金融企业和非金融企业以数据、信息和渠道为基础的深度融合，融资、投资、支付清算、风险管理、信息提供等不同的金融功能与需求，也逐渐能够融合在一起。从客户角度来看，则是各种各样的、大型或移动版的“金融与消费服务超市型”综合平台。所有这些扑面而来的变化，都使得金融功能的理论与实证研究难以忽视。

（四）行为金融学的深化

传统金融理论认为人们的决策是建立在理性预期（Rational Expectation）、风险回避（Risk Aversion）、效用最大化以及相机抉择等假设基础之上的。而随着行为金融学的兴起，传统微观金融理论的有效市场假说基础遭遇挑战。行为金融学是金融学、心理学、行为学、社会学等学科相交叉的边缘学科，力图揭示金融市场的非理性行为和决策规律。长期以来，关于行为金融的一个普遍性批评，就是缺乏合乎经济学研究范式的模型和实证体系。造成这一困境的原因之一，就是在技术缺乏有效支撑的前提下，无法对于市场主体进行更加细致的信息搜集和实证检验。随着信息化和大数据时代的带来，这一约束已在改变。例如，许多对冲基金开始从 Twitter、Facebook、聊天室和博客等社交媒体中提取市场情绪信息，开发交易算法。例如一旦从中发现有自然灾害或恐怖袭击等意外信息公布，便立即抛出订单。再比如，无论是高频交易还是量化投资的盛行，都体现出行为金融学理论在资本市场实践中的应用。

（五）金融发展理论的演变

随着国际经济格局和发展中国家增长模式的日趋复杂，20 世纪中后期以麦金农、肖和戈德史密斯等为代表的早期金融发展理论，逐渐在研究方法和现实考察等方面都体现出“滞后性”，无法更好地解释和指导新的问题和变化。此后，逐渐出现了几个方面的演变。一则，在金融发展和经济增长的关系上，20 世纪 90 年代金融发展理论家批判地继承并发展了麦金农和肖等人的观点，在内生增长理论的框架下，抛开完全竞争的假设，在模型中引入诸如不确定性、不对称信息和监督成本之类的因素，这些都与互联网信息技术的演变密不可分。二则，许多学者开始从新制度经济学和政治经济学角度来看待金融发展，这些都是传统技术范畴所难以解释的变量。三则，计量验证的兴起也对论证和检查金融发展理论的结论和政策主张，提供了更加丰富的土壤。所有这些，从技术和制度两个层面上，都可以看到互联网信息技术的引入和影响。在信息时代，对于发展中国家的金融适度性、金融深化与金融抑制的概念摒弃或重新应用、发展中与发达国家的金融竞争与合作等，都提出了诸多具有挑战性的研究难题和可能性。

（六）金融伦理与普惠金融

进入 21 世纪，市场经济伦理和金融伦理也受到越来越多的关注。如森《伦理学与经济学》（2001 年中文版），博特赖特《金融伦理学》（2002 年），齐格蒙特•鲍曼《后现代伦理学》（2003 年），阿兰•斯密德《制度与行为经济学》（2004 年），安德里斯•R. 普林多等《金融领域中的伦理冲突》（2007 年）等。这些学者从不同角度研究了金融伦理问题，直到 2005 年普惠金融体系（Inclusive Finance System）的兴起，开始提出了金融运行中一直得不到重视的问题，即如何在金融活动中充分体现道德伦理价值。

大数据时代的普惠金融，变得在商业模式上更加可持续，其核心问题在于：解决特定对象的资金需求还是其他金融需求？解决资金价格还是资金可得性？优先服务资金需求者还是资金供给者？依靠技术还是制度因素为主？可以看到，从金融服务的信用判断、风险控制、成本与渠道约束等方面，互联网信息技术引入都带来了新的思路和解决方案，这里既有长期的技术影响，也有短期的制度优化。

流动性演变与机制重构

（一）作为金融运行核心的流动性剖析

目前，流动性已经成为分析货币金融运行的重要“抓手”。在各类分析和描述中，流动性过剩被归结为影响宏观经济均衡与金融稳定的核心因素，并且是货币金融政策主要的作用对象。

事实上，在理解“流动性”对经济运行的深刻影响之前，有必要进一步明确其经济学内涵。人们在文章中常见的“流动性风险”一词，往往存在定义含混的可能性。虽然不够严格，但从最易理解的角度，应该从微观和宏观角度分别刻画流动性的内涵。

从微观角度看，流动性是指资产在交易中迅速变现而免受损失的能力，流动性风险便指相应的资产变现或金融交易余额清算风险，另外在财务管理中，也把缺乏持有资产或交易规模所需的市场资金筹措能力归为流动性风险。

从宏观角度来看，流动性的概念便更加难以琢磨。当我们在谈论流动性过剩时，有人以M 1、M 2的变化为原则，有人暗指现金变化，有人则只是含混地指某个市场上的可用资金。追根溯源，凯恩斯在《就业、利息和货币通论》中所讲的流动性偏好，即指对货币的偏好，具有严格的经济学定义。英国出版的《经济与商业辞典》解释说，流动性过剩是指银行自愿或被迫持有的“流动性”，超过健全的银行业准则所要求的通常水平。如果为了理解中国宏观经济金融问题，我们倒可以把宏观意义上的流动性演绎为货币与资金的统称，即有获利要求的、用于购买金融资产的所有可用货币与资金。这样直观地看，流动性过剩就意味着这部分货币和资金过多，在金融资产缺乏或其他运用途径不足的情况下，就可能出现资产价格膨胀与金融泡沫，以及经济结构失衡的风险。反之则是流动性不足所带来的风险与挑战。

由国际经验来看，宏观意义上的流动性风险，可能会带来系统性金融危机，并伴随过度积存的货币资金与大量金融资产被严重高估。例如20 世纪 80 年代的日本，经历了日元大幅升值后，从日元到房地产再到股市等，几乎所有资产都被严重高估，因此日本的经济危机和全面资产价值缩水在所难免。而微观意义上的流动性风险，如果过度集中和处理不当，也可能引发金融危机。例如在亚洲金融风暴当中，韩国、日本的许多金融机构掩盖了大量不良资产，直到出现了严重的流动性支付危机时监管当局才发现问题，但是已经无可挽救了。

回到中国的情况，对于微观流动性风险，国外经验教训很多可以直接借鉴，但对宏观流动性风险，则虽然有类似的风险显现，但却有不同的发生背景和政策干预路径。

从微观概念来看，流动性高意味着资产变现或融资能力强，也就是资本市场发达和活跃，这与中国现实并不相符。在资本市场落后和融资手段缺乏的背景下，经济主体保障稳定现金流的能力并不强，而部分主体又持续处于流动性困难中。也就是说，除了大银行和部分国企，很多企业主体并没有明显的流动性管理优势。本质上看，这是由于金融资源的供求失衡所造成的，诸多领域的金融产品供给不足，客观上增加了资本价格的重估和上升压力。微观来看，过剩的短期资金，推动股价和房价上涨，正是表明实体部门没有更多的资产组合来满足获利资金。

在中国对外金融开放日益加深的如今，外部流动性的输入也需要加以重视，并需要更灵活的政策应对。此外，汇率改革对国内流动性的影响也是复杂的，人民币升值或许具有某种货币政策紧缩性效应，进而控制流动性，但同时也会引发外部流动性输入的可能。对此，汇率、资本管制和利率改革对流动性的影响，更可能是复杂而彼此矛盾的。

（二）流动性供应机制中的三大冲击

1. 电子货币与支付改变货币内涵

首先，电子货币从根本上改变了现代金融体系中的流动性构成范畴。根据巴塞尔银行监管委员会的定义，电子货币是指通过销售终端和设备直接转账，或电脑网络来完成支付的储存价值或预先支付机制。国际清算银行早在 1996 年就开展了一系列研究，认为电子货币可能会影响到中央银行的货币政策，比如说影响央行控制的利率和主要市场利率的联系。

进一步梳理电子货币的发展脉络，需要从货币背后的信用最终支撑入手。

其一，最为典型的法定电子货币的信用支撑，或者直接来源于各国央行，或者是由银行业机构提供直接支持，央行依托委托——代理关系给予间接信用支撑。以信用卡为代表的传统电子支付创新，以及金融机构电子钱包的出现，实际上都属于货币的形态和体现发生了变化，但没有跳出央行信用直接或间接的覆盖范畴。

其二，伴随着电子商务的发展，越来越多的非银行机构介入电子支付工具的提供之中，也对货币结构和范畴带来新的影响，其信用最终性支撑与央行的联系变得更弱一些，因此成为各国监管的重点。如欧盟专门制定规则，用以规范在信用机构之外发行以电子货币为支付方式的企业或任何法人。

其三，在多元化的网络经济时代，也出现了由某些“网络货币发行主体”提供信用支持的虚拟货币。如果这些虚拟货币最终用于购买程序开发商所提供的电子产品，则交易中真正发挥媒介作用的是现实中的货币，虚拟货币并未形成独立的电子货币。如果虚拟货币不是从程序开发商中兑换获得、且交易对手不是货币发行方（程序开发商），那么这种虚拟货币就可能独立地在虚拟世界里执行其商品媒介的功能，如游戏玩家间在淘宝网上用人民币交易某种游戏币。当然由于规模通常较小，其对现实经济的影响并不显著。

其四，20 世纪 80 年代，一批国外专家开始研究基于特定密码学的网络支付体系，并且探讨了匿名密码货币，由此出现了作为电子货币高级阶段的、新型数字货币的萌芽。到 2008 年日裔美国人中本聪发表论文描述比特币电子现金系统，2009 年比特币诞生，使得数字货币探索到了新阶段。当然，目前数字货币多少都存在各种缺陷，比特币的资本属性也似乎多于货币属性，并且常常陷入炒作带来的价格波动中。

当地时间 2015 年 5 月 27 日，法国巴黎，比特币巴黎中心 (LaMaisonduBitcoin) 展出的比特币与比特币钱包概念图。英国政府为了鼓励财政创新，决定支持比特币这一虚拟货币，但出于安全问题考虑，相关法规也将随之完善。

总体而言，严格意义上的数字货币属于最后一种，其特点是更多开始依托分布式规则、智能代码来发行和运行，信用支撑距离央行的中心化机制越来越远，目前规模尚小且技术仍在完善阶段，但未来可能对现有货币机制带来重大影响。

因此，当我们谈到数字货币的时候，一种强调的是新型的电子货币，可以利用加密技术实现独立于央行之外、按照特定协议发行和验证支付有效性；另一种则是对现有电子货币典型模式的进一步优化，从而既引入包括赋予货币智能代码之类的新技术支持，又保持央行对货币运行的适度控制力。实际上，这一挑战也是全球性的，目前不仅各国央行都更加重视如何面对数字货币的挑战，国际货币基金组织也专门组织研究了数字货币并发布报告。

其次，电子支付根据支付工具可分为电子账户和电子货币。前者包括借记卡、信用卡和电子钱包等，后者主要有电子现金、比特币等。1915 年起源于美国的信用卡，可以说是各类电子支付工具的“鼻祖”。直至今日，卡支付（借记卡和信用卡）依然是全球非现金支付增长的主力。与此同时，各类新兴的电子支付和移动支付，也逐渐被人们所接受，而传统非现金支付则有日暮西山之势。例如，在发达经济体中一度占据重要地位的支票支付，则明显呈下降趋势。

从早期的“物物交换”到以货币为媒介的“钱货两清”；从现金交易再到转账支付，金融支付工具的不断创新，正深刻地改变着经济金融效率。电子支付的蓬勃兴起，不仅给传统支付体系带来令人瞠目的冲击，也使全球非现金支付迅速增长。

应该说，在新技术突飞猛进的影响下，基于传统货币经济学的流动性分析框架遭到多方面冲击，迫切需要重构电子货币与支付影响下的流动性研究范式。

2. 去中心化金融改变流动性“水利设施”

金融体系的流动性更多是通过金融中介机构和金融市场进行传导的，但是随着金融去中心化浪潮的涌现，这一配置机制也遭受了前所未有的挑战。

对此，我们需要从历史的脉络加以分析。可以把金融功能和地理意义的中心，看作是“大中心”，把金融中介的存在，看作是“小中心”。

首先，金融中介一直伴随人类历史发展，比中心的出现要早得多。例如，“银行”(Bank)一词来源于古法语 Banque 和意大利语 Banca，意即早期的货币兑换商借以办理业务活动的“板凳”。银行业也起源于货币经营业，早在公元前 2000 年巴比伦王国的寺庙、公元前 500 年希腊的寺庙以及公元前 400 年的雅典、公元前 200 年的罗马帝国等均有货币经营业的活动记载且十分活跃。

到了中世纪，商品流通进一步发展，欧洲各国贸易集中在地中海沿岸，各国以意大利为中心，因而银行业首先在意大利出现并发展起来。一般认为最早的银行是意大利 1407 年在威尼斯成立的银行。其后，荷兰在阿姆斯特丹、德国在汉堡、英国在伦敦也相继设立了银行。十八世纪末至十九世纪初，银行得到了普遍发展。

金融交易中的信息不对称、搜寻成本、匹配效率、交易费用、规模经济、风险控制等决定了中介存在的必要性。反过来看，金融中介能否真正消失，也要看新技术或制度能否解决这些基本问题。

其次，金融中心化可以包括（无形）权力中心化与（有形）地理中心化。据记载，十七世纪时，伦敦的银行收款人，每天去别家银行去收取欠它的现金。一天，两家银行的收款人偶然在一家咖啡馆相遇。他们俩决定当时就在那里轧抵彼此该收的款项，以节省时间和精力，不久，其他收款员得知了这个办法，均照此办理。从此，这家咖啡馆就成为第一个票据交换场所。各银行负责人发现了此事，有的下令不准这样做，但另一些人认为这个方式有价值。后来他们订了一套规章制度，任命了一位经理负责此事，并发展成全世界的票据交换所——伦敦票据交换所。这就是金融基础设施的中心化尝试。

此后，中央银行最早发源于 17 世纪后半期，以瑞典国家银行和英格兰银行的建立为标志，而中央银行制度的形成则在 19 世纪初期，主要是以英格兰银行独占发行权为标志，最终建立真正意义上的中央银行制度是在 20 世纪初，主要是以美国的联邦储备系统的成立为标志。由此，现代意义中的金融中心化机制得以建立起来。同时，金融也在空间地理意义上进行集聚，如 17 世纪出现历史上第一个真正意义上的国际金融中心：阿姆斯特丹。

我们看到，金融中心化的过程要晚于金融中介的出现，这就意味着在历史上曾经很长一段时间都有非中心化的状态与过程。历史的演变是逐渐波动的。进而产生一个问题：短期内和长期内这种中心与中介的“去”，会产生什么样的现象？

从形式上来看，去中心在短期内更容易实现，因为原有的中心在弱化。各个国家央行的控制力在迅速弱化，传统意义上的很多中心概念在新的网络时代也变得不一样了。金融的资产端、资金端、交易端都发生了一些变化。然而，这是否意味着：传统的伦敦、纽约这样的国际金融中心发生了根本性的变革？从短期来看，去中心化比较容易，但从长期来看，本质上的去中心依旧是比较困难的。除非颠覆现有的社会权利架构和组织形式，否则真正的长期去中心化只能是空谈。

长期来看，去中介似乎更容易实现。虽然短期内由于有很多伪中介，导致去中介比较难。但最终来看，金融演进的逻辑无非是利益、效率、安全的“三角制约”，主要技术的挑战都在于对这三个矛盾的权衡。

而当前，从技术视角看，我们关注的是为什么金融更可能去中心、去中介？从制度视角看，则需考虑为什么金融需要去中心、去中介？目前的中心化和去中心、中介化和去中介，不是简单快速地就从一个极端到另外一个极端，历史的演变在很长一段时间对此是纠结的。

作为流动性提供模式的的核心“水利设施”载体，中心化或去中心化金融都是经济、社会与金融演变的结果。近期，区块链技术在货币金融领域的应用探讨，就为流动性管理提供了全新的思路。当然需要承认，区块链的探索道路，在实践中可能不是真正的去中心，而可能是多中心或弱中心。现在市场谈论较多的“去中心”，其最终结果更可能是多中心，从而弱化少数中心话语权过强所导致的规则失控。当万物互联使得所有个体都有可能成为金融资源配置、金融产业链中重要的中心节点时，或许就实现了最理想的市场状况，使得传统金融中介的中心地位可能会改变。这种改变不是说传统金融完全被革命、被颠覆，而是从垄断型、资源优势型的中心和强中介转化为开放式平台，成为服务导向式的多中心当中的差异化中心，从而使得传统中介中心和新的中介中心获得共赢，在一个共享共赢的金融时代获得一种新的发展定位。

值得关注的是，2008 年危机之后，早期的华盛顿共识走向了失败，出现了大量的中心化趋势。有的希望通过中心化来解决金融政策和交易效率，有的希望通过中心化机制来解决系统性金融风险。所以，当前市场面临的一个重要挑战实际上就是“中心化”与“弱中心”的挑战。

区块链带来的多中心和弱中心能否解决相应的 2008 年危机所昭示的效率和风险的矛盾？能否改变现代金融体系的内在脆弱性和创新失控等问题？作为研究者，目前我们非常有信心，这种信心来源于对理论内涵和逻辑线索的把握。但与此同时，这种变革也不是轻而易举的，更需要在实践层面有更深入的研究和探讨。因为当前的时代正是一个中心化与去中心都非常突出的矛盾冲突时代，现代共享金融则可以实现二者融合，也可以努力用区块链的技术来解决传统中心化难以解决的矛盾。

回顾历史和展望未来，套用中国古代的阴阳五行理论，可以看到金融发展中需避免“过犹不及”，而中心与去中心，也是合久必分、分久必合的关系。当前，长期中心化金融模式的弊端逐渐显现，历史“天平”开始向“去中心”一方偏离，当然这一过程可能是漫长的。

3. 互联网时代的流动性困境

新技术使得金融组织形式与功能更加复杂，这也使得流动性管理更加更加难以捉摸。例如，自 2015 年初以来，我国 M1 增速持续上升，从 2015 年 3 月的 2.9% 升至 2016 年 7 月的 25.4%，创自 2010 年 6 月以来新高。而同期 M2 增速却是窄幅波动，2016 年以来不断下滑，从 1 月的 14.0% 降至 7 月的 10.2%。这使得 M1 与 M2 增速之差（货币剪刀差）持续扩大，7 月份扩大至 15.2%，已突破2010年1月13.0%的历史高位。对此，央行专门发文澄清，认为 M1 与 M2 增幅“剪刀差”与“流动性陷阱”的理论假说之间相距甚远，二者并无必然联系。

应该说，M1 上升主要是企业活期存款大量增加。其原因包括：定期和活期存款的息差收窄；不少企业存在“持币待投资”的现象，反映了经济下行压力大，企业投资收益低，投资意愿下降；房地产销售活跃，使得大量居民存款和按揭贷款转换为房企的活期存款。

综合上述因素看，虽然流动性陷阱之说值得商榷，但的确如 2013 诺贝尔经济学奖得主罗伯特 · 希勒所言，我国经济进入了某种“犹豫时刻”，也是经济低迷的特定阶段。更加需要注意的是，通过这些货币现象，可以发现似乎在居民与企业的行为扭曲背后，也隐含着金融体系的流动性配置功能失调，货币政策的运行遭遇了更大挑战。

究其原因，一是不仅大量互联网金融起到了“影子银行”的作用，而且新技术带来的传统金融创新，如结构化产品和高频交易等，很多开始与实体经济呈现疏离倾向。根据我们围绕 2015 年支付清算系统指标的研究表明，一是支付清算业务规模与 GDP 总量之间的差距在进一步拉大，创造 1 元 GDP 所需的支付系统业务规模从 2014 年的 53.25 元上升为 2015 年 64.77 元，其增长率达到了 21.65%，是 2007 年以来的最高值。二是支付清算系统业务指标与宏观经济运行之间的相关性在 2015 年也出现了显著的弱化现象。在加入 2015 年 4 个季度的数据之后，许多支付清算指标与宏观经济指标之间的协整关系都遭到了破坏，无法用于对后者进行预测与验证，而那些仍然保持与宏观经济指标协整关系的支付清算指标，其相关性也明显弱化。三是基于支付清算指标所进行的宏观经济变量拟合效果普遍不尽人意。除了非现金支付工具中的票据之外，基于其他支付清算指标所给出的经济增长率或通胀率都大大超出了实际值。这说明，有相当多的支付活动并没有对实体经济做出有效的贡献。

上述现象也许可以追溯到 2015 年经济增长所面临的下行压力，但值得注意的是，对于 2008—2009 年经济增长面临的负向冲击，支付清算指标则给出了有效的拟合或预测，这一反差的原因是值得我们深思的。对于某些支付清算指标，如非现金支付工具，这一现象部分地可以用央行支付清算数据统计口径的变化来加以解释，但是对于那些统计口径基本一致的指标，如具体支付系统业务和银行结算账户，上述问题仍然存在，这就促使我们关注支付清算系统运行的相对独立性及其与实体经济之间的复杂关系。对此的一种猜测是，支付清算指标更适合于预测由于金融体系问题，尤其是市场流动性枯竭而引致的实体经济衰退，但是对于那些由于自身增长动力弱化而导致的宏观经济调整，支付清算指标的预测能力则非常有限，并且还可能由于政府通过货币与金融手段拉动经济而导致支付清算交易规模出现“内生性”的扩张，导致支付清算指标与宏观经济指标变化趋势的“错位”。

由此来看，货币金融活动虽“活跃”和“多变”，与实体经济的关联性却在下降，其背后的原因值得深入思考和挖掘。否则不仅货币金融活动成为金融部门的“自我游戏”，而且实体经济也会由于持续“缺血”而变得更加“亚健康”。总的来看，当前货币政策的最大难题，是流动性并不紧张与实体灌溉不足的矛盾。货币的“大水漫灌”也难以解决既有的“干旱”顽疾，反而会继续驱动房地产泡沫的膨胀和破裂。如何通过技术变革，防止技术和制度扭曲造成的流动性“黑洞”蔓延，成为我们需关注的核心问题。

全球流动性难题与超主权货币探索

（一）国际货币体系的“脆弱性”

现代国际货币体系的“内在脆弱性”在不断上升。这种脆弱性源自于两方面：一则，布雷顿森林体系下的国际货币协调理念已经“丧失殆尽”，牙买加体系之后的“货币乱局”成为常态，而且进入新世纪以来“愈演愈烈”，在此背景下，各国货币政策经常出现分化、货币政策原则与全球利益往往背离，2000 年的全球经济金融一体化“梦想”，在货币层面上已经“濒临破产”。

目前，国际货币体系的规则协调缺陷日益突出。众所周知，上世纪末期以来频繁发生的国际性金融危机，已经在根本上颠覆了原有的货币规则，竞争性货币理念成为主流。在此过程中，发达经济体的实力变化、新兴市场经济体的崛起，都使得国际货币体系亟须改变。

从理论上讲，国际储备货币应保持币值稳定和供给充分灵活，最为重要的是，其供给应超脱于某一国家的经济利益和状况。但是，虽然在外汇市场中通过汇率能反映不同货币之间的供需关系，但归根结底仍离不开发达经济体的货币政策选择影响，而这些经济体又以国内经济状况为主要政策决定因素，现有国际储备货币也概莫能外。

对此，一方面，从本质上看，主权货币国提供的国际流动性相当于其自身加杠杆，而不论私人部门还是政府部门，其加杠杆的空间都存在上限，所以从长期看主权货币体系的流动性供给是有限的，其会受到储备货币国国内经济状况和流动性供给能力的制约。这种内在约束在造成国际金融市场动荡的同时，也造成了终究会出现的全球流动性结构性不足和与之相伴的通货紧缩趋势，这即是“流动性短缺”。从该角度来看，主权国际货币体系只是为解决“特里芬难题”和“流动性短缺”而进行的帕累托改进，并非帕累托最优。另一方面，当“自利性”规则作为货币政策首选之时，也可能在国际范围内产生货币的“公共地悲剧”，在经济泡沫出现、抑或各国争先脱离衰退“泥潭”时，则流动性泛滥往往成为普遍现象，并再次为将来急剧的流动性紧缩所伴随的破坏性危机埋下伏笔。

此次国际金融危机爆发以来，全球经济进入深刻的调整期，不同类型经济体之间分化加大，国际金融市场受发达国家货币政策溢出效应影响震荡加剧。这也引发了对现行体制的思考和改革呼声，更使得不少人开始反思现行货币体系、货币理论以及国际金融秩序的合理性。应该说，国际货币体系构建是一个长期问题，需要发达经济体和新兴经济体的机制共建、模式共赢、利益共享，在可能面临全球流动性从“泛滥”转向“短缺”之时，构建新的国际货币规则变得更迫在眉睫。

（二）信息时代的超主权货币创新

在诸多关于解决国际货币体系弊端的应对思路中，有如下具有代表性的观点：一是以麦金农教授等为代表的一些学者强调美元本位制自身具有较大的弹性，认为未来国际货币体系改革应朝着改进美国货币和汇率政策的方向努力。二是由中国人民银行行长周小川于2009年提出的超主权储备货币方案，其认为SDR具有超主权储备货币的特征和潜力，未来应充分发挥SDR的作用，拓宽SDR使用范围。三是储备货币多元化方案，其曾在欧元诞生之时就被广泛关注，后被不少学者评定为是一种更为现实的国际货币体系改革路径。四是其他一些“非主流”观点，如回归金本位制。

应当看到，从本质上来讲，美元本位制的重建和储备货币多元化方案仍属于改良版主权国际货币体系范畴，其仅能成为一种短期救赎，回到金本位也并不现实，难以真正解决国际货币体系脆弱性。因此，要从根本上创造性地改革和完善现行国际货币体系，构造超主权货币则成为在理想与现实之间更加吸引人的方案。通过创建一种与主权国家脱钩、能有效协调各方利益和实现共赢的超主权国际货币体系，可以实现全球流动性的有序供应和管理。

现代超主权货币的探索可以追溯到 20 世纪 40 年代，在关于二战后建立何种国际货币体系的讨论中，经济学家凯恩斯设想建立一个全球中央银行——国际清算同盟，创造并发行一种新的超主权储备货币——bancor，可以根据全球经贸发展提供所需的充足的支付清算媒介。但在美国强大的综合实力支持下，最终建立了以“怀特方案”为基础的布雷顿森林体系，错失了从根本上解决全球流动性短缺问题、进而改革国际货币体系的机遇。此后，在 20 世纪 60 年代应对美元危机的过程中，为了补充国际储备货币的不足，国际货币基金组织（International Monetary Fund，简称 IMF）通过了特别提款权（Special Drawing Right，简称 SDR）方案，并于 1970 年开始正式发行。实际上，除了源自于欧洲记账单位（EUA）和欧洲货币单位（European Currency Unit，简称 ECU）的欧元，具有区域超主权货币的特征之外，只有 SDR 才最具全球“超主权货币”的潜力，但却由于分配机制和使用范围上的限制，其作用至今没有能够得到充分发挥，一直停留在记账单位的形式上。

究其深层原因来看，类似 SDR 的超主权货币探索，虽然摆脱了主权货币受到一国内部因素掣肘的情况，却也同时遇到政治、经济方面的“短板”和约束，如：能否有一个强有力的全球性最终信用支撑，使得各国将其作为国际储备资产和最后支付手段；能否有一套具有约束力的货币规则，来使得各国共同维护超主权货币的发行和使用，并分享其中的责任与权利；全球投资者能否减少对国际货币的依赖性，超主权货币能否在储备功能之外的贸易结算和金融交易等应用场景中被广泛接受。

可以说，数字化时代的技术与货币金融解决方案的变革，为此提供了全新的视角。要推动国际货币体系的变革，可以尝试从国际层面来引导数字货币的发展，作为缓解矛盾的途径之一。其基本逻辑是：全球流动性的供给不足、国际货币波动性的僵局难以打破，既然超主权数字货币的影响事实上已经在不断加大，或许我们不能视而不见，应该有勇气正视这一点，并且积极参与、规范其发展，为将来探索较理想的国际货币体系改革道路奠定基础。

实际上，诸如区块链之类的网络技术解决方案或规则，都与去中心化的分布式货币与金融创新密切联系，其核心在于打造一套基于网络的、难以改变的、开放透明的“游戏规则”。因此，依托区块链或者其他分布式账簿规则，一国政府或许可以尝试规模可控的、去中心化的法定货币发行，从而探索传统法币与分布式、数字化法币之间的融合可能。如此，才能进一步拥抱未来电子货币可能带来的美好前景，如：社会交易成本的下降、有效的风险控制、货币波动性的下降。具有“乌托邦”色彩的理想是，在一个公众广泛参与、节点庞大的网络规则决定的货币运行中，货币供给与需求的内生扰动因素或许会减少，货币会以全新的路径引入宏观经济均衡分析之中。

进一步扩展到全球范围来看，如果能够研发出更加科学合理的、非主权化的、网络分布式规则下的电子货币，必将推动国际货币体系、货币理论以及国际金融格局发生极其深刻的变革。例如，可以推动 IMF 与会员国合作，尝试发行基于分布式账簿的 eSDR，并不断优化和完善，来构建一套新型的超主权货币跨国支付清算体系，从而适当缓解主权货币主导下的传统货币体系缺陷，也有助于应对全球“流动性困局”。

1. 瞿强、王磊：《由金融危机反思货币信用理论》，《金融研究》2012 年第 12 期。

2. 张晓朴、朱太辉：《互联网金融推动理论创新》，《新世纪》2014 年第 43 期。

3. 杨涛：《互联网金融理论与实践》，经济管理出版社，2015 年。

4. 杨涛：《中国支付清算发展报告 2016》，社科文献出版社，2016 年。

5. 杨涛：《从信息互联网到价值互联网》，载于《区块链：从数字货币到信用社会》，中信出版社，2015 年。

6. 杨涛：《技术变革下的普惠金融体系前瞻》，《人民论坛・学术前沿》2015 年第 12 期。

7. 杨涛：《新技术引领数字货币演变》，《人民日报》2016 年 5 月 3 日。

8. 杨涛：《“看不见的钱”改变生活》，《人民日报》2014 年 5 月 15 日。

9. 杨涛：《走出“流动性过剩”的认识误区》，《中国经济导报》2007 年 5 月 7 日。

10. 姚余栋、杨涛：《eSDR：走向理想的超主权货币创新》，《上海证券报》2015 年 11 月 17 日。

跨境数据流动与数据主权关系之探讨

李海英[1]

数据正在驱动新一轮的产业变革，数据的跨境传输成为数字贸易发展的必然要求，而对于主权与安全的关注，使数据主权问题也相伴而来。探寻跨境数据流动的发展与政策，以及与数据主权背景下政策制定的关系，在国内立法与国际规则之间形成有效的协同，是未来一段时间内数据政策的关键点。

数据主权与跨境数据流动的界定

（一）数据主权

在网络背景下的主权概念在我国有一个演化的过程，从互联网主权到信息主权再到网络空间主权，再到数据主权，在不同时期的立法和政策文件中都有所提及。

2010 年国务院新闻办公室发布的《中国互联网状况》白皮书中明确指出，“中国的互联网主权应受到尊重和维护”。2014 年 7 月 16 日，国家主席习近平在巴西国会发表《弘扬传统友好 共谱合作新篇》的演讲，指出虽然互联网具有高度全球化的特征，但每一个国家在信息领域的主权权益都不应受到侵犯，互联网技术再发展也不能侵犯他国的信息主权。2015 年 7 月通过的《国家安全法》第二十五条规定，要“维护国家网络空间主权、安全和发展利益”。《网络安全法》（草案）第一条将“维护网络空间主权”作为立法目的之一。但目前为止，我国相关法律文件中并没有对“网络空间主

1 李海英：中国信息通信研究院互联网法律研究中心主任。

权”进行具体的阐释。从国际层面看，2013 年，北约发布的关于国际法对网络战适用性问题的《塔林手册》对网络主权进行了一定的阐释，“一个国家可以对其主权领土范围内的网络基础设施和网络活动行使控制”，“一个国家使用在一个任何位置的、享有主权豁免的平台上的网络基础设施所进行的任何干涉构成了对主权的侵犯。”

随着大数据的发展，“数据主权”首次出现在国务院文件中。2015 年 8 月，国务院发布的《促进大数据发展行动纲要》进一步指出：“大数据成为重塑国家竞争优势的新机遇。在全球信息化快速发展的大背景下，大数据已成为国家重要的基础性战略资源，正引领新一轮科技创新。充分利用我国的数据规模优势，实现数据规模、质量和应用水平同步提升，发掘和释放数据资源的潜在价值，有利于更好发挥数据资源的战略作用，增强网络空间数据主权保护能力，维护国家安全，有效提升国家竞争力。”这里，数据主权源自大数据作为“基础性战略资源”的地位，与作为网络设施的“宽带网络是国家战略性公共基础设施”相对应；数据主权从国家主权延伸而来，数据主权应该包括对本国领土范围内数据的管辖权；网络数据管理政策制定的自主权；参与网络空间数据相关国际规则制定的独立权，等等。但是由于互联网全球架构的特殊性，在一定程度上会影响我国数据主权的实现。同时，随着互联网与实体经济融合以及大数据的发展，数据主权的内涵和范围也应随之变化。本文对于数据主权也主要采用这一理解。

但是，不同于网络空间主权和信息主权，数据主权（Data sovereignty）还有另一层涵义，即指企业对数据的控制和支配权。在德国驻华大使柯慕贤（Michael Clauss）为英国《金融时报》中文网撰写的《“中国制造 2025”走向成功的关键》一文中明确指出，要保证数据的“所有者”（企业）能够有效灵活地管理数据，即拥有“数据主权”。云服务条件下，企业的数据主权的问题也引起了广泛的讨论。2013 年 7 月，澳大利亚网络法中心发布了一个针对公司董事会成员的关于数据主权的报告。报告建议在企业作出决定将数据留存在本地，还是交由位于其他国家的云服务商控制时，要采用“审慎的公司治理”原则，并且根据数据的类型做出决定。

（二）跨境数据流动

“跨境数据流动”的界定中包含两个关键，一是数据的范围，在OECD、APEC以及欧盟的相关规则中，跨境数据流动都是指“个人数据”，但是在《跨太平洋伙伴关系协定》（Trans-Pacific Partnership Agreement，以下简称TPP协定）中规定“当通过电子方式跨境传输信息是为涵盖的人执行其业务时，缔约方应允许此跨境传输，包括个人信息。”这其中，涵盖的人指缔约方的投资者或服务提供者，执行的业务主要是指“电子方式的贸易”，因此，这里的“信息”应涵盖因从事电子商务业务需要而跨境传输的信息，不仅是个人信息，还包括其他的业务信息。此外，在一些国家的数据本地化立法中，也会对“公共机构”的数据进行规定。二是跨境流动的含义。跨境一般指跨越国境，OECD《关于隐私保护和跨境个人数据流动的指南》中规定，个人数据的跨境流动指“个人数据跨越国家边界移动”。但是对于跨境流动，是指跨境访问、转移、备份、存储等目前在国际规则层面尚没有明确的界定。

跨境数据流动与数据本地化的概念密切相关，“数据本地化”（Data localization）大致包含三重含义，即“服务本地化”、“设施本地化”和“数据本地化”。其中，“服务本地化”要求服务提供者在东道国领土内设立或维持办事处或任何形式的企业、或成为居民；“设施本地化”要求使用东道国领土内的计算设施，或要求将设施置于其领土之内作为从事经营的前提条件；“数据本地化”要求将数据存储在数据来源国本国的数据中心。数据本地化与跨境数据流动限制是既联系又区别的问题。数据本地化是实现数据在本地的存储，但不一定不允许跨境传输；而禁止跨境数据流动，是既在本地存储，又不允许传输到境外。

数据跨境流动与跨境服务提供相伴随。跨境服务是 WTO 服务贸易的一种提供方式，指自一成员领土向任何其他成员领土提供服务。在该服务模式下，用户和服务提供者不在一个国家，服务提供者跨境提供服务，在当地取得用户信息等数据，为了提供服务，这些数据可能要传到服务提供者所在国家进行处理。跨境服务也可能会被要求采取数据本地化措施，如要求其在本地设立服务器，并存储和处理本国的用户数据。因此跨境服务流动的限制政策也会影响到跨境服务的提供。

数据主权与跨境数据流动的立法与政策趋势

（一）数据主权的政策考量

加强对数据资源的管理是行使数据主权的基础。在大数据发展的背景下，数据资源既是生产要素、社会财富，也是国家软实力和竞争力的标志，加强对数据资源的管理是行政数据主权的基础。一是数据本地化的政策，尽可能将数据存储在境内，在技术发展和安全风险尚不明确的情况下，是实现后续管理目标的前提条件；二是通过政策措施促进对数据资源的开发和利用，挖掘数据资源的潜在价值，这是数据资源管理政策的主要目标；三是防止大规模网络监控，将数据存储在境内，对于防范网络监控具有一定的现实意义。

产业发展和自主技术是实现数据主权的保障。大数据的利用依托于云计算基础设施和服务的发展，但是云计算业务本身的模式，增加了跨境服务和交易的可能性，本身就跨越了主权的界限，这是技术的本质属性对数据主权的挑战。此外，在一些新兴技术领域，我国的产业发展和核心技术自主知识产权等都与美国等发达国家存在不小的差距，因此，加强云计算等国内产业的发展和促进高端技术的自主创新是实现数据主权的有力保障。

法治化是确立数据主权的终极目标。纵观我国法制建设的历史，我国的国家主权结构，也是不断通过法律制度加以确认的过程。以

《国家安全法》中“国家网络空间主权”为起点，未来对于网络空间主权以及数据主权的确认也需要在国内立法和我国所参与的国际规则构建中加以逐步确认。

（二）跨境数据流动法律政策的发展趋势

对于数据资源的本地存储、利用、控制、管辖等应是数据主权的要求，其中，两类数据需要特别关注，即外资企业在境内提供业务产生的数据，以及本国企业在境外提供业务中产生的数据。国际上，对于数据本地化与贸易自由化之间的争论一直没有停止，在经济全球化的今天，要求数据的本地化会损害经济的利益，但是从数据资源安全的角度，一定程度的本地化也非常必要。本国公民、企业、政府产生的大量数据以及经加工整理的数据作为整体的数据资源、战略资产，对这些数据的挖掘可以产生大量具有战略意义的信息，例如对地域性人群的特征、地理位置、偏好，对工业生产的工厂、产能、产品，政府公务过程中收集和产生的数据等，对经济安全、国家安全甚至军事安全都有重要意义。

1. 与跨境数据流动相关的国际规则

OECD 是最早发布关于跨境个人数据流动相关指引的国际组织，其 1980 年发布、2013 年更新的《关于隐私保护和跨境个人数据流动的指南》规定，成员国应采取合理并恰当的步骤确保个人数据的跨境流动，包括从一个成员国中转，不应被中断并且应是安全的；一个成员国应克制其对个人数据在它自己与另一成员国间跨境流动的限制，除非该成员国没有实质性地遵守指南或者对于这些数据的再出口将违反其本国的隐私法。一个成员国也可以根据本国的隐私立法对有特别规定的特定种类个人数据施加限制，或者是由于其他国家没有提供同等的保护而进行限制；成员国应避免以保护隐私和个人自由为名制定法律、政府和实践，事实上对个人数据跨境流动设置超出其保护水平的障碍。

WTO 是以自由贸易为价值追求的国际组织，在《服务贸易总协定》

（General Agreement on Trade and Servise，以下简称 GATS）关于电信服务的附件中规定，“每一成员应保证任何其他成员的服务提供者可使用公共电信传输网络和服务在其境内或跨境传送信息，包括此类服务提供者的公司内部通信，以及使用在任何成员领土内的数据库所包含的或以机器可读形式存储的信息”。但是在服务贸易总协定的一般例外条款中，规定各成员可以采取为“保护与个人信息处理和传播有关的个人隐私及保护个人记录和账户的机密性”所必需的措施。

在美国当下颇有争议的 TPP 协定也分别针对服务本地化、数据本地化和设施本地化进行了规定。

2. 国外主要数据本地化立法的趋势

2013 年斯诺登事件之后，大约有 20 多个国家采取了数据本地化的限制措施，主要包括：阻止信息被发送到国外，在数据跨境传送时要求数据主体的事先同意，要求将信息复制在本地储存，对于数据的出口征税等。

2013 年斯诺登事件之后，大约有 20 多个国家采取了数据本地化的限制措施。

要求将本国人的数据存储在本国。例如，2014 年印度国家安全理事会建议，不仅要将政府机构的数据也要将印度公民的数据本地化。所有的电子邮件服务提供者要将在印度运营的服务器放在印度，所有在印度产生的数据要放在印度的服务器中。

要求在跨境传输前得到数据主体的事先同意。例如，马来西亚要求数据的国际传输需征得同意；韩国《信息通信网的促进利用与信息保护法》规定，信息通信服务提供商等欲将利用人的个人信息移转于国外的，应征得利用人的同意。

要求在境内留有数据备份，不禁止跨境传输。例如，俄罗斯和越南等国家要求本国用户的数据在本地复制存储。

数据关系到公共利益或国家利益时进行限制。例如，台湾授权主管机关在其认为数据关系到“重大国家利益”的情况下限制传输；印度 1993 年公共记录法第 4 部分禁止公共记录被传输出印度领土，除非“公共目的”。

对于特定类别的数据禁止跨境传输。例如，澳大利亚禁止识别到个人的健康记录传到国外；加拿大英属哥伦比亚和新斯科舍省，出台法律要求由公共机构——学校、大学、医院、政府所有实体、公共机构——持有的个人信息被存储并仅能在加拿大被访问，除非一些例外条件满足。

3. 我国的相关法律政策

我国 2016 年 7 月发布的《网络安全法》(草案二次审议稿)第三十五条规定："关键信息基础设施的运营者在中华人民共和国境内运营中收集和产生的公民个人信息和重要业务数据应当在境内存储。因业务需要，确需向境外提供的，应当按照国家网信部门会同国务院有关部门制定的办法进行安全评估；法律、行政法规另有规定的，依照其规定。”从而确立了以境内存储为原则，安全评估后向境外提供为例外的跨境数据传输制度。

此外，在一些特定行业的立法中，也有关于数据本地化的要求。《征信业管理条例》第二十四条规定，征信机构在中国境内采集的信息的整理、保存和加工，应当在中国境内进行。征信机构向境外组织或者个人提供信息，应当遵守法律、行政法规和国务院征信业监督管理部门的有关规定。《地图管理条例》第三十四条规定，互联网地图服务单位应当将存放地图数据的服务器设在中华人民共和国境内，并制定互联网地图数据安全管理制度和保障措施。其中，《地图管理条例》中更是明确提出了设施本地化的要求。

跨境数据流动与数据主权的关系探讨

在有关跨境数据流动的国内立法和国际规则博弈的背后，是关于自由与秩序、个人权利与公共利益、主权与超主权的价值冲突与平衡。尤其是在全球化发展遭遇瓶颈，以英国脱欧为代表的主权权力突显的背景下，对于数据主权的政策考量与国际规则构建中对于超主权利益的诉求存在着一定的冲突。探寻数据主权与跨境数据流动政策的关系，对于未来我国的国内立法和参与国际规则的制定具有重要的意义。

（一）数字经济的发展是数据主权的应有之义

数据所驱动的经济增长是当前经济发展的重要趋势。2016 年 7 月 6 日，世界经济论坛发布《2016 年全球信息技术报告——数字经济时代推进创新》，报告指出，数字经济是“第四次工业革命”框架中不可缺少的一部分。创新越来越依赖于数字技术和商业模式，与以往相比，专利数量等传统的创新指标在衡量创新能力方面的权重在下降，表明当前的转型是由另外一种创新所推动，而这种创新日益基于数字技术及其催生的新型商业模式。数字经济的发展中，数据流动发挥着日益重要的作用。麦肯锡全球研究所 2016 年的研究显示，2014 年国际数据流动已经是 2005 年是 45 倍，而且大部分的增长是在 2010 年之后。数据流动的规模虽然不必然代表经济的价值，但是它至少说明，现代经济生活已经数字化了：商业交易、个人通信、社会交往以及娱乐消费都更多地通过线上进行，而且不仅是在西方国家，一些正在发展中的市场也是一样。

根据国际数据公司（IDC）的报告，从 2012 年开始，我国的数据量将每两年翻一番，预计到 2020 年，数据量达到 8ZB，非结构化数据占比达到 90%，数据量占全球总数据量的 18%。针对数据资源的开发、利用，以数据驱动各产业的发展，从而促进整体经济的发展，是增强数据主权的重要方式。随着互联网服务和跨境电子商务的增长，跨境数据流动也随之增加。2015 年，中国跨境电商交易规模为 5.4 万亿元，同比增长 28.6%。其中跨境出口交易规模达 4.49 万亿元，跨境进口交易规模达 9072 亿元。大量的数据伴随电子商务交易和互联网服务跨境传输，而且对数据的获取和利用反过来促进了电子商务和互联网服务的进一步发展。同时，我国互联网企业发展迅速，2015 年，在全球上市互联网企业市值前 10 强中，我国占据 4 席；在全球前 30 强中，我国占据 12 席，我国已经成为仅次于美国的互联网大国。互联网企业海外拓展的需求越来越强烈，并且已经在部分国家和地区开展了投资和业务经营活动，未来对于跨境数据传输的要求也会增长。因此，相关的立法和国际规则的制定还需要考虑到我国企业的跨境数据传输的需要，从而进一步促进跨境电子商务的发展，促进互联网企业海外投资的增长，这也是我国数据主权的重要体现。

（二）对跨境数据流动的限制是数据主权的重要内涵

国际法学的奠基人格劳秀斯在他的《战争与和平法》中指出，凡行为不从属其他人的法律控制，从而不致因其他意志的行使使之无效的权力，称为主权。对数据的收集、存储、处理、跨境传输等制定相应的管理政策是数据主权的内涵之一。

2013 年，由于斯诺登事件的曝光，美国政府无所不在的大规模监控使各国政府陷入国家安全和隐私保护的焦虑之中。在美国专栏作家格伦•格林沃尔德所著的《无处可藏》一书的后记中，作者写道："此举令全世界的目光都聚焦在无所不在的政府监控和政府机密的普遍存在；在全球首次引发了数字时代个人隐私的价值观大讨论，对美国在互联网上的霸权统治提出了挑战"。对于国外监控和国家安全的焦虑促使各国对于跨境数据流动进行限制的立法和政策大大增加。

对于跨境数据流动，"美国政府的立场一直是，并且依旧是，提倡数据的跨境自由流动"，这体现在 2013 年底，美国参议院提出的一份《2013 美国数字贸易法案》中，该法案认为，有关数据跨境流动的限制性政策属于非关税壁垒，这些本地化壁垒会削弱美国的竞争力。

欧盟对个人数据的跨境流动一直持谨慎立场，以欧盟公民的个人数据不得转移至不能达到与欧盟同等保护水平的国家为原则，在例外条件上 2016 年的《数据保护通用条例》采取了比 1995 年《个人数据保护指令》更为灵活的机制。但是，在国际监控和网络安全对抗长期存在的条件下，关于数据跨境流动的限制也会长期存在。

（三）国内立法是实现数据主权的最终路径

数据跨境流动的政策一般是对数据流出本国进行限制，而数据的流入则会受到本国数据保护立法是否完善，是否能够提供充分保护等方面的限制。近日，数据中心运营商 Artmotion 根据来自联合国、世界经济论坛、“透明国际”及几个领先的隐私团体的数据，出版了一份名为“数据危险区”的报告，对全球超过 170 个国家在保持数字信息的安全、隐私方面的表现进行了排名。该报告主要为企业和个人选择云托管服务或数据托管服务提供商位置提供依据。在全球范围内，瑞士为数据存储的最安全的国家，只有 1.6%的“潜在风险评分”，而中国未能进入前 50 名最安全的国家。因此，加强本国数据保护的立法，为数据提供较高的保护水平，对于增强大数据产业的竞争力至关重要。

完善国内立法也是我国参与关于跨境数据流动国际规则制定的重要前提和基础。TPP 协定中明确“认识到每一缔约方对于通过电子方式跨境传输信息可能有各自的监管要求”，国内立法也成为参与各项国际谈判的基础条件。

在大数据时代，已经很难只把目光聚焦在国内的立法和政策领域，全球新的数字贸易规则正在形成。各国需要考量互联网的本质属性、本国跨国公司的发展、未来全球数字贸易发展中本国的地位、国内立法的进展与监管力量的配置等各种因素，平衡跨境数据流动限制的主权利益与跨境自由流动的超主权诉求，在国际规则与国内立法方面达到协同，才能更有效地促进数字经济的发展。

共同体、信任与网络自发秩序

互联网神经学与互联网的演变趋势

刘锋[1]

每一次人类社会的重大技术变革都会导致新领域的科学革命，大航海时代使人类看到了生物的多样性和孤立生态系统对生物的影响。无论是达尔文还是华莱士都是跟随远航的船队才发现了生物的进化现象。

大工业革命使人类无论在力量的使用还是观察能力都获得了极大的提高。为此后 100 年开始的物理学大突破，奠定了技术基础。这些突破包括牛顿的万有引力，爱因斯坦的相对论，和众多科学家创建的量子力学大厦，这些突破都与“力”和“观测”有关。

互联网革命对于人类的影响已经远远超过了大工业革命。与工业革命增强人类的力量和视野不同，互联网极大地增强了人类的智慧，丰富了人类的知识。而智慧和知识恰恰与大脑的关系最为密切。

如果我们观察近 20 年来互联网出现的新应用和新功能，可以直观地发现互联网与大脑结构具有越来越多的相似性。这些现象包括：打印机、复印机的远程操控，医生通过远程网络进行手术；中国水利部门在土壤、河流、空气中安放传感器，及时将气温、湿度、风速等数据通过互联网传输到信息处理中心，形成报告供防汛抗旱决策使用；Google 推出了“街景”服务，在城市中安装多镜头摄像机，互联网用户可以实时观看丹佛、拉斯维加斯、迈阿密、纽约和旧金山等城市的风貌等。

1 刘锋：计算机博士、《互联网进化论》作者。

这些新互联网现象分别具备了运动神经系统、躯体感觉神经系统、视觉神经系统的萌芽，基于以上互联网新现象，从 2008 年开始，中国的研究人员不断发表论文，提出互联网与脑科学交叉对比研究为两个巨系统提供参照系的观点。

“互联网将向着与人类大脑高度相似的方向进化，它将具备自己的视觉、听觉、触觉、运动神经系统，也会拥有自己的记忆神经系统、中枢神经系统、自主神经系统。另一方面，人脑至少在数万年以前就已经进化出所有的互联网功能，不断发展的互联网将帮助神经学科学家揭开大脑的秘密。科学实验将证明大脑中已经拥有 Google 一样的搜索引擎，Facebook 一样的 SNS 系统，IPv4 一样的地址编码系统，思科一样的路由系……”

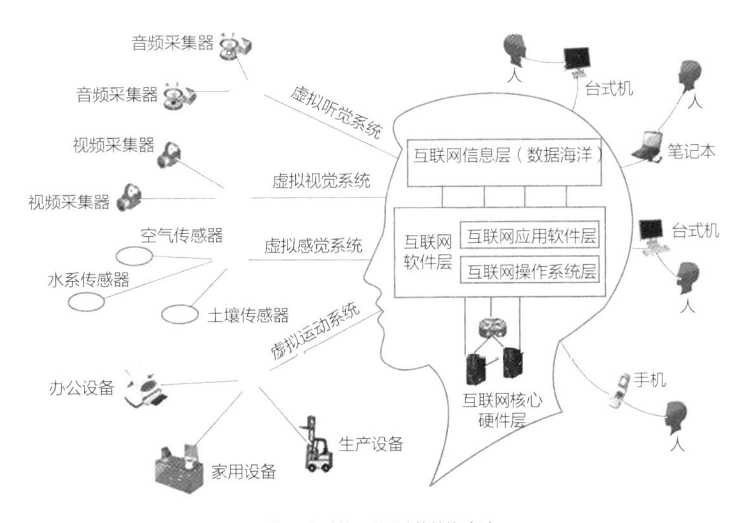

图1　人脑的互联网功能结构（1）

从 2010 年开始，美国科学家也开始从学术上关注互联网与脑科学的关系，2010 年 8 月美国南加州大学神经系统科学家拉里·斯旺森和理查德·汤普森在《国家科学院院刊》(Proceedings of the National Academy of Sciences of the States of America，PNAS）发表论文，用互联网路由机制解释老鼠大脑的信号如何绕过破坏区域到达目标区域。

2012 年 11 月 16 日，加州大学圣迭戈分校 Dmitri Krioukov 在

2012 年 11 月的《Scientific Report》发表论文，提出利用计算机模拟并结合多种其他计算，提出许多复杂网络，如互联网、社交网、脑神经网络等具有高度的相似性。

目前而言，无论从开始研究的时间或研究的深度来看，中国在互联网，脑科学和人工智能的交叉研究上已经走在世界的前沿，在新一轮科学革命的前夜，中国科学应该进一步推进互联网，脑科学与人工智能的结合研究，不能错失这次新科学革命带来的机遇。

虽然美国等发达国家在脑科学某些领域已经走在前面，但在新世纪新的科技背景下，互联网、人工智能与脑科学领域的结合，中国完全有可能通过另辟蹊径，实现弯道超车，不但在脑科学领域，在互联网领域、人工智能领域、科技哲学领域、进化论领域、中国传统文化与新科技结合等方面都可以得到深入研究并取得相关成果。

理解互联网与物联网，云计算、大数据与互联网 + 的关系

2005 年 11 月国际电信联盟（International Telecommunication Union，ITU）发布了题为《ITU Internet Reports 2005—the Internet of Things》的报告，正式提出了“物联网”（Internet of Things，IoT）一词，这一报告虽然没有对物联网做出明确的定义，但从功能角度，ITU 认为“世界上所有的物体都可以通过因特网主动进行信息交换，实现任何时刻、任何地点、任何物体之间的互联、无所不在的网络和无所不在的计算”；从技术角度，ITU 认为“物联网涉及射频识别技术（Radio Frequency Identification，RFID）、传感器技术、纳米技术和智能技术等”。

因为物联网重点突出了传感器感知的概念，同时它也具备网络线路传输，信息存储和处理，行业应用接口等功能。而且也往往与互联网共用服务器，网络线路和应用接口，使人与人（Human to

Human，H2H），人与物（Human to Thing，H2T）、物与物（Thing to Thing，T2T）之间的交流变成可能，最终将使人类社会、信息空间和物理世界（人、机、物）融为一体。

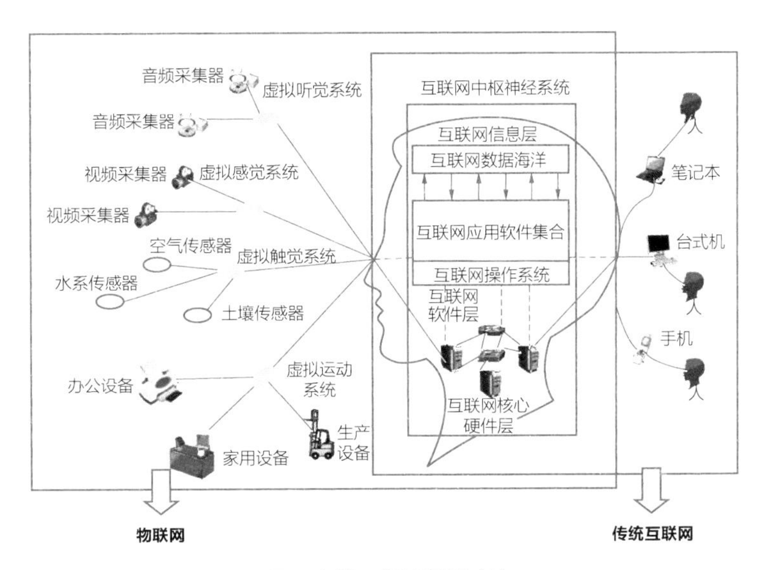

图 2 人脑的互联网功能结构（2）

2007 年 10 月 IBM 和 Google 宣布在云计算领域的合作后，云计算迅速成为产业界和学术界研究的热点。云计算的诞生有其历史根源，随着互联网的发展，互联网新兴的应用的数据存储量越来越大，互联网业务增长也越来越快。因此互联网企业的软硬件维护成本不断增加，成为很多企业的沉重负担。与此同时，互联网超大型企业如 Google、IBM、亚马逊的软硬件资源有大量空余，得不到充分利用，在这种情况下，互联网从企业各自为战的软硬件建设向集中式的云计算转换也就成为互联网发展的必然。

在互联网虚拟大脑的架构中，，互联网虚拟大脑的中枢神经系统是将互联网的核心硬件层，核心软件层和互联网信息层统一起来为互联网各虚拟神经系统提供支持和服务，从定义上看，云计算与互联网虚拟大脑中枢神经系统的特征非常吻合。在理想状态下，物联网的传感器和互联网的使用者通过网络线路和计算机终端与云计算进行交互，向云计算提供数据，接受云计算提供的服务。

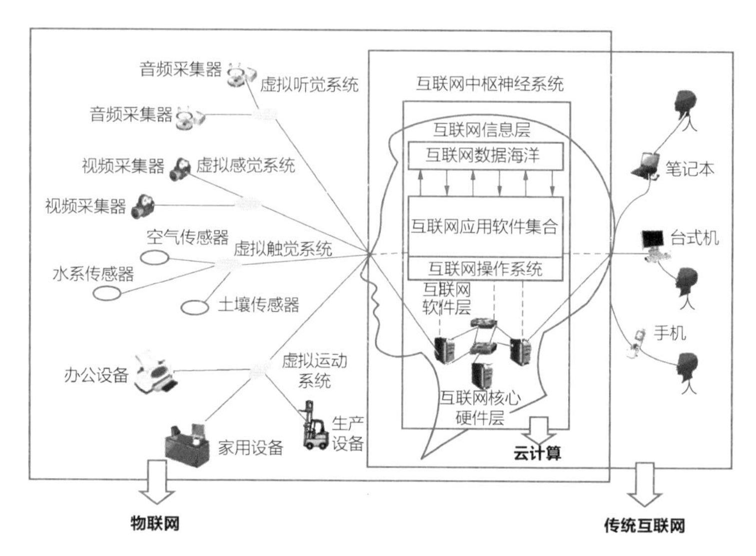

图 3　人脑的互联网功能结构（3）

Nature 早在 2008 年就推出了 Big Data 专刊。Science 在 2011 年 2 月推出专刊“Dealing with Data”，主要围绕着科学研究中大数据问题展开讨论，说明大数据对于科学研究的重要性。随着博客、社交网络，以及云计算、物联网等技术的兴起，互联网上数据信息正以前所未有的速度增长和累积。互联网用户的互动，企业和政府的信息发布，物联网传感器感应的实时信息每时每刻都在产生大量的结构化和非结构化数据，这些数据分散在整个互联网网络体系内，体量极其巨大。这些数据中蕴含了对经济，科技，教育等等领域非常宝贵的信息。这就是互联网大数据兴起的根源和背景。

与此同时，深度学习为代表的机器学习算法在互联网领域的广泛使用，使得互联网大数据开始与人工智能进行更为深入的结合，这其中就包括在大数据和人工智能领域领先的世界级公司，如百度、谷歌、微软等。2011 年谷歌开始将“深度学习”运用在自己的大数据处理上，互联网大数据与人工智能的结合为互联网大脑的智慧和意识产生奠定了基础。

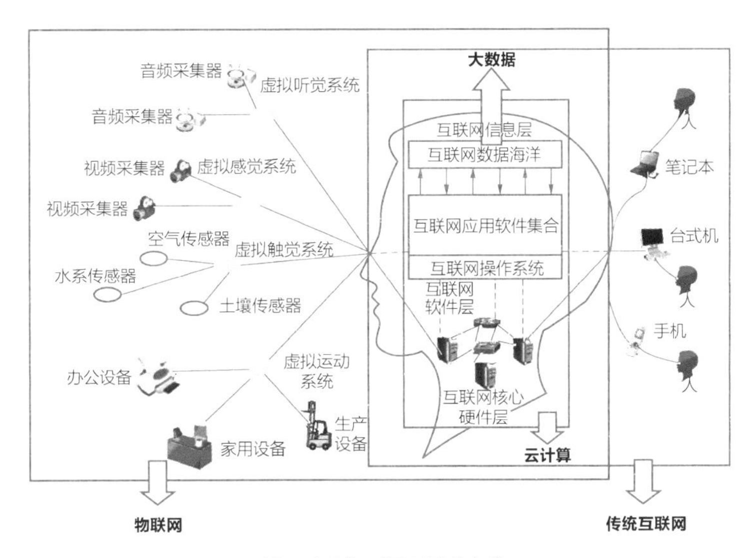

图 4　人脑的互联网功能结构（4）

2013 年 4 月，德国政府在 2013 年 4 月的汉诺威工业博览会上正式推出提出“工业 4.0”战略。德国学术界和产业界认为，“工业 4.0”概念即是以智能制造为主导的第四次工业革命，或革命性的生产方法。该战略旨在通过充分利用信息通讯技术和网络空间虚拟系统 - 信息物理系统相结合的手段，将制造业向智能化转型。

2013 年 6 月，GE 提出了工业互联网革命（Industrial Internet Revolution）。伊梅尔特在其演讲中称，一个开放、全球化的网络，将人、数据和机器连接起来。工业互联网的目标是升级那些关键的工业领域。如今在全世界有数百万种机器设备，从简单的电动摩托到高尖端的 MRI（核磁共振成像）机器。有数万种复杂机械的集群，从发电的电厂到运输的飞机。

从这幅图中我们也同样可以看出工业 4.0 或工业互联网本质上是互联网运动神经系统的萌芽，互联网中枢神经系统也就是云计算中的软件系统控制工业企业的生产设备，家庭的家用设备，办公室的办公设备，通过智能化、3D 打印、无线传感等技术使的机械设备成为互联网大脑改造世界的工具。同时这些智能制造和智能设备也源源不断向互联网大脑反馈大数据数，供互联网中枢神经系统决策使用。

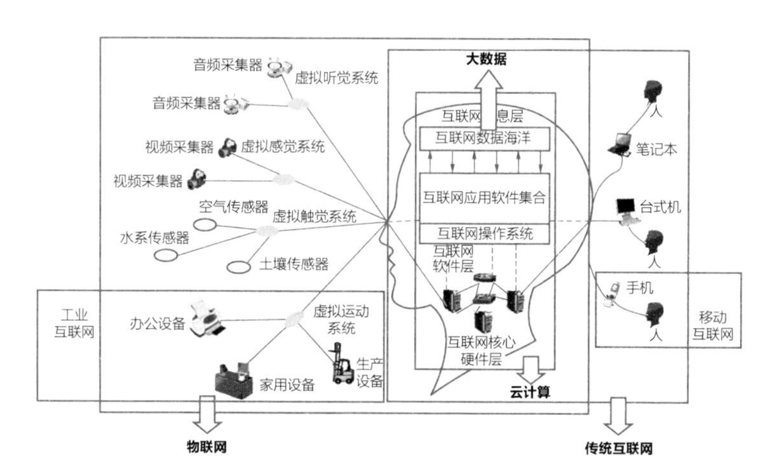

图 5　人脑的互联网功能结构（5）

“互联网 +”是 2015 年在中国迅速升温的新互联网概念，这是中国本土产生的互联网概念，2012 年 11 月 14 日，于扬在 2012 易观国际第五届移动博览会上发表以“互联网 +”为题的演讲，首次提出了“互联网 +”理念，之后“互联网 +”的兴起源于腾讯的大力推动和李克强总理的认同。

我们无法用上面单独的一张图表示我们对“互联网 +”的理解。这是因为“互联网 +”本质上反映互联网从广度、深度侵蚀现实世界的动态过程。互联网从 1969 年在大学实验室里诞生，不断扩张，从美国到美洲，从亚洲，欧洲到非洲，南极洲，应用领域从科研，到生活，从娱乐到工作，从传媒到工业制造业。“互联网 +”提出者于扬认为，互联网像黑洞一样，不断把这个世界吞噬进来。其实“互联网 +”反映了于扬的互联网黑洞论进一步提升，“+”这个符号可以看做是一张黑洞的入口或嘴。这也是为什么我们叫“互联网 +”，而不叫“+ 互联网”。

从互联网进化的角度看，“互联网 +”将从三个维度单调递增进化。第一，从空间上，互联网的范围从实验室扩张到全球并最终扩张到整个宇宙，形成智慧宇宙或宇宙大脑。第二，从智慧上，互联网的智商将从零增长到全人类群体智慧的乘方甚至是立方，这个过程中互联网的群体智慧和机器智慧将发生化学反应，形成共振，相互促进。第三，从功能和结构上，互联网将割裂，不完整、不完善的网络进化成与人类大脑高度相似的互联网虚拟大脑，同时互联网的神经系统将用自己的神经系统和神经末梢不断侵入到人类社会的方方面面中，学习、娱乐、交通、工业、农业……

互联网时代的大脑计划

在自然科学领域，大脑之谜是和宇宙之谜等量齐观的科学难题。自从有历史记录以来，无论是东方还是西方，大脑和神志（mind）的关系就一直被人类关注和思索。人类对脑的认识从不断的观察、思考、辩论、试错、纠正中得到提高，最后演变成现代的神经科学。

经过数千年研究和发展，到 21 世纪，一个具有无限生命力的神经科学形成了，它囊括许多有关学科，包括神经生理学、神经解剖学、神经组织学与组织化学、神经超显微结构学、神经化学、神经免疫学、神经病学、精神病学、脑肿瘤学、脑诊断学以及神经行为学和生理心理学等等。神经科学已成为当代科学发展的最前沿，新技术，新发现层出不穷，日新月异。随着 20 世纪新技术的出现，特别是计算机、信息学、人工智能的出现，脑科学研究也正在出现新的研究浪潮。

2005 年，瑞士洛桑理工学院的科学家亨利・马卡兰提出“蓝脑计划”，希望在 2015 年制造出“人造大脑”，以达到治疗阿尔茨海默氏症和帕金森氏症的目的。他的想法是“拆除之后再重建”哺乳类动物的大脑，计划将分为几个阶段，2008 年先用啮齿动物做实验，2011 年后将试图组装一个猫的大脑，在 2015 年正式组装人类大脑之前可能还会制造猕猴的大脑。

2013年4月，美国宣布启动“脑计划”；2014年6月，美国国立卫生研究院发布“脑计划”路线图，详细阐述了脑科学计划的研究目标、重点领域、实施方案、具体成果、时间与经费估算等，提出将重点资助9个大脑研究领域：统计大脑细胞类型，建立大脑结构图，开发大规模神经网络记录技术，开发操作神经回路的工具，了解神经细胞与个体行为之间的联系，整合神经科学实验与理论、模型、统计学等，描述人类大脑成像技术的机制，为科学研究建立收集人类数据的机制，知识传播与培训。2014年8月，美国国家科学基金会宣布，将资助36项脑科学相关项目，涉及实时全脑成像、新的神经网络理论以及下一代光遗传学技术等。美国国防高级研究计划局（DARPA）近年来启动了数十项旨在提高对大脑动态和机制的了解、推进相关技术应用的项目，包括可靠神经接口技术项目、革命性假肢、恢复编码存储器集成神经装置、重组和加速伤势恢复项目、将模拟大脑用于复杂信号处理和数据分析项目等。

2013年，欧盟委员会宣布将“人脑工程”列入“未来新兴技术旗舰计划”，力图集合多方力量，为基于信息通信技术的新型脑研究模式奠定基础，加速脑科学研究成果转化。该计划被认为是目前世界最先进的脑科学大型研究计划，由瑞士洛桑理工学院统筹协调，欧盟130家有关科研机构组成，预算12亿欧元，预期研究期限10年，旨在深入研究和理解人类大脑的运作机理，在大量科研数据和知识积累的基础上，开发出新的前沿医学和信息技术。该计划首先利用30个月的时间，建设涉及神经信息学、大脑模拟、高性能计算、医学信息学、神经形态计算和神经机器人等6座大型试验与科研基础设施。这些设施将对全球科技人员开放，邀请世界顶尖科学家参与研究。

日本大脑研究计划Brain/MINDS（Brain Mapping by Integrated Neurotechnologies for Disease Studies）主要是通过对狨猴大脑的研究来加快人类大脑疾病，如老年性痴呆和精神分裂症的研究。9月11日，日本科学省宣布了大脑研究计划的首席科学家和组织模式。日本大脑研究计划第一年将投入 30 亿日元（2700 万美元），第二年可能增加到 40 亿日元，相对于美国和欧洲的 10 亿美元以上规模大脑研究计划，日本的计划就好象是小弟弟。但是，日本的大脑研究计划主要利用狨猴这种更接近人类的灵长类动物，能弥补用鼠类研究经常不同于人类的缺陷，尤其是在疾病研究方面。

另一方面世界级互联网企业也推出自己的人工智能大脑计划，2011 年以来，GoogleX 实验室实施了“谷歌大脑”工程，通过 1.6 万片 CPU 核构建了一个庞大的系统，用于模拟人类的大脑神经网络，通过深度学习等神经网络技术和观看 YouTube 视频等方式，不断学习识别人脸、猫脸以及其他事物。

2014 开始，包括百度、讯飞、爱奇艺，也推出各自的人工智能脑计划，希望利用深度学习与大数据结合发展互联网中的人工智能应用。

2014 年 5 月，百度宣布引进前“谷歌大脑之父”吴恩达，任命其为百度首席科学家，全面负责“百度大脑”计划。“百度大脑”将融合“深度学习”算法、数据建模、大规模 GPU 并行化平台等技术。李彦宏对外披露，如果继续发展十年、二十年，这样一个大脑很有可能就会比人脑还要聪明。而将来有一天，也许技术会发展到可以把一个芯片移植到人脑中，“你想知道什么时候你不需要动作也不需要动手，当你想到的时候它就可以告诉你，展现给你，在你的脑子里就已经呈现了”。

科大讯飞在 2014 年 8 月 20 日召开的的智能家庭产品发布会上宣布启动“讯飞超脑”计划，董事长刘庆峰表示，在实现了让机器能听会说之后，科大讯飞的梦想升级成了让机器能理解会思考。“讯飞超脑计划”目标就是要实现一个真正的中文的认知智能计算引擎。并且，它的知识不是人类灌输的，而是自己通过不断学习获得的。目前，“讯飞超脑计划”也已经拥有了一支包括加拿大约克大学、哈尔滨工业大学、清华大学、中国科学技术大学等高校专家在内的研发队伍。

2014 年 6 月，爱奇艺在全球范围内率先建立起首个基于视频数据理解人类行为的视频大脑——爱奇艺大脑，围绕视频的整个生命周期进行多维度的数据存储、分析、挖掘，让机器能够理解视频的内容，帮助人们制作、生产、运营、消费视频。爱奇艺大脑正在通过对视频的认知，显著提升视频特效制作水准、运营效率，满足用户多元化服务的需要，同时丰富视频行业的变现途径，推动整个视频行业健康发展。

2015 年 11 月 5 日，京东宣布启动“京东大脑计划”，京东集团研发部研发总监杨光信这样总结：“基于京东在用户、商品、和运营等方面长期积累的高质量数据，利用人工智能的方法和技术，深入、准确地理解电商运营中的各类实体、环节、及它们之间的相互联系，缩短用户与商品、商品与商家之间的距离，为用户和商家提供更为个性化的服务，同时不断提高电商平台自身的运营效率，以达到最佳的用户体验。”遵循着这样的目标，“大脑计划”旨在进一步提升京东在机器学习、数据挖掘、高性能计算、实时计算等方面的技术实力，实现京东大数据价值的充分发挥。

就目前公开的资料来看，虽然同为开发人工智能，但“谷歌大脑”、“百度大脑”、“讯飞超脑”的侧重点也略有不同，谷歌大脑和百度大脑包括内容较多，成果将重点应用于搜索引擎，提高搜索引擎在智能程度和准确度，比如未来能够用图片搜图片或是用图片搜信息等。“讯飞超脑”则更加聚焦于面向中文的知识处理、信息服务和人机交互，一旦突破，有望能带动信息服务等各个涉及认知智能领域的信息服务系统实现飞跃。

在中国，脑科学研究已被列为“事关我国未来发展的重大科技项目”之一，上海市政府已将脑科学列为市重大科技项目，2015 年

3 月，复旦大学牵头联合浙江大学、华中科技大学、同济大学、上海交通大学等十几所高校及中科院研究所，成立“脑科学协同创新中心”，推进脑科学研究和转化应用，2015 年 9 月 1 日 ，北京市科委召开的“脑科学研究”专项工作启动会宣布北京市将从脑认知和脑医学、脑认知与类脑计算两个方向重点开展脑科学的研究工作。

欧美大脑计划存在的问题和忽视的一个重要元素

在欧美脑计划引起巨大反响的同时，质疑的声音也不断产生，“这是因为缺少一个脑科学的统一框架。”美国哥伦比亚大学神经学家拉斐尔・尤斯特说，科学家现在只能研究其中的个体或小部分，就像是“通过一个像素来理解电视节目一样”。这些连接之间的每一层次都有各自的运作法则。但是，“这些运作法则，我们目前几乎一无所知”。

对于 2005 年启动的“蓝脑计划”，其发起人马克莱姆教授认为这样的模型有助于我们更深层地了解大脑是如何工作的，但是其他神经学家持有异议，他们认为此模型与更简单更抽象的神经回路模拟相比，没什么更大的用处，要说有什么区别，只不过前者占用了大量宝贵的运算能力和超算资源。

欧洲脑计划受到的质疑更大。2014 年，200 多名神经学领域科学家宣称将要抵制欧盟的人“脑计划”(Human Brain Project，HBP)，声称这个耗资 12 亿欧元的大型计划没有得到妥善的管理，因此无法达成其模拟人脑内部运作的宏伟目标。伦敦大学学院计算神经科学部门的主任 Peter Dayan 告诉卫报，构建更大规模的大脑模拟的目标显示是根本不成熟的。“这是在浪费金钱，它会吸干宝贵的神经科学研究的经费，并让资助这项工作的公众失望。”

上述质疑背后的核心问题依然是千年来存在的问题延续：还原

论与整体论整合困难的问题，历史上，神经科学家研究大脑之谜主要采用了两条截然不同的思想线路：还原论和整体论。还原论又被称为自下而上的研究方法。该方法试图通过研究单个分子、细胞或回路等神经系统的基础元素的特性来理解神经系统。整体论又被称为自上而下的研究策略。它主要是从研究功能入手来理解神经系统，该方法主要关心的方面是系统的活动如何调节或是反映在行为上。

从文艺复兴到现在，人类对神智与脑关系的认识虽已取得多方面的重大进展，然而困惑依旧存在，主要集中于两点，一是整体论如何与还原论相整合，二是主观的神智现象如何用客观方法来研究。

整体论与还原论的整合，怎样在研究中使整体论与还原论平衡并相互补充，还远未得到解决。虽然整体论方向，脑科学取得了诸如大脑皮层功能分区，系统性理解感知的形成机理等成果，但迄今为止脑科学研究中还原论思想过多占据了主导位置，在一系列问题上突出地显露出当前神经科学的局限性。

例如，存在复杂树突的整合功能问题。迄今对中枢突触的研究还局限于中枢模式兴奋性突触，而对于树突树的研究，特别是关于树突棘如何激活、如何汇聚信号并整合成为神经元胞体的兴奋，探讨的路途尚很遥远。另外，又有神经回路与脑功能的问题。神经传导和突触传递要能够上升为脑区的活动，需有特定神经回路的活动等问题。

除此之外，几千年以来人类研究大脑的功能结构的困难，还有一个重要原因是复杂精密的活体大脑很难通过直接解剖或磁共振扫描发现其结构与外在功能的一 一对应。

（一）欧美脑计划忽视一个重要新因素：互联网

从 2005 年开始，互联网与脑科学进行交叉对比研究的思路被提出，并在过去的 10 年中不断推进这个领域的研究，包括互联网大脑功能和架构，以及大脑中的类互联网现象。取得了一批科研成果。

互联网与脑科学的结合研究，使得互联网作为新科技技术为脑科学提供突破性支撑。在这种情况下我们并不需要通过组合亿万个硅基神经元模拟人脑，而且仅仅堆积芯片并不能自然得到人类大脑一样的功能和智慧。从科技发展史看，一个原本异常复杂的难题，在经过科技发展的足够程度后，也许会诞生出一个异常简单的解。

通过观察互联网如何在科学研究和商业利益的推动下，如何从一个分裂的，不完整的网络结构进化成一个与人类大脑高度相似的组织结构。利用互联网这面镜子作为脑整体论研究的突破点。结合脑还原论的细节研究（如分子神经生物学、细胞神经生物学、系统神经生物学、行为神经生物学、发育神经生物学、比较神经生物学等）。

回到美国哥伦比亚大学神经学家拉斐尔·尤斯特的那个比喻，没有参照物，我们无法用像素了解整个画面，但如果互联网与脑科学的交叉研究为我们从另外一个方向制作了一个高度类似模型（虽然它还在变动中），那我们就很容易知道这个像素在图像中的位置和起到的作用。如图 6 所示，A 图是人类大脑全景图，B 是由于客观原因人类能观察到的大脑功能结构，C 是互联网进化中的结构，那么通过研究和观察 C，人类就可以从 B 推导出 A 的全貌。

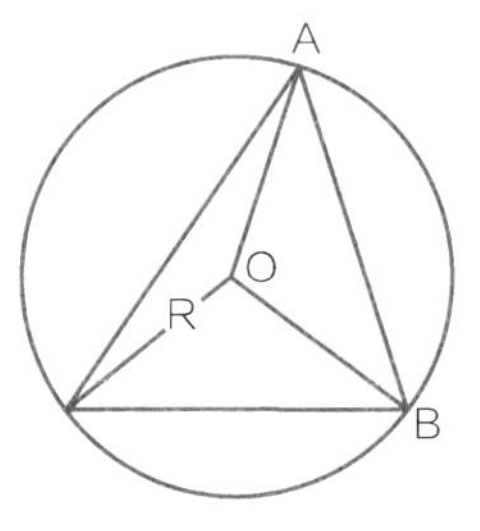

A 人脑功能结构

B 人类看到的大脑功能结构

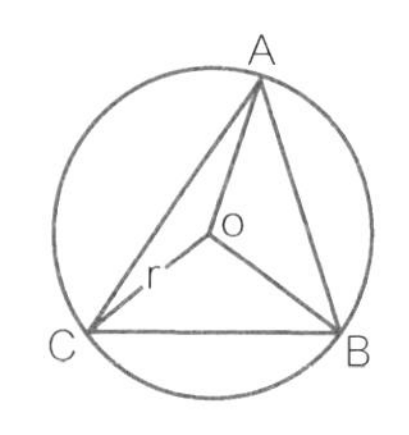

C 互联网模型

图 6　互联网与脑科学的交叉研究

互联网神经学的提出

（一）脑科学与社会关联的历史背景和前人研究

历史上很多人独立揭示了社会可以看作为带有神经系统有机体的概念。例如认为国王是头，农夫是脚的观点，至少可以追溯到古希腊人。这个类推为 19 世纪社会学的创始人提供了灵感。赫伯特 • 斯宾塞（Herbert Spencer）提出《社会是一个有机体》；进化论神学家德日进（Pierre Teilhard De Chardin）关注社会是一个有机体的精神组织，称之为“心智界（noosphere）”；科幻小说作家赫伯特•乔治•威尔斯（H. G. Wells）提出“世界脑”的概念；1983 年彼得 • 罗素（P.Russell）撰写的《地球脑的觉醒——进化的下一次飞跃》从哲学的层面探讨地球存在的本源和意义，他提出人类社会通过政治，文化，技术等各种联系使地球成为一个类人脑的组织结构，也就是“地球脑”。

总体上看这些思考和理论还局限在社会学、哲学的层面。由于受到当时互联网技术发展水平的局限，人们还不能全面了解互联网的结构和最新应用，无法从科学研究的视角，将互联网与神经学做交叉对比研究。他们往往把人作为神经元本身进行探讨，而没有发现人脑功能通过映射，在互联网中出现的类神经元现象，这个重要的区别导致上述这些思考一直无法将研究推进到科学实证研究的方向。

（二）互联网、大脑、人工智能交叉研究和互联网神经学的建立

从欧美大脑计划看，总体还是沿着传统的脑科学路径进行研究，这是因为缺少一个脑科学的统一框架。美国哥伦比亚大学神经学家拉斐尔 • 尤斯特说，科学家现在只能研究其中的个体或小部分，就像是“通过一个像素来理解电视节目一样”。这些连接之间的每一层次都有各自的运作法则。但是，“这些运作法则，我们目前几乎一无所知”。

从过去 10 年科学研究进展看，互联网与脑科学这两个原本距离遥远的领域，关系远比想象的要深入和密切，我们认为互联网大脑计划的核心以互联网，人工智能，脑科学为基础，建立在中国原创的

互联网神经学学科，目标是通过脑科学预测互联网和人工智能未来发展趋势，建立以互联网架构为参考的模仿大脑模型，从而为揭开大脑之谜建立一条新的科学路径。并以此为基础，从而找到撬动中国脑计划向纵深发展并引领世界科技发展的关键因素。

可以这样描述互联网神经学（Internetneurology）：基于神经学的研究成果，将互联网硬件结构、软件系统、数据与信息、商业应用有机地整合起来，从而构建互联网完整架构体系，并预测互联网沿着神经学路径可能产生的新功能和新架构；根据互联网不断产生和稳定下来的功能结构，提出研究设想，分析人类大脑产生意识，思想、智能、认知的生物学基础；研究互联网和人类大脑结构如何相互影响，相互塑造，相互结合，相互促进的双巨系统交叉关系。

如果以脑科学和互联网为横坐标轴两端，生理学和心理学作为纵坐标的上下两段，互联网神经学将由四部分组成：互联网神经生理学、互联网神经心理学、脑互联网生理学、脑互联网心理学；它们之间的交叉部分将形成第五个组成部分：互联网认知科学。他们的关系如图 7 所示，更为详细的介绍如下。

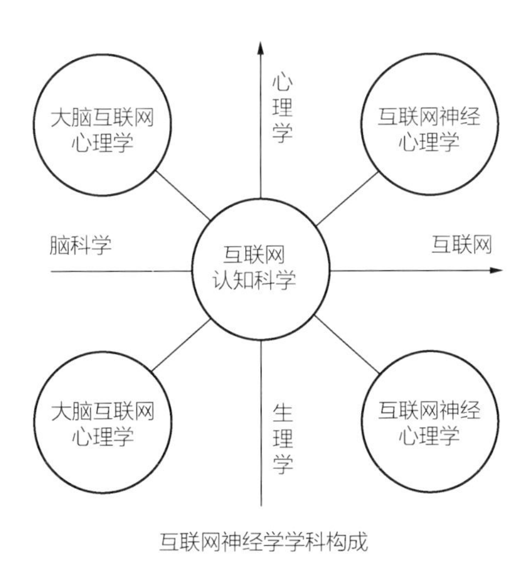

互联网神经学学科构成

图 7

（1）互联网神经生理学（Internet Neurophysiology）重点研究基于神经学的互联网基础功能和架构，包括但不限于互联网中枢神经系统，互联网感觉神经系统，互联网运动神经系统，互联网自主神经系统，互联网神经反射弧，基于深度学习等算法，运用互联网大数据进行图像，声音，视频识别等互联网人工智能处理机制。

（2）互联网神经心理学（Internet Neuropsychology）重点研究互联网在向成熟脑结构进化的过程中，产生的类似神经心理学的互联网现象。包括但不仅限于互联网群体智慧的产生问题，互联网的情绪问题，互联网梦境的产生和特点，互联网的智商问题等。

（3）脑互联网生理学（Brain Internet Physiology）重点研究大脑中存在的类似于互联网功能结构的地方，使得不断发展的互联网成为破解大脑生物学原理的参照系，包括但不仅限于大脑中的类搜索引擎机制，大脑中类互联网路由机制，大脑中的类 IPv4 / IPv6 机制，大脑神经元类社交网络的交互机制，人类使用互联网对大脑生理学结构的重塑影响等。

（4）脑互联网心理学（Brain Internet Psychology）重点研究互联网对人类大脑在心理学层面的影响和重塑，包括但不仅限于互联网对使用者产生的网瘾问题，互联网对使用者智商影响问题，互联网对使用者情绪和社交关系的影响问题等。

（5）互联网认知科学（The Internet Incognitive Science）可看做互联网神经生理学，互联网神经心理学，大脑互联网生理学，大脑互联网心理学的组合交叉，重点研究互联网和大脑两个巨系统相互影响，相互塑造，相互结合，互助进化，从而产生智慧，认知，情绪的深层次原理。

12 个互联网大脑计划重点探索方向

以下列出的是实施互联网大脑计划建议的研究方向，相信随着互联网、人工智能、脑科学的进一步交叉研究，将会有不同领域的科学家提出更多研究方向和科研问题。

（1）通过对互联网基础结构和应用的研究，提炼出特征，为大脑深入研究，解决神经科学诸多难题提供突破点。

互联网神经学为代表的整体论理论与还原论方向的分子神经生物学、细胞神经生物学、系统神经生物学、行为神经生物学、发育神经生物学、比较神经生物学进行结合，从两个方向同时对大脑进行科学攻关，解决自然科学界的只见树叶，不见森林的脑研究困境。

2008 年开始，中国相关研究者提出根据互联网特征提出的大脑中至少存在 13 个典型的应类互联网应用，如 SNS、搜索引擎、路由、IP 等，这其中关于大脑中类社交网络属性，类路由属性，类搜索引擎特征已经由不同科学家发表论文进行了研究。

2009 年相关研究人员在科学院大学进行了人脑存在类搜索引擎功能的实验，实验结果发表在 2010 年发表。

2010 年 8 月美国南加州大学神经系统科学家拉里·斯旺森和理查德·汤普森在《国家科学院院刊》（PNAS）发表论文用互联网路由机制解释老鼠大脑的信号如何绕过破坏区域到达目标区域。

2015 年 2 月英国伦敦大学学院和瑞士巴塞尔大学研究人员在《自然》发表论文公布他们的研究结果：脑中的神经元放电就像一个社交网络，每个神经元都与其他许多神经元建立连接，但最强的连接只存在于少数最相似的神经元之间。

还需要不断跟踪互联网最新进展，提炼其中带有基础性的特征属性，作为研究脑科学的新参考依据。从而不断对脑科学、神经科学的前沿进展。

（2）探讨在超级计算机上实现吸取互联网特征和特性的模拟人脑模型——“类互联网大脑的人工智能新模型”。

随着技术的发展，大脑先后被形容为电报通信网和电话交换系统。现在则是轮到用计算机来形容大脑。虽然“计算机般的大脑”还只是个比喻，但是有一群科学家试图将这个比喻颠倒过来。他们希望与其将大脑看作计算机，还不如让计算机表现得更像大脑。他们相信，人们最终不仅能对大脑的工作机制有更深的了解，还能构造出更好的计算机。这部分科学家被称为神经拟态学科学家。

目前包括“蓝脑计划”，欧洲大脑计划（HBP），试图用计算机芯片构建一个大脑的拟象。当前神经系统科学家对大脑的认知空缺主要在大、中等尺度脑解剖。单个神经细胞（即神经元）的工作模式大体上已被掌握，大脑中每个可见的脑叶和神经节的作用也已探明，但是脑叶和神经节中的神经元如何组织依旧是个谜。然而正是神经元的组织方式决定了大脑的思考方式——同时也很可能是意识的存在方式。由于之前没人知道大脑实际上到底是如何工作，这些科学家只能自己来解决这个问题，用堆砌的神经元芯片通过组合试图填补神经系统科学家对这一器官认知的空白。正是这个原因导致无论是“蓝脑计划”还是 HBP 都受到众多科学家越来越多的质疑。

互联网的诞生使得构建“仿真大脑”有了大中尺度的类脑构造参考模型。互联网大脑计划可以探讨如何将互联网中的社交网络，搜索引擎，地址编码系统等特征与传统神经拟态学已有的工作进行结合，将可以使得建立真正的“类互联网大脑的人工智能新模型”成为可能。

（3）探讨基于神经学的研究成果，将互联网硬件结构、软件系统、数据与信息、商业应用有机的整合起来，在已有的研究成果基础上构建更为完善互联网大脑的架构体系。

这一架构体系能不能在冯·诺依曼架构外产生新的网络架构体系。同时不断沿着神经学路径预测互联网可能产生的新功能、新架构和新商业模式，并在实践中不断检验这些预测的正确性和可靠性。

（4）探讨通过对互联网大数据，人工智能，虚拟现实，社交网络的研究，为揭开人类意识、梦境、情绪的产生和表现形式提供重要的突破依据。

例如目前从互联网所包含的应用看，能够产生类似人类情绪的部分主要发生在社交网络中，社交网络不但连接了互联网用户，更连接了这些用户在文字、图片和视频中表达的情绪，当这种情绪通过关系链产生传播和共振时，互联网大脑的情绪就具备了研究基础。大部分时间里，社交网络中发生着千万种的情绪释放，虽然可能局部有激烈的情绪节点爆发，但如果此时没有哪一个情绪能占到主导位置，那么从大尺度看，整个互联网大脑可以认为是处于平静情绪状态。但发生重要事件引发社交网络某种情绪集中爆发时，互联网大脑就会表现出显著的情绪，例如乔布斯去世引发的悲痛情绪，中国奥运会获得第一名引发的高兴情绪，关于雾霾报道引发的担心情绪。虽然这些是互联网大脑的心理学表现，但能否对人类大脑的情绪和意识的产生和波动提供研究灵感。

第二个方面：互联网的感知信息有三个来源，第一是人们通过社交网络发布的即时信息；第二是在各专业网站，维基百科由专业人士输入的专业类信息；第三是来自物联网，工业互联网传来的物理世界物的信息，也就是互联网感觉神经系统输入的信息。这三方信息被搜索引擎为代表的互联网人工智能系统进行二次加工，从而形成未来互联网大脑感知、记忆，学习的基础。这一互联网现象能否为揭开人类大脑的感知，记忆和学习提供帮助。

第三个方面，随着互联网的不断发展，虚拟现实技术开始进入到一个全新的时期，与传统虚拟现实不同，这一全新时期不再是虚拟图像与现实场景的叠加（AR），也不是看到眼前巨幕展现出来的三维立体画面（VR）。它开始与大数据、人工智能结合得更加紧密，以庞大的数据量为基础，让人工智能服务于虚拟现实技术，使人们在其中获得真实感和交互感，让人类大脑产生错觉，将视觉、听觉、嗅觉、运动等神经感觉与互联网梦境系统相互作用，在清醒的状态下产生梦境感（Real dream），互联网虚拟现实的发展能否为研究人类大脑中产生梦境的机制的表现形式提供重要线索。

（5）探讨将互联网大脑架构体系与人工智能进行结合的问题。

通过对互联网中枢神经系统、互联网感觉神经系统、互联网运动神经系统、互联网自主神经系统，互联网神经反射弧的机制研究，系统和全面研究互联网智能发展机制和水平。除了深度学习等算法外，寻找更多类大脑运行机制，将其转变成互联网人工智能领域的应用，从而从宏观上不断提高互联网的智能水平。

（6）探讨通过互联网大脑架构体系，为建立新的世界互联网治理架构提供理论支持。

在全球国家尚未实现完全统一的当下，还存在不同文化，制度，民族，宗教特征的不同国家体制，如何区分出互联网的“中枢神经系统”，设定国际监管规则，共同对中枢神经系统进行监管。在保证互联网信息流动和共享的同时，维护不同国家的信息主权。

（7）探讨利用互联网大脑架构体系，对互联网条件下的国防建设进行理论研究。

帮助军事部门按照互联网大脑架构体系，形成用于军事指挥系统的军用中枢神经系统、感觉神经系统、运动神经系统，按照神经反射弧对军事反应进行规划。通过这些工作使得我国国防能够在未来高科技对抗中获得前沿理论支持。总体看西方军事部门还没有对互联网大脑结构与军事在网络环境下如何结合做更深入的研究。因此加快互联网大脑计划在这方面的研究对中国军事会起到重要作用。

（8）探讨通过互联网，人工智能、脑科学交叉研究，对政府管理互联网提供理论决策依据。

一方面，在互联网的哪些关键节点通过神经学架构进行分析和判断，从而加强监管力度。另一方面，根据互联网会形成中枢神经的趋势，不断垄断化的互联网巨头如何应对和监管，也可以作为互联网大脑计划的一个子课题。

（9）探讨通过互联网大脑的智商研究，形成互联网人工智能系统发展水平的世界指标评测体系。

21 世纪以来，随着互联网大数据的兴起，信息的爆炸式增长，深度学习等机器学习算法在互联网领域的广泛应用，基于互联网的人工智能正在成为互联网新的热点。随着谷歌、百度、微软、Facebook、苹果、IBM 在人工智能领域的加大投入，众多人工智能科技企业不断兴起。在这种情况下，根据 2014 年提出互联网智商，标准智能模型基础上，建立世界范围的互联网人工智能系统发展水平的世界指标评测体系，互联网条件下的人工智能未来发展提供可选择的方向。

（10）探讨互联网、人工智能、脑科学交叉研究中，互联网的进化问题与达尔文进化论的关系问题。

以自然选择为核心的达尔文进化论是人类科学史最重要的理论之一。达尔文进化论认为生物进化并不是从低级到高级的进化，人类并不比其他生物高级。达尔文把生物进化过程设想成一棵不断地生长、分支的大树，现存的所有生物都位于这棵树的某个小分支的顶端，很难说哪一种更高级，在同时存在的生物种类之间作高低级的比较是没有意义的。进化没有预定的方向，进化树不存在一个以人类为顶端的主干，人类只是进化树上一个普普通通的分支。

从互联网的发展看，人类通过互联网的发展使得自身的进化也得到加速。向着更大的知识库（互联网知识库），更强的智慧能力（互联网群体智慧 + 不断提高的互联网人工智能水平），更广阔的发展空间（通过与互联网连接的飞行器，传感器，向海洋，太空深处发展），人类已经远远超过了其他物种的高度和水平，特别互联网虚拟大脑的形成。这些现象表明在不违反达尔文进化论在起点和过程的原理基础上，对于生命进化有无方向的问题，通过互联网与脑科学交叉研究可以提出新的设想，对达尔文进化论在生物进化未来的判断上进行修正，至于这一修改是否成立，需要通过科学的方式进行研究，发表和讨论。

（11）探讨互联网向类脑结构进化，以及大脑中进化出类互联网结构过程中“看不见的手”的问题。

“看不见的手”是英国经济学家亚当·斯密（1723—1790）1776 年在《国富论》中提出的命题。最初的意思是，个人在经济生活中只考虑自己利益，受“看不见的手”驱使，即通过分工和市场的作用，可以达到国家富裕的目的。后来，“看不见的手”便成为表示资本主义完全竞争模式的形象用语。这种模式的主要特征是私有制，人人为自己，都有获得市场信息的自由，自由竞争，无需政府干预经济活动。

40 多年来人类从不同的方向在互联网领域进行创新，并没有统一的规划将互联网建造成什么结构，在四十年后，越来越多的研究者发现互联网正在向与人类大脑高度相似的方向进化。同时神经学科学家也已发现，在人类大脑中，至少在数万年前已经进化出具有现代互联网特征的脑结构和脑功能。

“看不见的手”像幽灵一样盘踞在人类社会的发展过程中，时隐时现，如果说社会学、经济学还只是模糊的看到这只手的影子，那么互联网与脑科学的研究有可能第一次把这只“看不见的手”逼到科学的解剖刀下。如何解剖它，需要互联网大脑计划参与者更多的思考和实践，相信这个秘密的解开将会给人类带来重大而深远的影响。

（12）探讨互联网、人工智能、脑科学的交叉研究与“人类命运共同体”等理论的关系问题

互联网向与大脑架构高度相似的方向进化，并形成互联网大脑架构的判断从某种意义上讲，正是“人类命运共同体”的一种表现，人类通过互联网大脑这个新世纪新型工具实现信息、知识、智慧的无边界流动，不同种族、国家、文化的人民通过互联网进行思想的碰撞，融合。人类共同接受互联网大脑中提供的智能服务，通过不断发育和成熟的互联网大脑共同感知世界，改造世界，共同解决来自自然、社会、虚拟空间的问题和挑战。这些现象与习近平主席所提出的“人类命运共同体”有着深入和广泛的关联，互联网大脑计划可以开展专项探讨，探究互联网与脑科学交叉与“人类命运共同体”的关系问题。为“人类命运共同体”提供更为丰富的科学理论支持和技术实现路径。

网络规范体系化研究

孟兆平[1]

互联网已经打破了原有的工业体系，把“简单”的交易体系放大成“复杂”的交易场景。不同于传统企业，互联网平台联系着数量众多的利益相关方。原有的监管政策、监管手段甚至监管队伍对平台经济的管理已经难以胜任。[2]为应对新局面、解决新问题，应要求平台充分自律，发挥已经受了实践检验、符合新经济发展规律的“网规”的作用，与行业监管、政府管理和社会监督一道实现协同共治。

网规的协调化

（一）规则协同：网规同法律的衔接

平台内生规则的规制更多体现为事前的规制，而政府更侧重于事中以及事后的规制，平台规则的构建以及实践经验也被所接受，成为法律、法规的重要组成部分网规同法律规范之间的关系可以概括为补充关系、减负关系和纠偏关系三种类型。（1）补充关系，是指网规可以弥补法规的空白，细化法律的内容，有力支撑法律。由于立法手段受限制于复杂的程序，监管上常处于滞后状态，往往不能及时对复杂的市场进行有效治理。在信息社会，市场的复杂性日益增强，仅用传统手段治理，效果可以想象。网规源于市场实践，具有良好的实践基础和调节的灵活性，对于法律的治理起到很好的补充作用。（2）减负关系，是指网规通过解决小额纠纷能够减轻司法和行政执法的负担，化矛盾于未扩大化。2011 年淘宝网把负责知识产权侵权管理方面工作的人力资源规划为维权处理、知识产权合作、商品品质控制 3 个团队，打造了一支超过 2000 名专业人员组成的团队，形成了集政府配合、品

1 孟兆平：北京理工大学法学院。

2 阿里研究院：《新经济、新动能：阿里研究院解读政府工作报告》，2016 年 3 月，页 8。

牌合作、维权处理等业务职能多元化的知识产权保护体系。淘宝网的平台化治理，在节约社会司法资源，降低司法成本和负担方面起着不可或缺的作用。（3）纠偏关系，是指网规能够及时发现法规执行中的问题，加以遏制，有效规制权利的滥用。目前，我们的法律规定和公众媒体看到基本都是权利保护的问题，却很少关注权利滥用。权利滥用对产业的损害实际上并不比权利保护不足小。对电子商务中的权利滥用的抑制，网规可以起到一定的作用。网规由于对市场的敏感度更高，能够及时地发现规则的“天平”是否有所倾斜，对法律起到有益的纠偏作用。

（二）主体协同：生态圈多元主体共治

互联网开放、共享的特性使得电子商务行业比传统商务行业更推崇“共生”的思维，因此在电子商务行业兴起之初，行业内部即有“电子商务生态圈”的提法。[1] 互联网时代，平台主导的新商业生态，成为信息经济不断发展壮大的中坚力量。如第三方交易平台淘宝网协同电子商务伙伴，以自身百亿收入支撑了万亿规模的网络购物市场。商业生态演化呈现出开放、自组织等复杂系统特征，其治理模式也相应转变。互联网技术以及电子商务模式变化、规模扩大以及电子商务生态圈的发展要求治理升维。互联网平台应参与社会协同治理，贡献应有力量。不同于传统企业，互联网平台联系着数量众多的利益相关方。为应对新局面、解决新问题，政府部门、行业组织、互联网平台和用户携手，正在探索互联网领域社会协同治理的新路径。[2]

（三）国际协同：协同治理的全球化

网络的开放性、跨地域性特点，决定了网络治理的全球协同。2015年12月，在乌镇举行的第二届世界互联网大会上，习近平主席提出“国际网络空间治理，应该坚持多边参与、多方参与，由大家商量着办，发挥政府、国际组织、互联网企业、技术社群、民间机构、公民个人等各个主体作用，不搞单边主义，不搞一方主导或由几方凑在一起说了算。”[3] 倡导多主体的治理模式，这体现了物理世界、数字世界和生物世界相互融合的大背景下，对未来全球互联网治理的积极探索

1 阿里研究院：《生态化治理——2012年网规研究报告》，2012年12月6日发布，页42。

2 阿里研究院：《互联网经济十大议题》，2016年1月，页31。

3 新华网：“习近平在第二届世界互联网大会开幕式上的讲话（全文）”，<http://news.xinhuanet.com/politics/2015-12/16/c_1117481089.htm>,2015年3月2日最后访问。

和责任承担。[1]当前的国际经贸规则发展已经滞后于全球互联网经济和电子商务的快速迭代发展。为此，阿里巴巴倡议创设 EWTO 新规则，以适应互联网时代和全球电子商务的快速发展和历史变革，希望让自由公平贸易成为全世界每一个企业和每一个人享有的基本权利，更好地促进作为经济基石的千千万万小企业发展，促进代表未来的各国年轻人发展，促进全球范围内的创新创造创意，推动建立自由、开放、普惠和利他的全球数据经济和电子商务市场。[2]

网规的体系化

（一）体系化思路

所谓体系化思路便是思考采取何种路径才能有效完成网规的体系化构建。作为新商业文明的治理规则——网规的产生与发展都与电子商务以及整个互联网经济的发展向呼应，并产生了良好的共振效应。随着互联网经济的高速发展，尤其是以互联网平台经济为基础的“新经济”成为经济发展的新动能，适应新的协同治理的需要，网规需要加速体系化。

1. 厘清网规基因

网规的产生源于电子商务的发展，伴随以巨型电子商务平台为核心的电子商务服务体系逐步成为信息时代最具代表性的商业基础设施，电子商务的社会经济影响日益广泛和深刻，而自发产生的。其诞生之初，就将目标确立为将“开放、分享、透明、责任”的新商业文明精髓融入规则体系，在网商、网货、平台及外部环境间建立和谐、共赢、平等、发展的关系，促进新商业文明的稳定、发展和繁荣。随着电商平台内的“原子”企业与平台经由基础交易、支撑衍生服务而形成电商生态圈形成和发展，对于电子商务平台提出了更高的要求，电子商务交易平台在电子商务发展中的意义重大，规范、健康、有序和信用良好的网络交易平台服务对于素未谋面的交易主体之间的交流和合作起着关键作用，是使电子商务顺利进行的关键因素。为了促进电子商务的健康发展，网络平台通过完善网

1 阿里研究院：《新经济、新动能：阿里研究院解读政府工作报告》，2016 年 3 月，页 9。

2 阿里研究院：《互联网经济十大议题》，2016 年 1 月，页 43。

规，逐步推动网规朝着精细化、平台化、社会化和生态化的方向发展，推动网规的生态化治理。回顾网规的发展，可以看出网规具有自发性、实践性、灵活性、市场化等规则基因，这是其能够促进互联网经济业态发展以及适应未来发展需要的保障。

2. 加强网规“自我修养”

网规源于电商实践，而电商实践的集中体现是电商平台制定的网络规范。网规的体系化研究是基于当前的网规存量，面向未来网规发展的研究。体系化研究的目的在于推进网规的体系化进程，可以说随着互联网经济体的生态化以及全球化，网规必须推进体系化才能使用网规治理的生态化、全球化的协同治理需求。

纵向来看，随着电子商务立法的推进，当前电子商务立法草案已经形成，并即将提请审议，一旦电子商务法颁布实施，网规规则的内容以及内部结构须以《电子商务法》相衔接，推动市场手段与政府治理的协同共治。以《淘宝规则》为例，成熟的架构框架能够保证网络规范从平台规则向正式法律法规的转变，这符合电子商务无法实现精确且长期凝固的特点，也是电子商务实践及时转变为强制性规定的基础。因此，框架性的条文构建，使得网络规范标准化做到制约与促进的平衡点。横向层面，如果要更大规模地推动跨境电商，就要对包括海关、贸易、运输、物流等等政府的监管进行大的改革。通过各国政府的协调形成 WTO 这样的全球机制来研究、讨论、制定新的适合跨境电商发展的规则。中国能否重新以主导话语权的姿态建立一个更有力、更广泛、更国际化的电子商务世界贸易组织（EWTO）[1]，已成为决定中国经济未来可持续性发展的关键所在。而在世界组织规则诞生及成长的过程中，

2015 年 9 月 9 日，在世界经济论坛第九届新领军者年会（夏季达沃斯论坛）上，马云在“互联网经济：发展与治理”主题讨论中提到，在过去二十年 WTO 做得不错，但是过去的 WTO 是为大企业服务，今天是 EWTO，应该用互联网帮助中小企业，为年轻人、为中小企业贸易服务。

1 阿里研究院：“汤敏：推动 EWTO 促进跨境电商规则改革”，<http://www.aliresearch.com/blog/article/detail/id/20802.html>，2016 年 3 月 9 日最后访问。

作为最初制定该规则的“母国”容易在各国博弈中占据天然优势，中国更应把握时机，奠定优势基础。为适应 EWTO 机制的构建以及话语权的建立，中国自身需要构建完善的互联网规则体系。

（二）网规体系化维度

网规体系化的目的在于适应当前新经济发展下对于网规治理的需要，包括完成同当前电子商务立法的衔接以及实现网规自身适应当前市场发展需要的规则自洽和进化。可以从权益、立法、实践三类因子去思考网规的维度：权益因子考虑的是对各方主体权益有影响的内容，可舍弃一般性的说明操作性规则；立法因子考虑的是以正在进行的电子商务立法为研究模板和样本；实践因子考虑的是以电子商务产业链闭环模型为基础，关注现行或未来立法中未涉及或规定不明确的部分，以网络规范的规定引领产业实践。由此，得出网规体系化的六大维度：主体、客体、交易行为、交易保障、违规处理、争端解决。在每个大的维度下，又涉及若干细分维度：主体维度包括准入和退出机制；客体关注法律法规中禁止、限制交易的商品的管理；交易行为包括合同、物流、支付等环节；交易保障涵盖消费者权益保护、不正当竞争、信用评价体系和个人信息保护、知识产权保护等；违规处理则关注处理措施、行为种类、违规申诉；争端解决核心在于构建争端解决机制。

首先，电子商务的主体是指在电子商务活动中的主要参与者，包括消费者、商家和平台三类主体，这一分类是基于电子商务活动中通过合同所构建的法律关系的不同而进行的分类。根据不同主体的法律关系不同，其涉及网规内容也不同；其中作为多变市场的组织方，平台作为私权力的主体享有规则的制定权，因此，平台构建商家信息核验、市场管理、商品品质抽检和退出机制。商家作为平台的用户则主要以卖方的角色参与到电子商务活动中，其主要涉及准入机制、网店转让、退出机制和消费者保证金等内容。一方面，通过要求商家提供公司的线下基本信息之外，还要提供拟在线上开的店铺的基本信息，可以将线上信息与线下的信息联系到一起，构建基本的线上以及线下行为的评价链条。另一方面，除去提供基本的公司以及店铺信息等基本信息之外，重点要求提供品牌以及对应的品牌的信息，以确保其品牌以及产品的资质。针对不同类型卖家，不同的资质认证要求。

其次，电商平台网络规范的客体主要对应的是平台上展示的商品和服务。互联网时代，商品服务的发展远远超越传统意义上的概念，其产生和发展的速度也无法以旧的思维进行衡量考虑。由于互联网的虚拟性和开放性，对于商品或者服务交易的监管，必须要考虑互联网本身的特殊性。因此，为构建健康的交易环境，根据法律、法规的规定，平台通过建立禁售商品和限售商品名录，对交易的客体进行控制。例如，淘规则对限售商品进行了列举规定，包括书籍杂志报纸类目、音乐影视明星影像类目、彩票类目、酒类制品类目、公约类目等。

第三，交易行为是电子商务活动的核心，交易的发生是基于协议而产生的包括合同关系建立和履行过程中的交易、支付、物流等环节的内容。电子合同是交易行为发生的基础，当前网规就电子合同规定主要集中在行为能力推定，即推定用户是具有完全民事行为能力的主体。由于网络发生空间的虚拟性，难以实现面对面的交易，因此，为保障交易安全，通过推定交易主体具有完全民事行为能力。[1]支付包括支付实名制、非授权支付和错误支付；快递物流则包括运费以及货物风险转移。

第四，交易保障机制核心在于降低信用风险。传统商务与电子商务的核心区别在于从事商务活动各方的信息沟通方式。传统商务的信息沟通方式的特点是可面对面的或可感知的，而电子商务的信息沟通方式的特点是无需见面和不可感知。与传统商务相比，电子商务在客观上加大了交易各方的风险，特别是信用风险。[2]在电子商务交流中，交易的虚拟性使得信用成为刻画所用网络交易主体的维度，成为电子商务展开的媒介。为了实现交易，网络平台通过网规构建电子商务的信用评价体系，以信用为媒介，实现交易的发生。

1《淘宝规则》第六条："用户，指具有完全民事行为能力的淘宝各项服务的使用者。"

2 丁韶年："中国电子商务信用体系建设的政策建议"，载《电子商务世界》2004年第4期，页77–78。

除信用保障外，交易保障机制还保护消费者权益保护、不正当竞争规制、知识产权保护和个人信息保护等内容。

第五，违规行为部分类似于法律中的法律责任的范畴，其主要包括违规行为的种类、处罚措施和违规的申诉。违规处理区分了一般违规和严重违规，规定了处理措施、赔偿责任和特别约定部分的定义和具体解决。以对于违规行为规范最为完善的《淘宝规则》为例，其将违规行为按照严重程度分成严重违规和一般违规。严重违规包括发布违禁信息、出售假冒商品、假冒材质成分、盗用他人账户、泄露他人信息、骗取他人财物、扰乱市场秩序、不正当谋利等；一般违规包括发布禁售信息、滥发信息、发布未经准入商品信息、虚假交易、描述与商品不符、违背承诺、竞拍不买、恶意骚扰、不当注册、不当使用他人权利等。对于违规行为看，平台可以根据违规行为对于电子商务交易以及整个生态的影响，调整违规行为的类别以及处罚措施等具体内容。

第六，争议处理是无论实体交易还是电商交易都会遇到的问题，该项指标中除了包含售中争议和售后争议这类实体性的规则限制外，对于特殊交易也有具体的处理规范，同时加强了对于举证责任和救济程序等程序性的规则，规定显示了电商平台网规架构的规范性，不仅重视实体权利，而且关注对于用户程序权利的保护。

（三）网规体系化目前的问题

网规从有关网络的规则到管理网络的规则到现在新互联网思维下的治理规则，已经实现了跨越式的转变，从适应对象和调整范围来看，主要规范的是网络时代网络空间的治理，从思路上看网规是法制思维和互联网思维相融合的结晶。通过构建网规体系化的指标，分析当前网规体系的内容可以看出，针对当前数据治理以及全球化治理规则的构建层面，当前网规体系化存在如下的不足。

第一，网规结构内容体系不完善。作为网规治理的先驱，淘宝的网规体系建设无疑是各个平台中从结构以及内容的完整性层面最为完善的样本，但即使淘宝的规则体系在应对新的治理需求层面同样存在不足，在数据权属、个人信息保护等层面还需要进一步探索规则的构建，尤其是在当前电子商务立法中非常重视个人信息保护相关的规则体系的构建。对比其他平台而言，很多平台尚未建立起完善的平台规则体系。部分平台的规则的公开路径较为隐蔽，用户甚至很难找到相应的规则文本内容。其中，做得较好的是淘宝规则，通过搜索引擎输入关键词，即可链接到相关的规则体系内容。而大部分平台规则的搜索难度非常高。

第二，网规同法律法规的衔接度不够。由于网规的内生性的特点，其与实践紧密结合，但是随着法律、法规的出台，网规面临同法规相互衔接与实践需求可能出不匹配的状态。平台的法律性质和地位认识不清，各个部门齐抓共管平台，由平台进行知识产权保护等。平台具有信息和技术优势，应该给平台赋权。同时，也需要对于平台的权力加以限制。网规在同法律的衔接过程中，应当坚守法律规定，结合互联网市场的特性，制定更为符合市场治理需求的网规。法律也应当给予网规一定的治理空间。

第三，数据治理的规则体系不完善。互联网经济时代，平台是海量数据的聚集源。随着数据成为战略资源，也是数据治理的基础，这就为平台网规在运用数据治理过程中提出新的治理需要。分析当前的研究样本，平台就数据权属、数据应用、数据交易、数据安全以及跨境数据流动等问题，尚未建立成熟的规则体系。以跨境数据存储和流动的规则为例，当前只有淘宝（天猫）[1]以及苏宁易购[2]就数据的跨境存储和流动建立的规则，但是，规则相对还较为简陋，有待完善。随着数据运用以及数据治理实践的开展，网络平台需要就如何运用平台积累的海量数据以及数据开放、共享以及数据交易过程中的数据治理网规，充分发挥数据资源优势，提升平台的治理能力。

1 天猫："法律声明"，<https://rule.tmall.com/tdetail-1814.htm?spm=a2177.7731969.a2226n1.15.1PKKHp>，2016年3月13日最后访问。

2 苏宁易购："隐私声明"，<http://help.suning.com/page/id-281.htm>，2016年3月13日最后访问。

网规体系化未来的发展

（一）网规体的发展趋势

网规体系化的研究，其根本在于沉淀网规发展过程以及当前发展的经验，应对新治理需求下的网规的治理。网络空间的治理，不能简单照搬现实世界中的治理理论和研究范式，而是要充分考虑网络空间的特殊性。[1]因此，网规的治理需要考虑到网络的互联性、媒体性、交往性、平台性、数字性、技术性、虚拟性、匿名性、即时性、跨国性等特殊性。结合当前网规体系化分析、网规治理实践以及国家大数据发展等内容，未来网规的发展呈现出趋同化、生态化、社会化和国际化的特征。

首先，趋同化表现在两个方面，一是平台间网规的趋同化，二是网规同法律法规的趋同化。（1）电商平台的网络规范在大体结构和内容上体现了趋同化，客观基础是在基础电子商务交易、支撑衍生服务基础之上形成和演化而成的中国电子商务生态圈。网规的趋同表现为不同平台之间网规内容体系的趋同化、网规同法律、法规体系和内容的趋同化等方面的内容。网规的趋同化源于网规治理的实践性、自发性。首先，网规的样态源于实践，因此，由于实践中交易形态的趋同性，进而带来网规本身的趋同性；其次，随着电子商务生态圈的形成和发展，推动网规生态圈的构建；最后，随着先发平台的规则体系构建逐步完成，后发平台在网规体系内容和体系构建过程中，学习借鉴现有规则体系的经验，从而推动平台间的网规呈现出趋同化的特点。（2）法律制度构建的滞后性，使得立法进程落后于实践治理的需要。平台企业直接触及电子商务活动的开展，使得平台企业能够充分获取平台的规则需求，进行针对性的规则调整。平台规则的灵活性使得规则的调整往往能够快速反应。在法律法规尚未建立的情形下，通常采用平台先行的路径构建规则体系。经过实践检验的规则则可能成为今后立法中，学习和借鉴的经验。随着法律法规的完善，作为市场调节手段的网规必须

1 周辉：《变革与选择：私权力视角下的网络治理》，北京大学出版社，2016 年 1 月版，页 21。

受到法律法规的限制和指引，因此，网规的发展需要适应立法的进程。同时，网规的实践也为立法提供实践样本。通过网规与法律法规间双向的互动，最终推动网规与法律法规之间的趋同化发展。

其次，网规的生态化源于电子商务生态系统的形成。网规的生态化体现生态化治理在网络治理层面的应用。网规的生态化包括网规治理的生态化，以及网规产出的生态化。网规生态化治理是在治理概念上的发展，强调的是在一个生态系统中，各个参与者为了维持自身的利益和生态系统的可持续发展，共同参与到治理过程中来。具体到电子商务领域，我们可以对该领域中的生态化治理做如下的定义：为了实现电子商务生态系统的良性发展和维护自身利益，众多电子商务生态系统的参与者共享观念、彼此合作，在相互依存的生态系统中分享权力，共同治理的过程。这种共同治理的具体体现，表现为治理主体的多元化和治理责任的分散化：治理主体的多元化能够将多元主体纳入到治理结构中，实现利益的充分的博弈，提升治理的效果；而治理主体的多元又造成了治理权力的分散化，相应的治理责任也分散化了，承担治理的责任也相应地分散。

第三，社会化体现为网规体系的社会化和网规治理社会化：（1）网规的产生源于电子商务平台，随着平台经济趋于成熟，推动共享经济活力的释放，使得网规在领域上超越电子商务，涉及到目前互联网经济的各个领域，包括互联网金融、互联网 O2O 等领域；同时，网规不再局限于网络平台，脱离网络空间环境的空间限制，成为线下生活中的规则体系。（2）作为社会治理的制度创新，多元共治主要包括四大特征：多元主体，开放、复杂的共治系统，以对话、竞争、妥协、合作和集体行动为共治机制，以共同利益为最终产出。[1] 互联网的开放和交互性，使得多元主体参与到互联网的社会共治中，既包括平台、用户、第三方主体以及政府。

1 中国改革论坛：“社会共治：多元主体共同治理的实践探索与制度创新”，<http://www.chinareform.org.cn/society/manage/Report/201412/t20141215_214213.htm>,2016 年 3 月 15 日最后访问。

第四，以跨境电商为代表的新外贸成为当前全球化的中新的增量方向，新经济形势下的新全球化，是一个新的规则体系构建和输出，建立国际话语权的契机。各国互联网经济发展程度不同，并面临文化、政治、法律等外部因素影响，当前，全球范围内，网规体系存在差异，增加了交易风险，限制跨境经济的发展。因此，需要推动全球化的网规体系构建，而且网规在全球范围的趋同化仍然是大势所趋。全球化的过程中，互联网平台建构规则、输出规则，从而推动构建全球化的规则体系，是输出中国规则标准，构建国际话语权的最为高效的方法。而要实现规则输出，必须有强大的互联网经济实力作为支撑。因此，必须创建有利于互联网经济发展的外部环境，同时加强内部规则体系的构建和完善，建立符合市场实践的面向全球化的规则。

（二）网规体系化发展的挑战——数据时代的来临

大数据时代的到来将会深刻影响互联网经济的发展和互联网治理。以数据思维变革改变传统治理模式而进行的国家、社会以及商业治理。数据治理的基础是数据资源，要实现数据治理，需要开放平台数据，但是随着数据价值为国家和企业所认识，围绕数据的价值创造活动越发活跃，使得数据保护流动中面临国家安全、商业秘密保护以及个人信息安全等多重的安全挑战。随着贸易全球化的发展以及网络空间的融合度的提高，要求数据流动的全球化，但是数据流动所面临的国家、社会以及个人信息安全的挑战使得一些国家和地区呈现出数据本地化倾向，形成数据流动的保护壁垒。一方面，数据的价值获得认可，对于数据的利用已经由数据开放阶段发展到数据价值的挖掘阶段，各国纷纷构建其国家的数据战略，数据资源成为国家的战略资源，使得国家呈现数据资源保护的倾向；另一方面，全球化推动跨国企业的快速发展，尤其互联网企业依托互联网的开放性而快速发展，而数据的流动、存储成为制约企业业务展开、商业创新的根本需求。以俄罗斯、巴西等国为代表，数据本地化立法在国家利益的驱使和国内舆论的压力下快速发展，形成了跨境数据保护的壁垒。[1] 交易的实现需要有清晰权属界定，清晰的产

1 张衡、李兆雄：《大数据本地存留与跨境流动问题研究》，载《信息安全与通信保密》，2015 年 06 月，页 65-69。

权归属是交易的前提与基础。当前关于数据的产权归属问题还远未达成共识，特别是在去除个人身份属性的数据交易中。[1]清晰的产权界定是数据交易和数据保护的基础。当前交易规则还处于探索阶段，数据交易品种、交易的核心数据的可交易性以及交易的安全性也处于探索阶段。

面对数据时代的来临，网规需要着手构建四个方面的数据治理规则：数据开放、产权界定、数据交易、数据保护。首先，传统产业环境下，平台与平台之间的数据同样是孤立的，这不单制约了交易效率、增加了交易成本，也制约了平台治理的实现。随着，各方对平台数据的巨大需求，平台企业的数据协助义务也就成为重要的不可回避的问题。通过平台间的数据开放，能够最大限度实现数据的价值，更能够实现平台的生态化治理。其次，在权利归属既定的情况下，数据所属的公司应可自由收集、利用相关数据，以充分发挥大数据时代数据的价值。在数据权利归属公司的情况下，应在一定规则的规制下允许相关数据在不同主体之间的交易；数据在利用过程中，针对不同种类的信息要采取不同的保护规则，如对待能够识别个人身份的个人信息数据，应采取较为严格的保护规则，避免在数据利用过程中对个人权利造成侵害。再次，对比世界其他国家的主要的数据交易平台，并未构建起交易规则的实践。2014 年成立的中关村大数据交易平台在成立后发布了《中关村数海大数据交易平台规则》（征求意见稿）[2]。该平台规则就数据交易平台、交易主体、交易对象、交易形式以及争议解决等内容进行了规定。最后，网络时代对于个人信息的利用颠覆了过去隐私保护以个人为中心的思想：数据收集者必须告知个人，他们收集了哪些数据、作何用途，也必须在收集前征得个人同意，即“告知与许可”规则。在大数据时代，却是一种新的对分散的相关个人信息的“二次利用或开发”，有的数据从表而上看并不是个人数据，但是经由大数据处理之后就可以追溯到个人了。[3]

1 王融：《关于大数据交易核心法律问题——数据所有权的探讨》，大数据，2015 年第 2 期，页 49。

2 普惠金融：《中关村数海大数据交易平台规则》（征求意见稿）发布》，<http://www.lixinfortune.com/guanyulixin/xingyexinwen/xiaoejiekuan/2014-08-19/30.html>，2015 年 12 月 16 日最后访问。

3 史卫民：《大数据时代个人信息保护的现实困境与路径选择》，情报杂志，2013 年 12 月，页 156。

在线声誉系统：演进与问题

胡凌[1]

导论

“声誉”（reputation）是人类社会中重要的组成要素，大量法学和经济学文献讨论了声誉在社会治理中的作用，如何作为一种非正式机制对正式规则及其执行进行补充。[2]人们认识到，在传统社会，人际交往与合作主要发生在熟人之间，群体规模小，[3]声誉起到极大约束作用；而在现代社会，更多的合作发生在大规模陌生人之间，特别是一次合作关系，很难单纯依靠声誉机制约束不遵守既定规则的机会主义者。[4]这部分是由于声誉机制的核心是信息（特别是私人的）披露与传递。如果人们较少或不愿意披露个人信息，搜寻这些信息将成本巨大，从而使陌生人合作变得不可能；即使愿意披露，如果缺乏公开渠道和统一标准获得这些信息，持久的合作同样无法达成。这就是为什么在传统社会，声誉可以很好地起作用，却无法有效地扩展至更大规模的现代社会。从这个意义上说，在互联网产生之前，现代社会和市场经济的正常运转已经产生了对作为一项基础设施的声誉机制的需求，从而催生出我们熟悉的种种针对企业正式商业行为的认证与信息披露制度。例如，企业（尤其是上市公司）被强制披露关键信息，政府打造信用平台对企业实施日常监管，对主体登记、行政许可、处罚和经营业绩等进行披露，行业协会曝光成员的不良行为等；此外，作为现代经济的引擎，集中化的金融征信系统也应运而生。

本文将聚焦在因信息技术的广泛应用而对网络用户个体进行声誉

1 胡凌：上海财经大学法学院副教授、副院长。本文是上海哲社规划课题《商业网络推手的法律规制研究》（2012EFX005）阶段性成果。感谢戴昕、申欣旺对本文初稿提出的批评意见。

2 例如，张维迎：《信息、信任与法律》（三联书店，2003年）；施耐尔：《我们的信任》（机械工业出版社，2013年）；埃里克森：《无需法律的秩序》（中国政法大学出版社，2016年）；刘忠：“游街示众：一种治理方式的分析”，载陈兴良主编：《公法》第5卷（法律出版社，2004年）；吴元元：“信息基础、声誉机制与执法优化——食品安全治理的新视野”，载《中国社会科学》2012年第6期。

3 一个广为接受的数字是150人，也被称为“邓巴数”。

4 取而代之的是普遍适用的强制性规则——法律，而声誉也在法学家的认知中降到了从属地位，被当成一种社会规范。关于两者的关系，见波斯纳：《法律与社会规范》（中国政法大学出版社，2004年）。

评价和评分的实践，这主要是因为交易成本的降低，使大量个人成为网络活动的主体。特别是随着所谓“分享经济”的拓展，个体通过网络平台提供服务的能力增强，声誉评分演进成为一种柔性的平台自我规制手段。对大规模个体的在线行为进行追踪，并明确将声誉作为衡量人们在线活动的指标之一，这在互联网产生之前是不可想象的。[1] 信息技术带来的第二个后果是，在中国，传统上针对个人的集中化的评分系统（如个人征信系统）由国家主导，央行可以便利地从国有商业银行获得优质的个人金融信息，但信息技术便利了网络平台搜集大量用户日常行为数据，成为新型的评分服务者，特别在征信领域出现了私人企业获得牌照资质的先例。[2] 第三，尽管有其重要社会功能，在线声誉系统也会失灵，其广泛应用也带来了一系列负外部性问题，例如炒信和推手、强制隐私披露、算法歧视等信息社会中的重要议题，本文也将一一进行简要讨论。

另外需要说明的是，本文在中立和原本意义上使用“声誉”一词，而非带有道德意味的“信誉”和更为专门的“信用”，它首先不是对个体可信度的描述，而是外界通过其行为产生的基本印象和社会评价。尽管后面会涉及声誉与社会信任与合作的关系，但本文仍聚焦在一般性的声誉系统，而讨论更加专门化的信用、征信（credit）制度和社会学意义上的信任（trust）体系超出了本文的能力和范围。[3]

本文将按以下顺序展开，第二部分描述在线声誉系统在中国的兴起过程，这一过程通过各异的商业模式表现出来，但殊途同归，笔者将特别强调在线声誉系统和商业模式之间的重要联系。第三部分分别从服务提供者和用户个人的不同角度审视这一系统的负外部性：从服务提供者角度看，炒信等伴随的内生问题十分突出，而对个人用户而言，存在个人隐私披露和算法歧视问题。最后一部分将在线声誉机制置于平台责任的框架中讨论，凸显通过声誉治理的张力，并延伸到法理学上的经典问题，即声誉系统补充和替代正式规则施行的可行性。

1 这就是为什么有人称为“声誉社会”，互联网经济也被称为“声誉经济”。参见两本同主题的书：Hassan Masum and Mark Tovey (ed.), *The Reputation Society: How Online Opinions Are Reshaping the Offline World* (The MIT Press, 2012)；迈克尔·费蒂克：《信誉经济》（中信出版社，2016 年）。

2 2016 年央行《关于做好个人征信业务准备工作的通知》允许八家私人企业进入该市场。

3 关于征信制度，集中于金融学和法学研究，见尼古拉·杰因茨：《金融隐私：征信制度国际比较》（中国金融出版社，2009 年）。信任体系则是社会学和政治学上长久的话题，见福山：《信任：社会美德与创造经济繁荣》（广西师范大学出版社，2016 年）；郑也夫：《信任论》（中信出版社，2015 年）；周怡（编）：《我们信谁？》（社会科学文献出版社，2014 年）。晚近的社会生物学研究表明，信任与合作是人类的第二天性，见鲍尔斯：《合作的物种》（浙江大学出版社，2015 年）。尽管从具体信任到抽象信任的转变是现代性社会理论的重要内容，本文并不拟将声誉系统放在这一时空关系分离的框架下展开讨论。简要的讨论见卢曼：《信任》（上海人民出版社，2005 年）。

在线声誉机制的演进

1. 塑造与管理声誉的技术

在网络空间中出现塑造声誉机制的尝试绝非偶然。首先，互联网原初的匿名性架构为大规模陌生人通过社交媒体进行交往带来了便利，同样也有潜在风险。[1] 损害人们的名誉变得收益高而成本低，人肉搜索和网络施暴普遍存在，和不实言论结合在一起给普通人名誉造成损害，但纠正起来十分困难，救济成本十分高昂。[2] 人肉搜索成功的基础是受害者自己披露了大量零散信息，被网民搜集聚合在一起，脱离了原来信息生产的语境和意图。[3] 永远留在网上的信息也会给人带来永久困扰（例如，雇主会通过社交媒体审查潜在雇员的日常行为）。[4] 为解决这一问题，互联网的建议不是减少上网或自我披露，或者支持一种“被遗忘权”，而是相信网络可以自我净化，鼓励人们将有关自己的更多真实信息公开在网上与他人分享。[5] 理性地自我披露不仅迎合了社交网站的需求，也被认为是自我保护的一种方式，实名社交变得越来越常见。同时，善意自我披露释放出一种合作的社会信号，也便利了交往与合作。[6] 诸多社交媒体已经设计出允许用户管理自己社交圈子的技术，让不同的朋友看到关于自己的不同信息，这符合了传统上“差序格局”的社会心理。声誉的自我管理变得如此重要，反映了互联网服务架构设计需要在用户分享和隐私声誉之间保持平衡。

第二种声誉管理技术通过某种外在标记，衡量用户的在线使用时间和经验在网络社群中表明自己的身份。例如，在 BBS 上面，根据用户使用年限而将其划分为不同等级，从而人为地在匿名性空间中创设出等级和秩序。又例如，QQ 号码的长短反映了网民接触互联网的时间，使得拥有 5 或 6 位号码的人在心理上更加优越，短位号码也受到黑市的青睐。[7] 这一思路推到极致便是广泛搜集用户的行为轨迹，有选择地披露给其他用户，并把这种披露变成默认设置。和前一种机制不同，这种机制依赖于统计用户自身的活动数据，而非他人提供的评价。[8]

1 汤姆·斯丹迪奇：《从莎草纸到互联网：社交媒体 2000 年》（中信出版社，2015 年）。

2 沙勒夫：《隐私不保的年代》（江苏人民出版社，2011 年）；Whitney Phillips, *This Is Why We Can't Have Nice Things: Mapping the Relationship between Online Trolling and Mainstream Culture* (The MIT Press, 2016)。

3 胡凌：“信息生产与隐私保护”，载苏力主编：《法律和社会科学》第 5 卷（法律出版社，2009 年）。

4 维克托·迈尔－舍恩伯格：《删除：大数据取舍之道》（浙江人民出版社，2013 年）。

5 杰夫·贾维斯：《分享经济时代》（中华工商联合出版社，2016 年）。

6 波斯纳：《法律与社会规范》，同前注 3。

7 胡凌：“认知资本主义如何重新定义财产”，载《探寻网络法的政治经济起源》（上海财经大学出版社，2016 年）。

8 更系统的总结，见 Chrysanthos Dellarocas, “Designing Reputation Systems for the Social Web”, in Hassan Masum and Mark Tovey (ed.), *The Reputation Society*，同前注 4。

如果说前两种方式更多地侧重于互联网用户的自我管理，和传统线下的声誉管理方式类似，第三种机制结合了它们各自的特点，愈来愈广泛地被使用于侧重于经济活动的网络平台上：允许用户对服务提供者或交易活动进行评价、评分、加标签分类，并通过参与交易的元数据不断积累精细的声誉信息。尽管在线下世界对接受的服务进行评分早已有之，这一在线声誉系统的独特之处在于：首先，它利用大规模人群的广泛参与和集体协作，积累陌生人之间的交往数据和声誉记录，为未来的潜在交易提供一种更加客观的社会信号。[1] 其次，社会信号的标准超越了传统的地域性，变得更加集中化，将单纯的声誉评价转变成一个大规模统计服务质量的手段和工具，甚至是资源管理手段。第三，这一机制尤其适用于大量用户相互提供去中介化的服务，特别是难以对服务提供者事先进行资格审查和质量保证的情形。最广为人知的莫过于淘宝的评分系统了，买家和卖家都可以对交易活动评价，便利了信息对称和纠纷解决。[2] 像网络专车、短租、外卖等分享经济平台也都将这一机制作为必不可少的架构。

最后一种机制更多地和搜索服务相关。搜索引擎的本质是通过算法预测和向用户推荐他们希望看到的搜索结果，这些结果要么依据其他网站对某一网站的链接数量（如 PageRank），要么通过出售广告位或搜索关键词（如竞价排名）。通常两种方式会相互结合，将搜索引擎变成一个天然的声誉排名机制。在最近由魏则西事件导致的搜索引擎监管风波中，百度承诺“在改变竞价排名机制的基础上，纳入信誉度为主要权重的排名算法，引入了客户的信用评价模型”，将声誉评分机制作为应对不确定网站内容的手段。[3]

魏则西事件的爆发，将百度竞价排名机制推到风口浪尖。

1 通过手机为某人拉票打分似乎已经成为广泛应用的机制，诸如社会荣誉的评选、歌手在娱乐节目中的进退、甚至是网络议程设置。

2 淘宝的第三方支付功能起到担保的作用，但其本身未必能促进未来的合作，更多地适用于一次交易。类似的机制还包括强制保险和事先赔付。

3 这实际上反映了通用搜索模式的进一步衰落。关于通用搜索和专有搜索的比较，以及从资源管理角度对百度竞价排名的研究，见胡凌：“搜索引擎市场为何失灵”（未刊稿）。

传统法理学将声誉视为人际交往的社会规范，并认定隐私和声誉应当成为法律保护的重要人格权，从而忽视了声誉的生产和传播维度。[1] 按照这一经典理论，隐私和个人信息应当按照信息主体的意愿进行披露和使用，并应当尽可能避免披露（从而降低不可控风险）。[2] 从上世纪九十年代以来，通过法院事后保护名誉和隐私被塑造成个体对抗大众媒体和网络暴民的必然选择。然而，网络平台实践带来了另一种视角：借助在线声誉技术，社会主体的行为可以被大规模记录和储存，鼓励大众系统地生产、披露隐私不仅可以潜在地使互联网企业获利，只要它们以合法的形式收集和使用（通过用户协议），还可以事先预测，在整体上减少相关司法纠纷，节约司法资源。这一视角从声誉保护转向声誉管理，契合了网络平台作为信息中介的角色。

声誉从同侪之间口耳相传的短暂形态转化成基于过去的经验和做法之积累而对未来进行评估和预测的持久素材，其社会功能发生了极大变化。声誉不再是弥散在社会中的伦理观念或者多变的社会规范，而是在网上逐渐从分布式转向集中化，有可能通过一个集中化的方式进行统一管理。这一过程类似于现代民族国家统一的法律逐渐取代不同地方习俗的过程，在线声誉成为约束力强的“软法”。[3] 传统的声誉在网上仍然存在，人们也依然在意，但新系统的存在迫使声誉不断再生产出来，形成一种无形的压制性权力，人们要做的不再是掩盖和隐瞒，而是主动迎合与披露。声誉评分和数据挖掘可以精确识别用户的身份和偏好，向用户推荐更具有歧视性的服务。用户得以被更加精确地监视和记录，声誉评分被塑造成内嵌在消费主义的一个更加精细的技术手段。[4]

2. 在线声誉系统如何起作用

如上所述，在线声誉系统设计对维护在线社区的秩序和交易管理不可或缺。有必要基于经验进一步分析声誉系统如何在微观上起作用，约束人们的行为。以下是一些经验性要点。

（1）评分必须公开，让潜在的交易者和合作者易于看到，以形成直接的声誉压力；

---

1 胡凌：“信息生产与隐私保护”，同前注 9；Eric Goldman, “Regulation Reputation,” in Hassan Masum and Mark Tovey (ed.), *The Reputation Society*, 同前注 4。

2 Alan F. Westin, *Privacy and Freedom* (Ig Publishing, 2015).

3 在一些领域，声誉评分与信息披露已经被监管规则强制要求，见《网络预约出租汽车经营服务管理暂行办法》第 19 条，《网络借贷信息中介机构业务活动管理暂行办法》第 31 条，《网络食品经营监督管理办法（征求意见稿》第 26 条。关于软法的一般理论，见罗豪才、宋功德：《软法亦法——公共治理呼唤软法之治》（法律出版社，2009 年）。

4 通过社交媒体对免费劳工进行大规模监控是传播政治经济学上的热门话题，在此无法引申，参见 Christian Fuchs (ed.), *Internet and Surveillance: The Challenges of Web 2.0 and Social Media* (Routledge, 2011)。

（2）评分需要匿名，以便激励用户评分，非匿名方式容易给评价者带来骚扰和压力；[1]

（3）在平台政策设计上对交易主体施加间接压力，使其意识到声誉不佳同样会导致减少未来交易与合作机会，例如评分较低的商家无法参加促销活动；

（4）评分反映主体一段时期内的活动状况，而非短期活动，从而更加稳定和可靠；这意味着允许人们犯错并做出可见的改进，少数不当行为不会影响较长时间段的累计评分；

（5）评分和语言、图片评价结合在一起，使其他参与者得以观察细节，避免误会和评分分值的模糊。相伴随地，点评内容也越来越成为宝贵资产；[2]

（6）与基础身份信息的认证和基本信息披露相互补充。一般而言，实名制用于事前威慑和事后追责，但无法对网络交易和行为给出适当预期；基本信息披露无助于反映实时动态信息。人们的活动痕迹记录和他人的评分、意见等衍生信息即可起到补充作用；

（7）根据大量的交易行为将人的不当行为具体化和类别化，形成统一的规范，[3] 并通过一个复杂的算法加以计算；

（8）通过用户协议获得用户许可，内容上强调搜集用户的信息用以改进服务，并提示风险；

（9）资源的封闭与开放。和实名制起作用的方式类似，封闭社区和有限资源平台上的声誉机制更容易起作用。[4] 声誉在开放平台上是否能替代质量控制仍然是一个疑问，特别是交通和餐饮等涉及人身安全的行业。[5]

1 但和实名制的实践类似，匿名评论容易出现推手和虚假评论，还需要更多实证经验验证实名/匿名的效果。

2 例如，大众点评和爱帮网的纠纷（2012年），大众点评和百度地图的纠纷（2015年）。

3 戴昕、申欣旺：“规范如何落地？”（未刊稿）。

4 关于实名制成功的经验，见胡凌：“中国网络实名制管理：由来、实践与反思”，载《中国网络传播研究》第4辑（2010年）。

5 Benjamin G. Edelman and Damien Geradin, “Efficiencies and Regulatory Shortcuts: How Should We Regulate Companies like Airbnb and Uber?” available at SSRN: http://ssrn.com/abstract=2658603.

3. 社会功能与实际效果

在线声誉系统无论作为社区交往工具还是经济资源管理手段都具有相当的优越性。首先，它帮助塑造更加细致的交易规则，确保不当行为的透明性和公开化，改善了传统社会中的信息不对称，[1]这无疑便利了大规模主体的交往互动，提升交易安全水平；其次，它以低成本将私人信息汇总至一个相对公开的平台上，做到了相关知识的标准化，并有能力不断动态地加以调整，同时据此预测主体的行为，将越来越多的市场纳入同一个声誉基础设施；再次，它帮助主体积累社会资本和信用记录，提升了未来社会交往与合作的能力，在整体上推动陌生人之间的信任与合作，特别是基本信息披露变得成本高昂的时候；最后，在线大规模群体的快速交易与互动伴随着大量风险和不确定性，声誉机制（事前和事中）和在线纠纷解决机制（事后）[2]应运而生，一定程度上解决了传统法律无法及时应对的众多问题。[3]

信息中介对良好信息机制的需求不尽相同，对经济性平台和非经济性平台的区分更有利于我们理解这一点。经济活动目的单一明确且涉及财产安全，这样的平台往往采取更加严格的标准，例如实名制和产品信息强制披露，也更容易被用户理解和接受；但非经济性平台更倾向于利用用户之间的柔性规则进行自我规制，实名反而是良好社交秩序和需求的一个副产品而非原因。[4]如果声誉能够起到弥补信息不对称的功能，一般而言也是一种弱信息披露方式。下表针对一些常见的网络平台进行了大致分类：

	经济活动平台	非经济活动平台
强信息披露	网络专车、个人征信、淘宝	职场社交平台、婚恋网站
弱信息披露	大众点评	Wikipedia、BBS、微信

即使在纯粹经济活动平台上，声誉评分的效果也不尽相同，可能影响精确度的因素有：首先，在一些市场会形成富者愈富的效果，在个体服务差别不大的情况下，评分优于他人便可能赢者通

1 Adam Thierer et al, "How the Internet, the Sharing Economy, and Reputational Feedback Mechanisms Solve the 'Lemons Problem'," *University of Miami Law Review*, Vol. 70, No. 3, 2016.

2 甚至是事后纠纷解决有时也依赖于事前的评分积累（作者在阿里巴巴的调研访谈）。

3 其他的社会自发机制包括职业打假人等，后面提到的网络推手某种程度上课程看成是对评分机制的反抗。

4 从 Facebook 和微信的发展来看，实名社交需求越来越强烈，主要原因是线上圈子和线下圈子逐渐融合，人脑无法同时记住几百个好友和几十个朋友圈的两套命名系统。据说阿里巴巴员工在花名使用上也遇到了困扰。

吃，这提供了刷排名的初始动力。其次，在提供非个人化服务的市场中，服务水平差别不大，一般用户出于好意都会给予满分（通常是 5 分），这种做法无法精确反映现实状况，并且对少数被偶然打了低分的服务提供者产生了明显的排斥作用。[1] 再次，评分无法完全替代服务信息披露，特别是涉及普通消费者无法辨识的广告和产品安全信息等专业内容，如果评分只能用于那些难以标准化的披露成本高昂的信息（如服务态度），就不能指望这种机制起到更大作用。[2] 如果有其他渠道强制进行信息披露，评分机制就会被削弱。最后，某一领域的声誉评分可能会被不当地应用至其他领域，特别是通过经济交易积累的征信记录被用于其他非经济领域（如职场社交），出现无法预料的社会问题。正如后两节专门强调的，一旦将声誉变成重要的约束机制，就会出现两种情况：人为刷积分排名的行为，以及依据不完全信息作出的不公平决定。

声誉系统的失灵：炒信与歧视

1. 从网络推手到炒信

如上所述，声誉系统的主要功能之一是为优质服务提供保障，但这取决于真实信息能够有效地披露和生产。如果声誉系统失灵、信息失真，则无法实现秩序和资源的维护，造成市场混乱。因此一个二阶问题便是追问确保真实信息生产的有效机制是什么。首先，人们并不会积极主动地贡献真实信息，由于平台倚重声誉治理，甚至直接和交易者的经济利益挂钩，这导致了交易参与者有动力通过推手、炒信等方式追求虚假声誉和排名，甚至成为有组织的非法活动。阿里自己的研究也把平台信用、主体虚拟化和评价体系认定为炒信现象出现的三大原因。[3] 其次，从声誉的制裁性看，在线声誉的影响力要远远大于传统声誉，将细微的关于不当行为的不同认知放大，以至于简单的评分都可能造成严重影响，被永久留在网上，直接影响未来的合作，这也鼓励了交易参与者通过其他方式“作弊”调整评分。[4] 另外，评分的行为由大众集体参与，大大提高了

1 Tom Slee, *What's Yours Is Mine: Against the Sharing Economy* (OR Books, 2016).

2 相关的讨论，见 Benjamin G. Edelman and Damien Geradin, “Efficiencies and Regulatory Shortcuts: How Should We Regulate Companies like Airbnb and Uber?”，同前注 25。

3 聂东明：“解密炒信之一：互联网领域的灰黑产业链”，载 http://www.aliresearch.com/blog/article/detail/id/21022.html。

4 更加详细的说明，参见王琼飞：“数据作弊：大数据时代的法律空白与规制”，载“互联网法律沙龙”微信公号，2016 年 9 月 27 日。

瑕疵行为被发现和惩罚的概率。由此可见，声誉制裁的后果和被发现的概率要远远高于违反线下法律的情形，提供了交易参与者铤而犯险的强激励。

网络推手是与中国互联网发展相伴的现象，早期的网络推手集中在BBS和社交网站中，他们混淆了商业推广和普通言论，对公共领域健康发展有负面影响。[1]一旦和有组织的网络水军相结合，在线声誉机制的功能就会出现异化，无法反映真实准确的信息。推手的存在提出了声誉机制在多大程度上能够反映真实、其运行成本有多高昂的问题。由于声誉系统意在管理和优化大规模网络群体交易，提供合适的激励进行正当的行为，而推手行为恰好来自于需要被声誉机制驯化的有组织的大众，那么我们就应当把推手看成是声誉系统的内生因素而非外生因素，从而客观地看待这一非法现象的生成和运作。

在如下市场中都出现了广泛的推手和刷单现象，它们和在先的声誉机制密不可分。

（1）淘宝上存在大量恶意差评师、删差师和网络交易信用欺诈行为；[2]

（2）搜索引擎、应用程序商店长期被搜索引擎优化（SEO）和作弊行为困扰，因为集中化的系统会产生富者愈富的结果。随着搜索引擎越来越成为信息资源的入口，这一行为愈演愈烈。同时，竞价排名是平台变现的需求，依靠自然算法得出的搜索结果逐渐被竞价广告与推广取代；

（3）微博上充斥着众多虚假评论和僵尸粉，它们被虚假账户操控，帮助创制虚假流量，甚至可以引申到机器人粉丝。值得注意的是，僵尸粉不仅对网络大V有利，也对初创网络平台吸引广告有利；

（4）为了获得高额补贴，有专车司机刷单，制造虚假抢单；

1 吴玫、曹乘瑜：《网络推手运作揭秘：挑战互联网公共空间》（浙江大学出版社，2011年）；胡凌：“规制商业网络推手：理由、行动与逻辑”，载《法商研究》2011年第5期。

2 杨立新等：“网络交易信用欺诈行为及其法律规制方法”，载《河南财经政法大学学报》2016年第1期。

（5）推手已经成为非常成熟的产业，有从制造黑色账号到粉丝交易的一整套流程与合作平台。[1]

推手现象是新经济兴起过程中出现的负外部性之一，受到政府和企业越来越多的关注。多数网络平台有动力通过技术措施打击推手，例如搜索引擎公司会调整算法、网络平台通过技术手段进行识别，从生态环境上改变推手的行为预期。[2] 在法律上，推手行为不仅可以被认定为诈骗，更涉及到一系列民事与行政责任。和网络诈骗一样，借助信息技术和具备网络组织特点的推手行业仍然需要公共机关和私人进行合作治理，网络平台的优势是信息更加对称，可以向政府部门提供证据线索和解决问题的思路。尽管地方政府针对推手和刷单平台通过专项整治进行打击，但总体而言，立法上尚难以应对有组织的炒信推手行为，行政处罚的数额也远远低于刷单获利金额，无法起到威慑作用。

2. 算法歧视

在互联网时代，大量个人信息被引诱“自愿地”披露出来，吸纳到一个公开的信息评分机制中。[3] 反过来，通过分析个人使用和消费数据可以更精确地提供推广和预测，鼓励用户生产评分标准希望他们生产的隐私，隐私在这个意义上被不断再生产出来，成为填充网络机器运转的生产资料。为实现这一目的，互联网正在塑造个人信息反向强制披露的架构，声誉和隐私也必然从传统的两方关系转向第三方评估为主。[4] 这一架构将更多的公开的信息转化为可以量化计算评估的分值，从而更加精确地判断用户在一段时间内的整体情况。传统上这只能由征信机关和保险机构来完成，并集中在和经济活动相关的领域，目标是衡量个体的财务偿还能力。而在网上这一做法不仅催生了积累大量个体交易数据的私人征信机构，成为新型基础设施，更迅速扩展到更多可收集到数据的领域，广泛用于各类服务评价。

反向强制披露和导致网络推手的原因如出一辙，一方面平台可以根

1 聂东明：“解密炒信之二：刷单的成因与防范”，载 http://www.aliresearch.com/blog/article/detail/id/21037.html。

2 聂东明：“解密炒信之三：外在与内生规则的治理”，载 http://www.aliresearch.com/blog/article/detail/id/21038.html。

3 戴昕：“自愿披露隐私的后果”，载《法律和社会科学》2015 年第 15 期。

4 关于隐私的关系理论，参见 Daniel J. Solove, *Understanding Privacy* (Harvard University Press, 2009)。

据搜集到的个人信息加强对个体用户的控制和预测，另一方面如果存在信息失真，则会造成大规模隐性歧视，给他们的生活和工作带来根本性影响。[1] 信息失真可能由两种原因造成，一是不断搜集到的非结构化数据无法很好地转变成结构化数据，从而造成某些信息链条的缺失；一是即使信息准确完整，对某人了解越多，个人化的服务和“回音室效应”就越明显，从而减少了其他交易机会，剥夺了他们参与其他平台活动的可能性。[2] 同样地，评分的偏向性和歧视性内生于这一系统，这一做法的更进一步好处便是减少消费者剩余和生产者剩余，为平台攫取更大价值。[3]

和理性的商家寻求推手帮助一样，理性的用户一旦了解声誉机制的算法，就会故意隐瞒真实信息，制造虚假的算法信息，不断与算法展开博弈，寻求自身利益最大化。这一逻辑推到极致便是，人人都将成为有策略的声誉管理者，尽管事实上并非如此。对更多的人而言，评分系统可能产生一系列困扰。首先，不同的评分服务基于不同的服务和数据产生，是针对用户生活某一侧面的过度反映，很难设想这些基于片面数据得出的评分会完整反映和评价个体的工作和生活。其次，对因数据质量产生的问题缺乏有效的救济方式，评分的充分性无法在短时间内得到检验和挑战，只能作为一种服务不断改进。再次，我们很快将见证一个评级滥用的世界，和个人信息被不受约束地倒卖一样，消费者无从知道谁在对自己进行评分，对于用户数据的存留期限、使用方式、挖掘的后果等更缺乏详尽的法律约束。最后，和其他社会性歧视类似，一个领域的声誉积分可能会被不加告知地应用至另一个毫不相关的领域，产生比传统上罪犯歧视、性别歧视、地域歧视更大的危害。

公平性将一直成为声誉评价机制的内在问题，如果网络平台希望这一机制发挥更大作用的话。作为黑箱的算法因为秘密安全的理由无法披露，即使披露也很难评估其社会后果，但仍可以尝试通过增加数据使用透明度加以改观，特别是由用户参与决定自己的信息可以被使用的方式和程度。在多大程度上对日常评分的监管可以适用个

1 弗兰克·帕斯奎尔《黑箱社会》(中信出版社，2015年)。

2 关于回音室效应，参见 Cass R. Sunstein, *Republic.com 2.0* (Princeton University Press, 2008)。互联网越来越成为一个算法主导的封闭世界，不同观念的交流变得日益困难，用户在网上得到的不过是机器经过预测向他推送的类似信息而已，这使得他们在心理上感到无比舒适。

3 Anna Bernasek and D.T. Mongan, *All You Can Pay: How Companies Use Our Data to Empty Our Wallets* (Nation Books, 2015).

人信用评级的高标准是另一个复杂的问题，这涉及到评级标准、执法能力、社会后果评估等政策考量。[1]

在线声誉机制的未来

网络时代的声誉性质发生了变化，在社会规范的属性之上转向对流动性资源的管理手段，并得以通过技术措施在超越传统产业组织的更大范围内起作用。[2] 传统的声誉机制仍在起作用，只是网络平台在探索新商业模式时将这一机制加以创造性利用，使之与降低了的技术成本和不断增长的交易与合作机会相适应。[3] 在这个意义上，本文对于在线声誉系统作为一种抽象信任技术的初步讨论不仅仅延续了声誉的社会学和法学研究，更是对网络世界治理机制的探究。由此可以看到网络空间中权力运作的微观层面，理解平台如何将人类社会常见的社会集体心理转化为可执行的准规则，以及这一实践背后强调“自我规制”、反对政府过度规制的政治经济动力。依靠社会性审查的声誉机制无疑降低了平台实质审查义务的成本，将中心化的信息披露转变为中立的声誉标准和规则制定者，这也会多少推动当下不断高涨的呼吁加强平台事前和事后责任的学术和政策讨论。[4]

更进一步，在线声誉机制的出现也是现代社会整体上“量化自我”进程的一部分，声誉和个人信息终于从主体身上剥离开来，变成不受自己控制的自我监控的外在手段，而“网络社会”只有靠这种外在压力才变得可能，网络社群的伦理自主性不断受到压制。这提出了评分机制和像区块链这样的信任技术是否能够促成一种新型“合作与信任架构”的疑问，有待进一步观察。[5]

未来所有的组织都可能是一个声誉搜集和管理的平台主体，从这个意义上说，本文的真正主题从“在线”转向了“储存”和“计算”。“在线”不过意味着可以实时动态地反映更真实的意见而已，但更为重要的是处理这些意见的方式。在线声誉系统无疑为传统社会治

1 一个初步讨论，见 Frank Pasquale, “Reputation Regulation: Disclosure and the Challenge of Clandestinely Commensurating Computing,” in Saul Levmore and Martha C. Nussbaum (ed.), *The Offensive Internet: Speech, Privacy, and Reputation* (Harvard University Press, 2011).

2 这是“代码就是法律”的另一个注脚，见 Lawrence Lessig, *Code Version 2.0* (Basic Books, 2006)。

3 胡凌：“非法兴起：理解中国互联网演进的一个框架”，载《文化纵横》2016 年第 5 期。

4 这一主张认为，应当在知识产权、产品质量、广告等领域强化信息披露义务，具有信息优势的平台应当进一步履行审查义务。

5 Don Tapscott and Alex Tapscott, *Blockchain Revolution: How the Technology Behind Bitcoin Is Changing Money, Business, and the World* (Portfolio, 2016).

理的转型提供了新视角和方法，从所谓“数据库国家”开始，信息技术已经对现代国家治理产生重要影响。[1] 本文主要集中在互联网平台和用户之间的关系，未来有必要进一步探讨新型治理模式对国家的启示。[2]

最后，声誉系统看上去是一个低成本系统，但仍然需要精确设计，并考虑到对平台上交易主体产生的影响，否则其负外部性会使得产生的社会成本在其他地方表现出来。和其他现代化的信任基础设施一样，网络声誉机制和征信记录本身也会失灵，需要其他治理手段协同治理。随着网络平台的不断成熟，相互竞争的声誉系统会出现更多值得研究的新问题，需要更多的经验材料加以验证。

1 欧树军：《国家基础能力的基础》（中国社会科学出版社，2013 年）。

2 例如，Lucio Picci, *Reputation-based Governance* (Stanford University Press, 2011)。本文并不想把研究意义简单引申到国家对网络舆论的管控和引导上面，因为无论是治理系统还是被治理的对象的复杂性都是呈指数级增长了。

一般演化框架下的“涌现”与合作秩序[1]

刘业进[2]

目前，涌现现象和涌现概念正在引起更多的重视。如果经济学的确存在范式转换的话，新范式中必将有涌现概念的一席之地；如果未来有可能形成一个统一的社会科学分析框架的话，涌现概念必将是其中重要的核心概念。涌现是一个过程黑箱，其结果或者说稳态就是呈现出来的相对下一层级的宏观有序，我们称之为秩序。对这种秩序的测度，又被称为复杂性。但是，涌现其呈现出来的秩序存在表达困境，它甚至一直困扰着晚期以来思考复杂现象的哈耶克。

什么是涌现？从演化生物学、复杂系统科学和演化经济学的表述中，我们可以略见其端倪。最为成熟的涌现概念出现在生物学中。恩斯特·迈尔（Ernst.Mayr，1990，43）指出，涌现概念往往用于生命、意志和意识等复杂现象中，它是系统的一个特征，即整体的特征不可能（理论上也如此）由构成整体的部分来推断，即使对每一部分或其局部不完全组合的特性已完全研究清楚也是如此。这种整体中的新特征的显露称为涌现。迈尔指出，其实涌现概念同样可沿用于无机系统中（如水，晶体），而现代物理学也越来越接受涌现思想。认知科学和心智理论家汤普森（Evan Thompson，2007，352）认为没有充分理由独立于特定解释背景来寻找单一而简单的涌现概念，基于认知科学背景，涌现性（P）是指从复杂网络（N）组成部分间的非线性动态涌现过程（E）中呈现，P 和 E 并非由 N 的组成部分的内在特征决定，其中涌现机制由三个核心命题构成——非线性动力学（原因结果不对称，不能简单归因）、

1 本文获得北京社科基金重点项目”涌现秩序视角下的网络舆情生成、传播和演化机制研究”（15KDA004）以及“北京市属高等学校高层次人才引进与培养三年行动计划——青年拔尖人才培育计划”资助。

2 刘业进：首都经济贸易大学城市经济与公共管理学院副教授。

全局到局部的影响（下向因果）、关系整体（近可分解性）。以桑塔菲研究所（SFI）为代表的复杂性科学研究无疑十分重视涌现性研究，其代表人物之一霍兰（John Holland，2006，231—237）全面描述了涌现现象和涌现性。涌现的本质是以小生大，由简入繁。涌现现象出现在生成系统中，生成系统中整体大于部分之和。典型的涌现现象是组成部分不断改变的稳定模式，稳定模式的功能是由其所处的环境来决定的。更高层次的生成过程可以由稳定性的强化而产生（如哺乳动物和头足动物眼睛的起源）。经济学家中哈耶克把性质上不同于纯粹物理现象的一类，如生命现象、精神现象和社会现象称为复杂现象，在这些现象中，因为相互之间存在简单关系的要素之数量增加而引起自我维持的新模式的涌现，这意味着这个更大的结构作为一个整体具有某些普遍或抽象特征，（整体的普遍或抽象特征）独立于个别要素的具体数量而反复出现，因而这个整体成为理论解释的明确对象（哈耶克，2003，499-500）。哈耶克特别指出，统计学并不适合处理此类复杂现象，因为统计学的前提其处理素材可以被同质化加总处理，并且不必处理元素间的互动和联系，也就是"通过消除复杂性来处理大量数据"。经济学家中，西蒙（Herbert Simon，1962）持有一种涌现的"弱解释"，即涌现意味着复杂系统中组分的相互关系在这些组分相互孤立时是不存在的。涌现的弱解释原则上坚持还原论，具体方法是在复杂性的每一连续层次上构建近似独立性理论和中介理论，以说明每一较高层级怎样用较低一层次上的组分及其关系来解释。西蒙提出，复杂系统都具有"近可分解"的层级结构，其中高频动态过程一般与子系统相关，而低频动态过程与较大系统相关。由此我们得以探究涌现"黑箱"。

"一般演化框架"的提出

就"最大化假设"对新古典主流展开的批评，受到弗里德曼、阿尔钦、斯蒂格勒等的强有力辩护。然而，来自另一个方向的批评——对中心议题的设定、认识论和方法论基础乃至基本分析范式的挑战，新古典主流至今缺乏有力回应。新古典框架的资源配置范式完全忽略了“合作剩余”和新产品（以及新的技术、组织、制度）创生议题。这一新方向的批评来自各种非主流学派、新古典内部、跨学科研究，它们正在形成一种新范式，我们称为“一般演化范式”。

对研究对象本身性质的界定直接影响到研究所采取的认识论和方法论，并进而影响到中心议题的设定。经济学的研究对象是经济系统，而经济系统是一类具有非线性特征的典型“复杂现象”，即伴随着多主体互动和涌现性现象的复杂系统。这种复杂现象发生在生命现象、精神现象、社会现象领域，而经济系统从属于社会现象。在进化的阶梯里，这里所谓复杂现象是针对的物理、化学现象而言的，但是并不是说物理和化学现象简单，而是从物理化学现象领域进入生命现象、精神现象、社会现象领域，后者基于前者，且复杂性的增加是显而易见的。不仅如此，复杂现象以及复杂现象中的子系统中的变量并不是给定的，且变量间的因果关系具典型的“多因多果”特征，而自然科学家在解释自然现象时则可以建构一些单因单果的链条（汪丁丁，2011，2）。例如经济学中能够写出费雪方程这样类似自然现象中因果变量间关系的方程 $MV=PT$，该方程式仅在抽象的理论概念上说了一个经济体中的物价水平（P）在短期中由名义货币数量（M）决定，给定短期中货币流流动速度（V）和产品交易量（T）都接近常数。该方程式中变量并没有唯一的操作性定义，例如一般物价水平 P 的测量取决于所选取的代表性商品篮子及其权重，而交易量 T 更是无从做准确的、可验证的测量，特别是考虑到当前互联网金融兴起以后。更根本的问题是，实际测量的数值与变量的定义并不一致，于是基于在这种含义并不明确的变量之间建立决定论式的因果联系是不现实的。

任何模型都允许对研究对象进行抽象，但是，对复杂现象进行研究的模型，如果进行抽象时抹去了其根本特征，我们就不能达到模型的目的。例如，多样性是复杂现象的基本特征，如果模型以代表性产品、代表性企业、平均价格来研究产品、企业和价格机制就抹去了复杂现象的基本特征。哈耶克在论统计学并不适用于复杂现象研究时谈到，统计学是通过消除复杂性来处理大量数据的，它有意识地把它所计算的每个要素，看成它们之间仿佛没有系统地相互联系在一起。……他的工作假设是只要掌握了一个（元素构成的）集合中的不同元素出现的频率就足以解释这种现象，而元素间相互作联系的方式的信息是没有必要的（哈耶克，2003，503—504）。但是我们知道，经济系统是那种介于数目极大和数目只有简单几个之间的复杂系统，只有处理数目极大的系统，如理想气体的压力和温度时，我们不需要关注分子之间作用方式的信息，那种对经济数据予以同质化和加总处理的方法恰如物理学中的理想气体模型研究方法——经济系统不是理想气体中数量分子构成的系统，这里出现了研究方法与研究对象匹配上的错置。

作为复杂现象的经济系统具有如下不能在模型设定中予以删除和简化的基本特征:（1）系统组成元素是“行动主体（agents）”，其特点是能够感知来自环境的信号并作出反应行为，且具有目的性。（2）主体数量巨大且具有多样性。（3）主体间联系具有非线性和非对称性（由非线性的存在导致系统具有非决定特征）。（4）行动主体具有学习和适应进化行为（范冬萍，2011，61—64）。对具有这些特征的复杂现象展开研究的的认识论和方法论不同于物理化学现象。对此，“我们需要把激发了新古典研究纲领的经典物理学决定论思路扭转到非目的论、非决定论的演化思路上来，当把焦点集中到非均衡系统演化过程中的创造性和开放性上面来时，其主旨是“未来不是给定的，而是一个被创造出来的、不断拓展的过程”（James M.Buchanan,Victor J.Vanberg,1991）。一个一般的演化框架因其抽象性而对社会科学、生物科学和物理化学科学中的演化都是适合的，但具体应用则需要在具体的学科背景中区别，如其中的选择单位，复制机制和变异机制都各有其具体内容。在所有这些处理对象的性质差异极大的系统中，涌现性都“不是在终极的、比喻的意义上说的，而是在重要的实用意义上说的，即已知部分的性质和它们相互作用的规律，也很难把整体的性质推断出来”（Simon，1962）。

显然，演化范式在基本假设和基本方法论上挑战了正统框架。新范式“有别于那些寻找类型和层次的思路，这种思路把微观多样性和差异性看成是可以忽略的偏差，并通过分类和加总抹平它们，……（新范式中）微观层次的变化和个体差异驱动着演化过程；它们是演化过程中‘创造性’的关键来源（James M.Buchanan，Victor J.Vanberg，1991）。”

同质化、平均化处理系统构成元素，还是一开始就将系统构成元素的差异和多样性视为分析起点，是均衡视角与演化视角的重大差异，前者的认识论和方法论对应目的论和决定论；后者对应非目的论和非决定论。以此关照新古典框架的一般均衡概念，达到一般均衡的完全竞争恰恰是一个同质化、平均化的产品和要素世界，而一般均衡状态恰恰是一个决定论的终局状态，在这种状态下，错误的资源配置全部消失。特别是，隐藏在一般均衡状态背后的是一种决定论视角，即给定经济数据中存在一个唯一的、客观存在的最优资源配置方案，不管搜寻这个方案要多久，但这个客观的资源配置方案是存在的，因此事实上一般均衡是一种时间可逆的、没有真实选择和历史发生过程的状态。毫不奇怪，在新古典主流分析框架中没有企业家、没有新产品、没有时间，没有真正的选择和竞争，因为决定论视角从一开始就通过假设删除了它所处理对象的关键要素，就像一幅城市交通地图竟然没有道路。

如果把演化本体的定义不局限于生物学意义上的基因、有机体个体和种群，而是扩展至技术、组织中的“惯例”、组织、产业和民族国家；变异的定义不局限于生物学基因变异，而扩展到文化基因变异；把选择不局限于基因频率根据其显型的适应度进行调整，而扩展为文化基因频率的调整，那么，我们就在一般范式的意义上定义了演化，所谓“一般演化范式”。

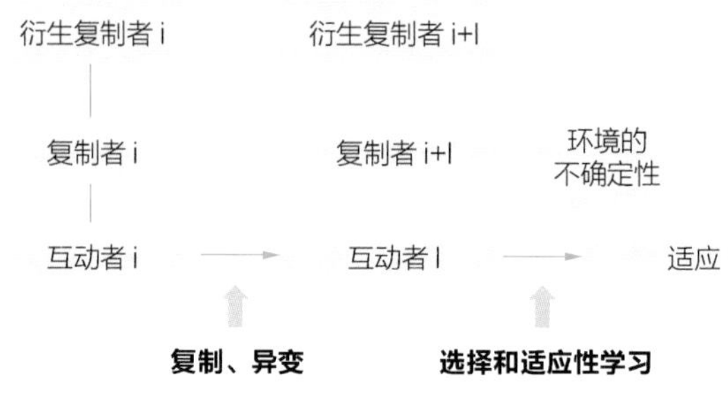

图1　一个一般演化范式的分析框架

说明：图中相关概念在演化经济学中已有共识，但其中关于“衍生复制者”，由 G.M.Hodgson,T.Knudson(2013，111—2) 给出，衍生复制者是物质结构，它含有能被包含特定环境信息的输入信号所激活的结构机制或程序。这些机制能够产生深一层的指令，这些指令从一个衍生复制者到它们的相关互动者以引导其发展。一个衍生复制者必须满足一下四个条件：因果内涵；相似性；信息传递；条件衍生机制。在达尔文演化框架中，选择环节单指消极意义上的“自然选择”，考虑文化演化介入以后的新情况，我们结合弗罗门的研究加入了“适应性学习”。

任何复杂系统都表现为层级结构，同时任何复杂系统都是演化的，二者其实是观察者对同一现象的两种不同视角的描述，前者是状态描述，后者是过程描述。

对涌现的状态描述：层级结构

复杂系统都呈现嵌套的层级结构（即复杂系统由次级诸子系统构成，而次级子系统又由更下一级诸子系统构成，如此还原一直到微观物理层次，截取层级片段依照研究对象而定），其原因是这种层级结构使系统在演化中具有时间上的优势。层级结构是复杂事物的“建筑师”使用的主要结构方式之一（Simon,1962）。

经济系统中层次结构表现为从个体、企业惯例、企业、产业、企业间分工结构 和整个经济系统。

复杂系统的层级结构是系统进化过程中涌现出来的，通过对系统层级结构的刻画，我们可以从空间维度探知涌现性本身。

1. 西蒙的钟表匠模型

西蒙（2004）的钟表匠模型简要阐述了层级结构如何加快了复杂系统的进化，促使其有效复杂性程度的提高。钟表匠模型的核心思想是，简单元素进化成复杂形态所需要的时间关键取决于潜在的中间稳定形态的数目与分布。

西蒙的钟表模型表述如下。

假设 1：由 K 个零件（元素）构成一只钟表，这只钟表可以视为 K 个元素在一个特定空间体积中的共存。

假设 2：除非钟表被装配完成，否则在另一零件加入之前，已进去的零件以不变概率 P 解体。

假设 3：K 个零件由多层次嵌套构成最终的钟表，每一个层次上的广度为 s.

那么，一个组件完成装配的时间 t，装配由 n 个原件组成的系统的时间为 T，

其中 l 为正比例系数

其中 m 为正比例系数

模型解释（HeRbert Simon,1962）:

（1）复杂系统均是层级结构的而不是“全联接的”，层级结构是复杂事物的“建筑师”使用的主要结构方式之一。搭建层级结构的“砖块”是“稳定的中间形态”。

（2）稳定的中间形态（stable intermediate forms）的存在极大加速了系统进化，提高系统的“有效复杂性”。系统迅速进化的潜在优势在于，由一组稳定的子系统构成复杂系统，每一子系统的运行与其他子系统内发生的详细过程几乎无关，而主要受净输入和其他子系统的产出的影响。

（3）由稳定中间形态构建的层级系统是“近可分解的”（near decomposability）。近可分解性定理：近可分解系统中，单元子系统内部作用力强于单元子系统之间的作用力。单元子系统的短期行为与其他单元子系统的短期行为近似无关。系统中高频动态过程与子系统相关；低频动态过程与相对较大系统相关。长期中，任一单元子系统的行为仅以总体的方式取决于其他单元的行为。

（4）系统进化是一个试探性问题解决过程，试探性问题解决过程又表现为一个自然选择过程。在解决问题的过程中，那些反映了趋近目标之显著进展的局部结果，起着稳定组件的作用。人类在不确定性环境中的问题解决过程，都是反复试验法与选择的不同程度组合。选择性的来源于，记录下的已有探索的各种路径的信息，以及稳定的中间形态存贮的信息。

2. 企业作为“稳定的中间形态”

与自然科学相对照，解释和经济和社会现象的特殊性在于，经济社会现象的参与者是和解释者一样的人类个体。自然科学所处理的对象独立于解释者，解释者在现象之局外。社会科学研究所处理的对象最终不可能独立于观察者，一种诉诸内省的方法总是伴随着解释者的陈述。但是这并不是说，社会科学的解释完全不能诉诸某种外部观察法，例如“有限理性假设”就是有外部观察法特征的一种人类行为条件假设。解释企业有两种分析视角，根据引入外部观察程度的不同，一种是内省观察法，一种是外部观察法。外部观察法，按照我们的理解，是一种具有演化理论特征的解释进路。

新古典正统理论旨在寻找一个资源配置优化的终态条件，因而没有、也不打算建立自己的企业模型，因此企业在新古典理论中是一个转换器，一个抽象的生产函数，一个无需研究其内部的黑箱，其通常简化表述为 q=F（k,l）；在宏观经济学中用特定的函数形式拟合，如科布—道格拉斯函数。新制度经济学和演化经济学试图为解释企业的存在、揭开企业黑箱。科斯提出，企业的性质在于企业中权威命令对市场的替代，因为这种协调机制相对市场交易有成本优势（Coase，1937）。德姆塞茨和阿尔钦则看到企业科斯并没有解释的，即究竟是什么突出特征使得企业比市场有效率（或市场所不具有的功能）——这是正统边际分析所不能解释的，那就是“团队生产”——具有技术上的不可分性，以及投入的要素集合中某一方处于中心位置。团队生产的参与者分享合作剩余会产生偷懒和监督问题，这一问题通过企业家执行监督以获得合作净剩余来解决，当控制者被赋予剩余索取权，就诞生了古典资本主义企业（Alchian and Demsetz，1972）。阿尔钦和德姆塞茨的洞见在于看到了企业采取的团队生产的涌现性，即技术上的不可分性。显然，这是一种外部观察法的解释。

威廉姆森沿着科斯的道路发掘，进一步精致分析交易成本在解释企业中的作用。在我们看来，威廉姆森引入的两个假设极其重要，机会主义和契约中的有限理性假设（Williamson，1985；1991）。这两个假设在一定程度上具有外部观察法特征，而不是完全诉诸内省的观察法。正是由于有限理性，企业合约不可能完全，企业因此是一个不完全合约，“剩余”决策权有必要交给一个特定主体，企业由此诞生。人类行为的机会主义特征和资产专用性现象的结合产生纵向一体化的必要，也不是一个完全内省观察的解释，我们可以把人类的机会主义行为理解理性因素介入到演化进程中来以后进行联合生产而产生的新困境，这样机会主义和资产专用性的联合解释也具有外部观察法特征。

一种直接诉诸自然选择解释理论由詹森（1983）和阿尔钦（1950）提出来。阿尔钦诉诸差异化生存也就是自然选择来捍卫新古典的最大化假设，但是这篇重要文献不仅体现在方法论上，也对企业的解释提供了重要洞见。在一个竞争性条件下差异化生存淘汰那些没有实现（要素、技术、组织形式以及其他因素）优化的企业。这是典型的外部观察法。阿尔钦用演化分析取代边际分析，其中非人格化的市场竞争力量、被动接受、主动适应参与其中，但最终塑造经济系统成为现在这样的是市场竞争性力量。阿尔钦明确表示，对于最大化假设而言个体动机和远见并不是必要的。市场竞争力量保证那些实现了正利润的企业将存活下来，而亏损者消失。这是一种“排除法”企业理论，即在环境不确定性和人类有限理性两大基本约束条件下，导致企业组织如此塑造的因素不可穷举，不排除企业的模仿、有意识适应性行为、主观上有意识实现利润最大化的行为，但最终，是市场竞争性力量用差异化生存法则遴选出生存下来的企业。这样，所有那些诉诸内省观察法得出的解释企业的因素，都是演化解释的候选子集。詹森（1983）则在演化解释的进路上注入了更多经验内容，并试图把两套逻辑——“代理成本最小化”和“适者生存”统一起来，通过研究市场中生存下来的普遍形式的组织，识别组织的何种特征对其效率负责；以及据此对组织进行定性预测。

与本文提出的“企业作为稳定的中间形态”更接近的是温特的企业理论。温特（1991）批评固守方法论个人主义解释企业，他认为特定企业作为一种存在物，其生存时间远超出人类个体寿命。企业是社会中所运用的生产知识的最重要的存储库之一，企业绝不仅仅是个体构成的经济机器。温特的“知识存储库”的假说意味着，企业组织拥有的这个特性和功能无法还原到个体。企业本质上是“知道如何做的组织”。

复杂系统的“建构”都不是从零开始，而具有负责的层级嵌套特征，层级的“建筑材料”是所谓作为“稳定的中间形态”的“砖块”。经济系统具有层级结构特征，其中企业内部的专业部门、企业、行业、企业集群是建构不同层级结构的“砖块”。这些“砖块”作为系统层级结构的中间稳定形态存在。典型地，企业作为稳定中间形态是有关技术、组织、制度、生产过程的知识存储地；企业“知道如何做”——如何解决特定问题，并把这种知识和经验存储、复制下去。正是企业这种稳定中间形态的制度化，加速了经济系统的进化，系统的有效复杂性程度在最近数百年里得到极大提高。据此，规范建议是，经济系统中企业的设立、破产、重组的障碍最小化。

根据近可分解性假说，作为稳定中间形态的企业间相互作用力量和频率小于企业间的相互作用。作为单元子系统的企业的诞生和消失，生产效率情况对经济系统近似无关。系统的近可分解性特征，确保了经济秩序的连续和稳健性。

对涌现的过程描述：变异、复制和选择

1. 选择单位

演化进程中是什么在复制、变异和被选择？这是所谓“演化本体”或“选择单位”所研究的。在生物演化中，是存在于任何生物个体有机体中的基因在被复制、变异和被选择，这里有必要区分复制者和互动者。基因是复制者，而搭载基因的有机体是互动者。这一区分有助于把特定领域的演化扩展到一般演化框架。

2. 演化动态的数学描述

演化不是生物学的专利，演化的逻辑不独适用于生物演化，在一切复杂系统中都存在演化，生物演化是演化的一个特例。但演化理论的确首先在生物学取得最系统的知识成就。文化演化研究的是把演化的一般逻辑应用于人类社会领域。鉴于最成熟的演化理论成就首先是在生物学中形成（虽然演化的思想早在达尔文之前就出现了，如巴比奇、马尔萨斯和斯宾塞），因此研究文化演化就不可避免地从生物演化借用相关概念和理论，但这并不意味着研究文化演化仅仅依靠简单的生物学类比。文化是社会化的人类行动的后果又是社会化的人类行为的原因（Adam Gifford, 2006），文化保存认知资源并使人际间交流成为可能。这一定义试图采取一种既非方法论个人主义立场又非方法论集体主义立场。由于人类社会作为一种能动主体互动的复杂适应系统，其演化与生物演化有许多重大差异，因此概念借用和类比需要非常谨慎，这里面常常存在陷阱。生物演化机制并将（一般）演化机制从生物学中“平移”到社会演化理论，这意味着某种具有广泛适用范围的一般演化逻辑。用以描述一般演化动态的是三个里程碑方程：准种方程、复制方程、变异—复制方程（Martin A.Nowak，2006）。

生物演化的核心机制就是我们熟悉的的遗传—变异—选择机制，分子生物学取得进展以后，我们对此机制有了更深入的理解。选择发生表在现型但最终作用在基因型层面，道金斯据此认为选择单位是基因而不是有机体个体。基因因为改变表现型在下一代表现型中的表达能力的差异而改变自己在基因型分布中的频率，称为“基因选择”。不是一个基因对应一个有机体性状，而是一组基因或基因网络对应着特定性状，这一点明确地反对那种极度简化的生物还原论。一个基因型是一个有机体的遗传构成要素的集合；一个表现型是一个有机体的全部可观察性状的集合。文化演化和生物演化共享基本演化逻辑，例如繁殖既可以是生物学意义上，也可以是文化意义上的，文化演化和生物演化的不同在演化单位和演化速度上。文化演化和生物演化类比时还需要特别注意变异的概率，前者远大于后者。在文化演化领域，社会认知是个体利用文化传统中存储的知识的桥梁。经济演化是社会演化的子类，社会演化是文化演化的子类。社会演化理论是哈耶克毕生理论努力的目标。我们从哈耶克的社会演化理论切入，有助于熟悉经济学的读者对社会演化理论和整个文化—生物演化的理解。在哈耶克的理论体系中，有限理性是社会演化理论的出发点。

3. 经济演化中的复制、变异和选择

经济演化发生在不同的层次上，更多地，经济演化研究集中关注的选择单位是企业，而企业是表型，隐藏在表型下的是塑造表型的基因——纳尔逊和温特（1982）定义为“惯例”（routine）。惯例是基因的经济对应物。选择压力表面上作用于物质形态的企业，但实际上最终作用在作为基因对应物的惯例上。在一般演化框架下，惯例是复制者，而承载惯例的主体企业是互动者。

（1）**选择——“自然选择”和“适应性学习”**。选择在演化机制中扮演的是清除的角色，选择过程表现为一个清除过程，因此任何选择分析的前提都是多样性假定，那种基于同质性假定和生产函数的唯一优化方案方法与选择是不相容的。选择的数学定义是，一个先前的实体集合被转变为一个后续的实体集合，后续的实体集合与先前的合体集合具有很大的相似性，作为结果的后续实体的分布频率，与其所在环境背景中的适应能力存在正向因果关系（Price，1995）。另一个动态的数学描述是，只要不同类型的个体以不同速率进行复制，选择就会起作用（ M.A.Nowak，1996：14）。在演化框架下讨论任何选择概念都必须涉及到相邻的两个层级。例如关注处于市场竞争中企业的选择，需要考察企业层级和产业层级，因为选择所指涉的乃是在产业层次观察被不同惯例所支配的企业的市场占有率，相应地，惯例在“惯例池”（一个行业中支配所有企业的惯例构成惯例池）中的频率分布。企业的惯例和适应性学习行为决定企业的盈利能力（市场测试的核心指标），盈利能力差别决定了惯例池中的惯例频率分布。

继承西蒙的有限理性和满意假设，J.J. 弗罗门（2003：164—166）补充一个个体层次的演化动力即“适应性学习”。弗罗门想通过引入适应性学习作为与选择机制并列的相似机制，它解释了个体动力学。在时间尺度上，选择机制要长 / 慢于适应性学习机制。值得指出的是，在产业层次上，选择机制的作用又有可以视为组织的适应性学习行为。适应性学习之所以被视为与选择机制相似，第一，都受到演化反馈机制的支配；第二，都伴随着除旧（纳新）；第三，都能独立地产生适应性改变。适应性学习不同于自然选择在于有限理性能力因素介入演化进程。理性因素介入演化进程以后引发了全新的“文化演化”——虽然文化演化仍然服从于一般演化的逻辑。这种全新的演化的不同于生物演化体现在选择原理上的不同在于（J.J. 弗罗门，2003：154-156），第一，个体以满意的方式行事，因此适应性学习意味着个体内的改变。第二，适应性学习使得适应性主体把行为和满意和不满意结果一 一对应“注册登记”，关键是，这种注册登记不需要理解行为和成功 / 不成功结果之间的内在因果机制（典型的如中国的传统中药）。没有理性能力因素，就不可能有注册行为。第三，适应性学习的清除标准可能因适应性主体的满意度设定而调整，这意味着清除不像生物中通过繁殖失败，而是可选择的。这也意味着复制成功的标准有主观性存在的空间。我们指出了，弗罗门补充的适应性学习机制作为与选择起着类似作用的另一种选择机制，其实质是理性因素介入演化进程以后的对演化原理的修饰。

一种选择压力作用在更高层次上群体选择由哈耶克（2000；2003）提出来，并由此发展出意义深远的“扩展秩序理论（早期哈耶克称为‘自发秩序’）”。制度演化其实是文化演化中选择单位（规则集）的差异化生存呈现出来的自然选择过程，选择压力作用规则上。当基于多样性的自由探索表现在组织和制度上时，选择压力驱动了制度演化。在制度演化中，复制者是规则/制度；互动者是民族国家。适应度表现为民族国家的国家能力和影响力。如前述，哈耶克说，是规则选择我们而不是相反。（导致普遍繁荣的制度是人之行为的产物而不是人有意识设计的产物，当然有理性能力的人们在群体竞争的压力下会去模仿，而模仿恰恰就是一种制度侵入和扩张的形式）以下是哈耶克反复在多处提到的以群体选择呈现的演化过程。“一些惯例一开始因为偶然原因被采纳，而后得到持续，是因为采纳的群体胜过了其他群体（哈耶克，2000b，4）。”关于所有物稳定占有的规则是逐渐发生的，通过缓慢的进程，通过一再经验到破坏这个规则而产生的不便，才获得效力。……各种语言也是不经任何许诺而由人类协议所逐渐建立起来的……金银也是以这种方式成为交换的共同标准（休谟，1980，下卷，531）。“我们在一个文化演化的选择过程中取得了超出我们理解力的成就。理性，是同我们的各种制度一起，在一个试错过程中形成的。”（哈耶克，2003，309）

（2）**复制**。复制的经济对应物是扩散、模仿。复制涉及到两个相关基本概念，复制者和互动者。在生物学上的对应物，复制者是基因，互动者是表型。复制者和环境共同塑造着表型的性状（生物学性状，文化性状）。一个复制者，在文化演化背景下，指的是一个文化基因。无论文化基因是否达成共识，但文化基因作为复制机制中的复制者是确定无疑的。经济学中作为复制者的惯例就是一类文化基因。一个复制，是指以下三个条件下复制者被复制的过程（Geoffrey M.Hodgson，2013：218）。

a. 因果关系。复制者参与生产过程。没有复制者就没有复制过程。

b. 相似度。复制品必须与被复制者（复制源）有相似度。当一个互动者被复制的时候包含着复制者的复制。

c. 信息传递。复制品必须包含相关信息使得复制品与复制源存在相似性。

演化中的复制者总是与适应性相联系来讨论。适应性包含两个映射关系：基因型→表现型→适应。更一般地，这两个映射表述为：复制者→互动者→适应性。当谈到适应，是指复制者或互动者的适应，即在复制者构成的复制者池中增加其自身频率的倾向；互动者的适应即互动者在其背后的复制者支配下增加该互动者的倾向。经济中企业层次的基因 / 复制者对等物是“惯例”。文化演化背景中，复制过程同时存在三种可能性：复制者被复制，互动者不变；互动者被复制，复制者不变；复制者和互动者同时被修改。

创新被经济学和管理学过分重视，而复制的意义则被大为忽略了。经济系统的维系和进化以高度保真的方式复制着大量的复制者。在社会结构层次上，一些复制者如基本的道德规则、产权规则和契约法则自有文明以来就没有改变过。企业层次的复制者也是任何创新活动或基础和背景。

（3）**变异**。当复制不是完全相似的方式进行时，变异就参与其中了。生物学上把变异定义为复制中的差错。变异在经济中的对应物是创新、新奇（novelty）。在经济学中，变异理论处理的是多样性生成机制，它为演化提供“燃料”。变异指复制者变异，因此多样性所指也是复制者的多样性。由于经济系统是多层次有结构的系统，复制者和互动者是相对设定的，即在制定的分析层次，复制者和互动者截然两分，但是在另一个相邻分析层次，互动者成为相邻层次的复制者。因此，复制者和互动者没有绝对意义。变异主体因此一来分析层次的设定，当层次转换的时候，复制者和互动者所指对象发生改变，但是变异 - 选择的逻辑是通用的。

在生物遗传上基因的交换重组可以导致变异出现，来自外部环境中的辐射和化学物质也能导致变异出现。经济中的变异来自哪里？我们又一次面对理性介入演化以后的新情况。经济系统中的常见的创新和新奇至少来自三个源头：消费者需求引致；企业研发；基础科学研究成果应用。所有这些源头的创新大部分——尽管不是全部，都有人类理性即有目的的行为因素介入。

经济中创新的对象至少涉及技术、惯例、组织、制度、发现新市场、发现新资源供给。[1]这些创新对象在一般演化范式下没有区分演化层次，在一个层次下讨论这些创新对象，可能指的是复制者，也可能指的是互动者——在另一个相邻高层次上它又是复制者。

未来研究议程中的一些相关方面

演化思想不限于生物学，任何一种在时间序列上发生变化的问题都涉及演化，只要包含时间因素的研究领域都不免采用演化思想和方法。演化思想普遍适用于宇宙的进化，人类社会的进化，语言的进化，道德原则的进化，以及经济演化等。进化思想已经在很多领域大大丰富了人类的思维。但是正如生物学家恩斯特·迈尔（2010：413）不无担忧地指出的，在没有首先熟悉经过精雕细刻的生物进化概念以及对他准备运用的概念未作最严格的分析之前，不应当在生物界以外领域中做出有关进化的概括性结论。

人类合作秩序，是有理性能力的人类个体借助语言及其衍生文化制品联合和互动涌现出来的一类秩序现象。首先是理性以及累积性人工制品介入演化，引发了一种新型的演化形态——文化演化。目前对文化演化的基本选择单位，系统层级的识别和刻画，复制者、衍生复制者和互动者的细致辨识、分析层级转换以及相应概念系统的定义等工作还远未完成。

我们对所谓文化基因的复制机制、变异机制和选择机制，以及对理性因素（从而所谓“人类有目的的行为”）介入演化进程以对演化原理的修改还远未达到清晰的把握。由于观察者置身其中还置身其外的差异，演化的研究者本身置身于社会结构和演化进程之中，内省观察和外部观察法兼而有之，这反而使得研究经济演化和更一般的文化演化多了一份困难。

1 J. 熊彼特首先提出了著名的“执行新组合”的“经济发展”，这些创新出现在一个非“循环流转”的真实经济中：它们包括五种类型：采用一种新产品；采用一种新方法，新方法不一定建立在科学新发现的基础之上；开辟一个新市场，不管这个市场以前是否存在过；掠夺或控制原材料或半制成品的一种新的供给来源，不管这种新供给是否存在还是第一次创造出来；实现任何一种新的工业的组织，组建垄断或打破垄断。J. 熊彼特，经济发展理论，商务印书馆，1990：73-74.

思辨

互联网与新社会形态

张笑宇[1]

本文涉及的第一个问题是当年君特·安德斯提出来的，研究思想史的人可能知道，这位是阿伦特的第一任丈夫，他的问题是，人该不该在机器面前感到羞愧。

这个背景是这样的，我们知道冷战时期美苏都有核竞赛，都在考虑说如果对方的核弹打过来了，我们该怎么办。美国军方考虑，假设苏联核弹全部打过来了，可能只需要几分钟或者几十分钟就把我们的发射井打毁了，我们就丧失了反制力量。那该怎么办呢？军方的办法就是，保证每天都有一些 B52 之类的长途轰炸机，装着核弹在天上飞，永远都有这种飞机在天上飞，一旦出现前面说的这种情况，就飞到苏联扔核弹。大家可以想象一下，如演习时出现事故，比如 1958 年的时候，就有一次演习，本来应该装空心弹头，结果装了实弹，不巧飞机还出故障了，飞行员需要紧急迫降，你想哪个机场敢让实装核弹的飞机紧急迫降？最后这个飞行员跑到海岸线外面，把核弹丢了，丢完回来之后，美国人去找这枚核弹，怎么找都没找到。所幸核弹没有爆炸。38 年后 1996 年亚特兰大奥运会召开，帆船比赛项目恰好就设在投弹点附近，等于说运动员们就在核弹外 30 公里比赛。冷战时类似的事故出现了五六次，很幸运的是每次核弹都因为各种原因没爆炸，否则有可能伦敦不在了，华盛顿和纽约也不在了。

根据美国国防部解密报告《1950 年到 1980 年涉及美国核武器事故简报》的内容透露，短短 30 年间光是被列为“断箭级”的核武器事故就多达 32 起！“断箭级”是美军最严重的核武器事故，包

1 张笑宇：华东师范大学研究员。

括核弹丢失、着火、误投误射、核弹内高爆炸药误引爆，而次一级的核武器事故代号分别为“折矛”、“钝刃”和“空箭筒”。1981年后的核事故则分为两类：一类是不得不公开的核武器事故，另一类是放射性物质溢出美军基地范围的事故，既有发生在美国本土的基地，也有的发生在外国美军基地。每次发生事故的时候，只要放射性物质不超出基地，美国人就掩而不说。

美国核武器系统研发机构桑迪亚国家实验室的秘密报告更加惊人：1950 年至 1968 年间，美军核武器事故总次数高达 1250 次，其中 272 次为特大核事故，包括数起核弹炸药被引爆的千钧一发的事故。在这 272 起特大事故中，107 枚核弹在储存、组装或者装载的过程中突然落地，弹体损毁；48 枚核弹头在发射台或者发射井中突然脱落；41 枚核弹与装备其的飞机一同坠毁；26 枚核弹被飞机或者舰艇误射或者误投；22 枚核弹在地面运输过程中运输工具发生交通事故；4 枚核弹被撞坏。

冷战后至今的情况也不比当年好到哪里去，至少发生了 96 起核武器事故，危险程度从弹体外部撞坏到高爆炸药被引爆不等。这些事故无一例外地被列为“最高国家机密”。其法律依据是美国 1954 年制定的《原子能法案》。作为非官方机构的美国著名智库布鲁金斯学会称，冷战时期美军共丢失了 11 枚核弹头。绿色和平组织则估计，目前世界上还有约 50 枚核弹头“躺”在大洋深处。

这些消息解锁后，民众当然很愤怒，就质问美国空军，说你们怎么老是出错。然后美国空军发言人的解释很有意思：“you know, anyhow, men make mistakes.”是人就会出错嘛。君特・安德斯紧接着就问，这么说，是不是我们预设了交给电脑就不会出错？说人会出错而电脑不会出错，是不是说明人在潜意识里已经默认了自己该在电脑面前产生羞愧？人在世界毁灭的关头，会不会觉得，把生死攸关的问题交给计算机比交给人要来得放心？

这就牵涉到人与机器的关系，实际上，在古典哲学那里，这首先是一个人与人造物的关系，或者说自然与人造物的关系。亚里士多德那里基本上是一个这样的层级关系：自然物（physis）是人造物的标准和目的，自然物之上还有一个 metaphysis，我们翻译成形而上学。比如说，人模仿自然界的下雨来给农田浇水，自然界下雨是为了自然本身，而人给农作物浇水是为了人。那么人这个自然物本身所为的是什么？是 metaphysis 的理性和最高善。

但是到了现代社会，这个层级关系好像反过来了，metaphysis 还是最高的，但 metaphysis 下面是计算机这类人造物，然后才是人。这个其实是有 stoic（斯多葛派哲学）的传统在里面，所以我在德国的导师曾经说过现代性本质上是 stoic 的投射，因为 stoic 的宇宙观是宇宙被全知全能的理性所洞悉和掌控，人分有理性，但问题是人还受偶然机运的主宰，所以他达不到。那么美国空军发言人说计算机不会出错，但人会，好像就默认了这么一个层级结构。

但是我们仔细想想，这个层级结构是在出现计算机之后才有的吗？不是，我认为人造物高于人这个潜藏在我们社会思潮里的预设，是近代早期就出现的，对此表达最明确的就是霍布斯。当然，对霍布斯来说，这个人造物非常特殊，在他那里，高于人的这个人造物叫国家。大家去看《利维坦》的前言，霍布斯讲得非常明白：

> 艺术则更高明一些：它还要模仿有理性的“大自然”最精美的艺术品——“人”。因为号称“国民的整体”或“国家”（拉丁语为 Civitas）的这个庞然大物“利维坦”是用艺术造成的，它只是一个“人造的人”；虽然它远比自然人身高力大，而是已保护自然人为其目的；在“利维坦”中，“主权”是使整体得到生命和活动的“人造的灵魂”；官员和其他司法、行政人员是人造的“关节”；用以紧密连接。

从霍布斯这里开始，自然人需要被保护，被一个称为“国家”的

“人造人”保护。霍布斯论证没有国家的自然状态就是战争状态，而且你仔细看的话，他的逻辑很有道理。为什么自然状态会存在？因为所有人为了生存要对所有一切东西有所有权，而所有权的冲突必将引发战争。举个例子，自然状态下我可能因为偶然因素快要饥渴而死，这时候我看见你手里有一个苹果，那我为了活下去就有权从你手里拿来这个苹果，如有必要，我会杀死你，而你也有权捍卫自己并杀死我。这个时候我可以向你许诺说交苹果不杀，但你也可以不相信我，因为没有权力惩罚违约者，语词签订的契约就没有意义。但自然状态没有谁能提供这种权力，因为每个人都有平等的能力杀死每个人。所以如果没有国家，你会陷入一个自然状态，在这个状态里你时刻会面临暴死的威胁。而这个国家，恰如霍布斯所说，是个人造物。而与之相对的，亚里士多德那里国家或者至少城邦是个自然物，那句非常有名的话，人天生是政治动物，这是个流传已久的误译，这句话准确译法是这样的：城邦是自然物，人就自然而言是城邦动物。作为自然物的城邦能够恰如其分地完现其公民的美德，这是自然政体，否则就是变态政体。因为亚里士多德对何为自然、何为变态有一套标准，这个标准的依据就是自然。但在霍布斯这里，不管你是什么政体，都比无政府状态要好。

其实我们仔细地去读霍布斯，我们会发现他得出这个结论，是因为他用他物理主义的哲学观改造了“人”的定义。人不再是柏拉图亚里士多德讨论过的那个“人”。当然我们需要注意到，这里的自然人不同于古希腊时代作为万物尺度的人。霍布斯的自然人非常简单，他是一个由最强烈的两种冲动驱使的理性机器，这两种冲动其一是扩张自己的欲望；其二是怕死，准确地说，是害怕暴死violent death。换句话说，你站在亚里士多德的标准上，你发现，这是个被“改造”过的人，不是自然人。

然而我要说的是，对人的改造——不管是国家对人的改造，还是社会对人的改造，尽管可能不是从霍布斯那个时代开始的，但的确很早就已经开始了。斯宾格勒在他的《西方的没落》里用非常优美的文字去描述说，与古典社会不同，机械钟的出现规定了中世纪欧洲人的时间作息，钟声回荡在钟楼里，在每个城镇里回荡，给所有人营造一种共同的紧张感。人们感到一种压力，他们需要按照公共认可的时间标准经营自己的生活。

人因为集体生活被规训和被塑造，而近代以来，以欧洲文明为代表，社会对人的这种规训程度逐渐加强，包括公司对人的规训、行会对人的规训、官僚系统对人的规训，等等，13 世纪以来，至少在欧洲，这个程度逐渐强化，初步原因是战争的频发使得各个国家都在加强对自身人民的动员能力。司法机构和警察机构逐步普及，税务制度和法律法规也不断完善。深层原因比较复杂，但至少，Norbert Elias 的著作里也非常明显地揭示了，一个社会变得文明的过程，就是这个社会中人的情感和情感控制结构一代又一代朝着控制越来越严格、越来越细腻的方向发展。同时在这个规训和塑造的过程中，人——至少在法理上——逐渐被视为一个可以抽象化的原子，他的欲望和需求，他的爱和怕，逐渐在一套愈加集中、完整和愈加抽象的社会规范体系中被定义。

尤其是到了工业革命以后，社会通过对人的集中生活进行管理，并以此规训和惩戒人的能力大大加强。我们看恩格斯在《英国工人阶级状况》里的一段话：

在利物浦，尽管它的商业发达，很繁华，很富足，可是工人们还是生活在同样野蛮的条件下。全市人口中足有五分之一，即 45000 人以上，住在狭窄、阴暗、潮湿而空气不流通的地下室里，这种地下室全城共有 7862 个。此外，还有 2270 个大杂院（courta）。所谓大杂院，就是一个不大的空间，四面都盖上了房子，只有一个狭窄的、通常是上面有遮盖的入口，因而空气就完全不能流通，大部分都很肮脏，住在里面的几乎全是无产者。关于这些大杂院，我们在谈到曼彻斯特的时候再来详细地说。在布利斯托尔有一次调查了 2800 个工人家庭，其中有 46% 每家只有一间屋子。

这跟古代社会有巨大的不同，就是现代社会把人聚集起来集中管理，你才可能集中地去雇佣劳动力，你才可能集中地提供公共服务，比如警察、医院、自来水、垃圾场、学校……等等。福柯在《规训与惩罚》中特别强调了边沁的圆形监狱理论：

监狱的四周是一个环行建筑，监狱中心是一座眺望塔。眺望塔的塔墙上安有一圈对着环行建筑的大窗户，环行建筑则被分成许多小囚室，每个囚室都贯穿建筑物的横切面。每个囚室都有两个窗户，一个对着中心眺望塔，与狱墙上的窗户相对；另一个对着外面，能使光亮从囚室的一端照到另一端。这样在圆形监狱中，中心控制塔只需安排极少数的监督人，甚至可以只安排一个人。因为通过逆光效果，这个监视者可以从眺望塔内与光源恰好相反的角度观察四周囚室里被囚禁者的小人影。在圆形监狱的环行边缘，被监视者是彻底地被观看的，但他不能观看到监视者；同理，在中心眺望塔，监视者能观看一切，但是不会被观看到。罪犯因此而惶惶不可终日，不敢造次。这样的监狱结构，既可以起到有效的监视作用，也能够让监视人完全处于隐蔽而安全的境地。

现代社会的学校、医院、工厂，实质上都是按照这个组织建立起来的。只不过因为技术的进步，监视者通过指纹和人脸识别、通过监视器和 IP 浏览记录就能观察到被监视者在干什么。这个坐过办公室的人都可以理解。我们看卓别林饰演的产业工人拧螺丝拧成机器一样会发笑，但实际上，现代社会确实已经成功地把我们大部分人都塑造成一个专业化的人，一个只作为工具发挥作用的人、一个不依赖他人和经济分工体系就无法存活的人。工业革命在社会形态上带来的直接变革是什么？我认为就是这种集中式的生产方式对人身体的规训。

回到我们一开始提出的问题，这样被改造出来的人，在作为改造范本的机器面前，当然是羞愧的。问题是，我们难道不是这样在期望着这个社会中的其他行业吗？我们期望医生按照职业道德给我们看病，我们期望餐馆服务员给我们职业的微笑和职业的服务，我们甚至期望看到演员们的专业表演，这个专业表演还得能够打动我们的内心。一言以蔽之，现代社会告诉我们可以有一个标准化的预期，我们也在以这个预期来要求我们自己和所有人。

所以，在我看来，现代社会实际上出现了一个非常巨大的二律背反。

一方面，自由主义为我们发展出了一套关于现代社会中理想人格的说辞，它的标准是要有宽容精神，除非别人干涉到你，否则你不能干涉别人；除非这个人的行为干涉到他人自由，否则政府不能干涉他。这就是密尔所谓的“群己权界”。只要这个“权界”得到满足，理论上，你可以在国家公权力无法干涉的私域中做任何你想做的事。

另一方面，现代社会中你越要求自由权利得到精确的保障，你越要求这个社会对人的规训更加发达。我随便举个例子，比如说，你在开车的时候你前面的车越线了，影响了你开车，甚至可能造成你紧急刹车。但你拿他有什么办法？如果路上没有摄像头，你又不去撞他，他的行为虽然违法，也干涉了你的行驶自由，但他不用付出任何成本。但你会去撞他吗？你肯定不会。撞了之后假设是他全责，你也要付出等保险公司、等交警认定责任、修车……这一切法律成本。你没有动机去制约他的违法行为。那么你会要求谁来制约？当然是国家。这一刻你一定希望这个国家每一公里都装上一个摄像头，并且有足够的交警保证一旦出事，5 分钟内立刻赶到现场。但从外表上看来，这似乎是一个警察国家。吊诡之处就在此：你越是希望完美地按照现代社会所要求的理想人格去过上你自由不被干涉的生活，你就越需要一个警察国家。

我把这个二律背反初步归纳如下：它必须同时追求两个互相矛盾的目标：个人主义的精神和集体主义的生活。

而互联网就是把这种二律背反发展到极致的一个现代社会场域。

在精神层面上，它给你营造一个按照现代社会理想状态来让你的灵魂能够自由生长的空间。它让信奉女权主义或平权主义、鼓吹 LGBT 权利的人找到归属感，它也让信奉传统文化和想办女德班的人找到归属感；它让信奉中医和反中医的人、信奉转基因和反转的人、信奉自由主义和保守主义的人、信奉人工智能和反人工智能的人都找到归属感。因为它真的在很大程度上敉平了信息不对称，让所有讨论都可以即时发生，让观点和观点可以非常纯粹地碰撞。但与此同时，它把我们现实中面对面交流的很多有效信息都过滤掉了。比如我的表情、我的神态、我的语气。正常人对话中，这些非语言信息可能占据非常大的比重，但是目前的互联网交流把这些都过滤掉了。——当然，未来的 VR 技术可能会改变这一点。但过滤掉这些非语言信息会产生致命的结果：它会让观点相左的人之间丧失润滑剂，同时观点相近的人之间增强价值观的自我强化。

2016 年 4 月，鹿晗在微博晒出与外滩边一邮筒的合影后，该邮筒成外滩新景点，引来众多鹿晗粉丝。

比如最近有一篇报道讲鹿晗为什么能够成为新晋男神，讲得就非常经典。他不是因为有好的作品才有粉丝，而是因为先有了一定规模的“脑残粉”，这些脑残粉因为组织能力和集体行动能力极强，在网络上掀起高关注度，最后成为主流媒体眼中的明星。报道中发现，鹿晗的粉丝年纪一般比较轻，心理比较寂寞，在网上花的时间很多，同时能够因为参与到集体偶像崇拜中获得归属感。可以说，这是从小就在互联网中长大的一代都有的特征。

同时在物理层面上，它给你提供一种全方位的、让你无所遁形的监视手段，通过大数据来对你的身体进行最全面的规训和控制。你的个人信息、信用账户、健康状况，都会在大数据面前一目了然。而且，警察国家通过技术手段，实际上完全能够在国家机器的规模和层面上掌握大数据。换句话说，互联网一方面制造着你进行纯粹精神生活的空间，让你在虚拟的舆论世界里或者娱乐世界里不断自我洗脑、自我强化，另一方面它又提供着国家机器控制现实秩序的强大手段，让一切现实生活中的信息在它面前无所遁形，营造所有人都身处其中的圆形监狱。

从这个二律背反出发，我们还可以继续推导出它在经济方面的表现，那就是：一方面新技术的扩散成本降低，名不见经传的新人也可以因为技术优势颠覆已有经济格局；另一方面互联网行业单个个体的高产出性价比（比如 google chrome 的开发团队只有 20 人，但产品用户数量可达上亿），使得该行业实际上吸引了高度密集的资本。资本的集中化，或者说寡头化和技术进步的分散化又构成二律背反在经济领域的特征。

所以我从基本的二律背反角度出发推导，互联网影响下的社会形态可能有以下几个特点。

（1）社会成员高度原子化，孤独感强于传统社会成员。

（2）由于互联网交流的特征，由于兴趣、信仰等原因结合成的小团体内部认同感增强，但社会整体舆论版图将日趋分裂。

（3）组织化的集体行动成本进一步降低，大规模集体行动将由线上逐步蔓延到线下，由娱乐、文化领域逐步蔓延到政治领域。速度视国家制度限制民众参政意愿的不同而不同。

（4）作为对上一条的回应，社会将更加需要一个强大的、全面掌控信息的国家机器进行兜底，以防止社会舆论版图的撕裂演变成现实中的冲突。

（5）随着新的技术不断出现和新的需求不断被开发，互联网经济波动周期可能会继续缩短。传统上基钦周期长度是 3—5 年，它建立在制造业生产过程中“存货—出清”之间的物质基础上。而互联网行业基于“服务 - 出清”基础上可能形成一个更短但波动更剧烈的周期。波动更剧烈的原因是该行业资本的高度密集。

（6）尽管新的小企业可能会因为技术优势斩露头角，但长远来看，依然只有资本大鳄有能力抵抗短期但波动更剧烈的互联网经济周期。因此，互联网经济时代，资本大鳄将更多采取收购、兼并的方式吞下新技术团队，寡头格局将愈发稳固。

（7）与此同时，互联网经济在降低企业交易成本和信息壁垒方面确实起到了举足轻重的作用。与第六条联系起来，我们可以看到，大鳄资本通过注资新形式的互联网经济，实质上对社会底层阶级起到了生活补贴的作用。这个看看快递物流行业创造的就业岗位，以及团购在多大程度上降低了生活成本就知道了。因此，这是资本主义在不对寡头结构进行洗牌的前提下维护其稳定性的新手段。智慧的寡头运用智慧的技术智慧地补贴新工人，从而进一步稳固自己的统治。

（8）在这种情形下，传统行业的工人阶级状况会急剧恶化，因为他们既没有积累起来高回报率的资本，同时又面临着速度更快的行业淘汰，因为经济波动周期变短了。但是，全面监视技术的发展和强化，可能会使得他们的组织运动和抵抗运动无效化——在中国这种可能性尤其大。

（9）新技术条件下的工人运动不可能指望旧工人，那么可能指望那些真正意义上的新工人，即掌握新技术的新工人，也就是“无产阶级化的知识分子”。但有三堵高墙拦在他们和社会运动之间：互联网一代的寂寞感与他们在互联网娱乐产业中得到的补偿、全面监视技术的发展和资本大鳄许诺的高资本收益回报。再度出现 19 世纪末 -20 世纪初的大规模工人运动的可能性非常小了。

（10）（7）、（8）、（9）三点可能在将来的历史上以更大的规模进行重演：工人阶级被寡头们补贴并豢养起来，工人阶级被掌握新技术的寡头们补贴并豢养起来，人类本身被新技术豢养起来。届时，我们将不再有羞愧的必要性。

以上 10 点一部分来源于二律背反的推演，另一部分来源于我对互联网现象的切身观察，但我个人认为它们在这个理论框架中得到了比较好的解释。这 10 点不仅是中国的问题，我认为全世界国家只要网民达到一定数量，都会在不同程度上面临这些问题。

数字时代不必要的恐惧
——与张笑宇博士候选人商榷

包刚升[1]

张笑宇博士候选人是我在北京大学政府管理学院的师弟，后来他又赴德国柏林自由大学攻读哲学博士学位。他的思考能力很强，洞察力也很敏锐，对重要的新现象给予视角独特的系统解释更是他的看家本领。但就他的这篇《互联网与新社会形态》主要观点而言，我基本上是不同意的。

第一个问题是这篇文字的表述方式尽管也讲求一定的逻辑，但基本上是抒情式的，而我更愿意看到论述问题的严密逻辑。我们搞社会科学的，很容易理解一个事物会有很多个不同的面向或维度（dimension）。比如，我今天出席一个互联网研讨会，有人记得我是戴眼镜的，有人记得我是穿西服的，有人记得我是一个学者，有人记得我讲的某一个重要观点。我这里只是打一个比方，我想说的是如何完整全面地理解一个事物是很重要的。所以，当这篇文字讨论互联网，描述一个主要的面向时，我就会想，这个问题上还有没有其他一些重要的面向。如果一些非常重要的面向被遗漏了呢？这就有可能导致我们在基本判断方面发生比较大的偏差。

所以，这就是我为什么要强调讨论问题，学者应该要有一个全面、系统、严密的逻辑论述。如果一篇文字的作者探讨学理问题时采用抒情诗一般的语言，我就比较担心背后的逻辑问题。

第二个问题是这篇文字的推导方式，更多的是基于零星的现象来推

1 包刚升：复旦大学国际关系与公共事务学院副教授。

导出一个一般的结论。实际上，作者讲的东西显得比较松散，论述的主要方面多数是零星现象，但他推导出的结果是一个一般性的结论，是对整个互联网时代总体特征的一种判定。但这种推导在逻辑上的跨越是比较大的。我更主张，我们的观点应该基于更系统的经验事实和更严密的学理逻辑。举例来说，作者说互联网时代的社会更加原子化了，原子化又会带来一系列的严重社会后果。但我的个人体验恰好相反。一个最简单的反例是微信和微信群。我们一个学院的大学同学自从建立一个超过 160 人的微信群后，同学聚会的频率就大大增加了。我们不仅在线上互动更频繁，而且在线下互动更频繁。以前，有同学从上海到北京出差，很少会有大型聚会，现在经常是大规模的同学聚会。我定居在上海，现在出差到北京、到广州、到香港、到台北、到伦敦，到处都是同学聚会。从我们大学微信群的经验来看，我们不仅没有原子化，而且还大大提高了网络化互动的程度。

这里的讨论又跟第一个问题有关。互联网可能在一些方面导致了原子化，但在另一些方面却大大增进了人与人的互动。所以，当作者看到一个面向时，他有可能忽略了一个另一个主要的面向。作为一名学者，我可能患有严重的“职业病”，我特别希望能够看到观点背后的更系统的经验证据。当作者说，互联网导致原子化时，他能否提供更为系统的证据呢？如果只是基于互联网的一些零星现象，再加上某些被放大的私人体验，作者就有可能为我们展示的是一个偏颇的互联网社会图景。

拿工业化跟自由的关系来说，当我们看到一个工人每天八小时、甚至十小时在生产线上一刻不停地做工——如同《摩登时代》中卓别林扮演的生产工人一般，我们这些自由支配时间的高校学者一定会觉得，这个工人是没有多少“自由”可言的。但其实，当他白天不得不那样工作的时候，他在业余时间里的自由与过去相比还是大大增加了。简单地说，如今中国的一个普通工薪阶层家庭都能负担长途旅行的费用。这在过去是难以想象的。在传统的农业社会，一个田间地头的农民固然能比较“自由”地支配自己的工作时间和工作方式，但他能够运用的物资和其他资源是非常有限的。当然，这里的讨论，其实对自由概念的界定是模糊的，是不那么学术的，此处不再深究。我只是想通过以上讨论说明，零星现象和一般经验其实是两回事。如果一篇文字试图从零星现象推导出一般意义上的结论或社会规律，这在学术上是需要非常小心的。

第三个问题是作者的这篇文字让我想起卡尔·马克思对农业社会的描述，马克思的笔调中充满了对农业社会“浪漫式”的追忆——这种情愫其实一直可以追溯到法国思想家卢梭。与此相对应的是，作者的这篇文字也充满了对工业革命以来的所不得不采取的某种整齐划一的管理方式的恐惧。在这个问题上，这篇文字的论述不仅过分强调了工业社会的某些极端事实，而且还想象或推论出一种更令人恐惧的可能前景。比如，机动车交通为例，我能够设想的一种极端情形是：如果国家给全国所有机动车统一编号，然后规定每一辆车每天几点几分按照某条事先设定的路线以统一规定的速度行驶，这样做当然就不容易导致任何可能的交通事故，整个交通也会显得更加井然有序。但是，事实上，人类社会中从来没有一个国家、没有一个城市是这样管理交通的。为了减少交通事故或避免交通混乱，一个国家或城市并不需要这样做，他们只要制定基本的交通规则，而社会中的多数人倘若能够按照交通规则来驾驶车辆，整个社会就能够有效控制交通事故率和防止交通混乱。同样重要的是，实际上，多数国家都接受，一定数量的但控制在较低比例的交通事故率，是难以避免的。一个社会无须为了消灭全部的交通事故而把整个社会的机动车管理纳入一个彻底的“交通计划经济系统”，塑造一个完全意义上的“交通极权社会”。所以，这篇文字中的一些表述，是一种不必要的恐惧——从工业化的不必要恐惧到数字化的不必要恐惧。

第四个问题也非常重要，这篇文字把技术进步、资本力量与自由基本上对立起来了，作者还基于这一逻辑构建了后面的一整套话语体系。这篇文章认为，技术的进展加上资本的控制，使得劳动力和普通人容易处在一种极其弱势和无助的地位。那么，事实是否真的如此呢？我对经济学、产业理论和政治学都有所涉猎，所以说讨论这个问题应该还有些优势。

比如，作者认为，技术进步的趋势是导致资本更加集中，所以，资本集中也是未来时代的一个主要趋势。但是，这件事无论从逻辑上看还是从历史上看，都不是那么确定或必然的。今天，大家固然看到谷歌在全球、腾讯和阿里巴巴在中国的互联网领域都获得了某种垄断性的力量，但是大家也应该看到今天处于第一梯队的互联网企业，实际上都是在较短时间内从极小规模的起点上发展起来的。拿腾讯来说，它 2003 年在香港上市时，市场价值不到今天的三百分之一。当时任何一家大型央企或大型民营企业都极容易收购腾讯较大比例的股份。

那么，为什么腾讯和阿里巴巴今天能拥有这样巨大的规模和能量呢？原因当然有很多，经济学和产业理论对此有很多不同的解释。其中一个视角是，互联网产业是有周期性的。当一个互联网产业的“主导设计”形成以后，后面的整个市场结构就会稳定化——这个过程就会从小企业竞争走向大企业主导。但是，如果整个领域出现一个新的技术革命，那么前面的企业巨头有可能被颠覆，新的、更有生命力的、技术更先进的、模式更佳的企业可能会趁势崛起。所以，只要不是国家管制或政府许可，哪个公司想一统江湖都是做不到的。像微软这样的垄断性企业，也在全球技术和经济互联网化的过程中削弱了自己原本拥有的优势。

所以，如果大家去看看美国互联网行业的创新数据，再去看看深圳、杭州、北京、上海等地互联网创业的新迹象，就会看到新的技术、产业和资本巨头每天都可能在孕育之中。我们必须承认，资本的确对社会具有相当的控制力量，但这种控制力量是相对的。如果过分夸大技术进步导致资本集中、资本集中又导致对社会控制的强化这种单一逻辑，其实是没有看到这一现象背后其他的技术与经济逻辑，没有看到这一现象的其他诸个不同的面向。

第五个问题是在这么复杂的现象背后，其实我们还是要追问一个古老的问题：到底什么是自由？自由的边界在哪里？如果我们不能界定什么是自由及自由的边界，那么我们可能会因为对数字时代的恐惧而失去应有的判断力。比如说，技术进步必然意味着更强的资本控制吗？资本控制必然意味着自由的削弱吗？这些问题都涉及我们如何界定自由。

一个例子是，工业化大生产几乎不可避免地要把很多人固定在同一个地方，甚至只能按照流水线的方式进行规定动作的标准化作业。但是，难道这就是对自由的侵害吗？经济学家和管理学者会强调，这种工业化作业方式恐怕是必需的，是人类为了物质能力的巨大增长所付出的必要代价。此外，世界一流公司的这种生产运作在具体管理过程中已经变得越来越人道，并且他们尽可能在使用机器去代替原本由人工从事的简单化重复作业。

再进一步看，这里哪怕是流水线的从业者也是有相当的自主选择权的。在低端的普通工作上，餐厅服务员的作业方式就与流水线工人大大不同。一个技能欠佳的普通劳动者完全有选择的权利。此外，一个人还可以通过接受教育和提升技能，从低端的重复性作业工作岗位上转换至高端的需要更多知识型劳动的工作职位上。拿我个人来说，我也有很大自主选择的空间。作为大学教师，我的收入远不及金融机构管理者，但我不需要坐班，可以自主决定自己的研究议题，可以更自由从容地支配时间，可以从研究中获得乐趣和成就感，等等。这也是我个人的选择。

就技术本身而言，我觉得，与一概而论的笼统观点相比，更重要的是到底哪些技术是促进自由的、哪些技术是压制自由的？或者要问，某种技术的哪个方面是促进自由的、哪个方面又是压制自由的？如果我们只是看到技术进步有可能压制自由，而没有看到技术进步也在促进自由，这也是一种可能的误判。比如，即便在受管制的情况下，微博与微信等社交媒体技术的兴起，已经大大改变了很多国家的信息自由度与言论自由度。这也是一个活生生的例子。如果我们只是一味相信技术进步是反自由，那么我们就可能会走到一个恐惧技术进步、恐惧互联网、恐惧数字时代的方向上去——就如同工业革命之初的某些智者对于工业化时代的恐惧。

实际上，这是数字时代不必要的恐惧。

实证

信息技术与中国产业工人群体

汪建华[1]

“世界工厂”中的产业工人与信息技术

信息技术与产业工人的关系是一个广受关注的问题。信息技术已经渗透到我们日常生产、生活的每一个角落，它能跨越空间的限制迅速将不同地域的群体和力量连接起来，其在思想观念推送和信息知识传播方面的潜能已被证明。而在许多国家的工业化、信息化、现代化进程中，产业工人群体始终是推动社会进步的重要力量。

作为“世界工厂”，当前中国拥有世界上最为庞大的产业工人群体。[2]但直到2010年的外资企业南海本田发生停工事件，当代中国产业工人的行动能力，才开始在部分地区和行业陆续显现出来，典型的案例如近期的外企沃尔玛工人为抵制综合工时制而在多个城市发起的停工行动，等等。新的社会阶段、新的产业形态、新的工人群体使得劳工的组织资源和集体发声的形成机制引发了研究者广泛的兴趣。当前的研究普遍认为，信息技术在劳工的组织动员和信息传播中发挥了重要作用。[3]

随着智能手机的普及，工人主要通过手机上网的方式活跃于网络社会。智能手机并不贵重，QQ、微信等APP技术门槛低，因此很容易在包括工人在内的社会中下阶层中广泛推广。与此同时，以农民工为主体的产业工人群体在城市的日常工作和生活往往非常单调

1 汪建华：中国社科院社会学所助理研究员。

2 产业工人的主体是农民工，本文主要讨论农民工与信息技术的关系。

3 可参考：汪建华，2011，《互联网动员与代工厂工人集体抗争》，《开放时代》第11期；汪建华，2015，《生活的政治：世界工厂劳资关系转型的新视角》，北京：社会科学文献出版社；黄岩、刘剑，2016，《激活“稻草人”：东莞裕元罢工中的工会转型》，《西北师大学报（社会科学版）》第1期。

无聊，网络生活于是成为他们极其依赖的休闲方式，甚至在某种意义上为他们提供了精神寄托。

在大规模的劳工行动中，我们可以观察到信息技术在组织动员、信息传播、吸引外界支持等方面对劳工的赋权作用；[1]但如果研究者观察劳工日常的网络生活状态，则往往发现这只是工人日常享乐的消费工具，是其消磨工作场所的艰辛，有时还为工人提供一种可能向上向好的幻象，因此信息技术的使用很有可能会进一步分化工人群体原本脆弱的阶层认同。[2]如果进一步跳出劳工群体，我们更不得不承认一个现实，相比底层工人，精英群体或许更有能力操纵信息技术。[3]

以往的研究结论莫衷一是，我们似乎仍然需要不断对陈旧的话题进行追问：在当前的社会进程中，我国的产业工人到底能在多大程度上，以各种不同的方式推动社会发展和进步？信息技术又能够在多大程度、哪种层面上提升工人阶级整体的影响力？

要扩大社会影响力，在历史中发挥更重要的作用，我们的产业工人似乎还需要跨越几个重要的障碍。第一个障碍来源于工人的“半无产化”现状。历史上西方国家工人阶级的无产化与工业化、城市化总体上是相伴相生的。但当前农民工作为我国产业工人的主体，在进入城市工作时，大都仍然保有农村的土地，城市的工作往往是临时性的，在长期往返城乡的候鸟式迁徙中，许多农民工并不认同自己的“工人”身份，更不用提更广泛的阶层认同。农村的土地和生计还进一步缓和了其在城市与权力、资本的冲突。[4]他们可以暂时忍受城市公共服务领域的排斥，也可以暂时忍受低廉的薪酬待遇和异化的生产劳动，即便2008年金融危机背景下的裁员、失业浪潮也没有引发城乡社会的动荡，农民工可以随时离城返乡务农。第二个障碍在意识层面。当前农民工的法律意识固然越来越强，但在很长一段时期，许多农民工对法律法规赋予的相关权利并不了解。如果进一步考察其对制度与结构的认识，我们不难看到，在大多数农

1 可参考：汪建华，2011；2015。

2 可参考：Wanning Sun, Subaltern China: Rural Migrants, Media and Cultural Practices, MA: Rowman & Littlefield, 2014；孙皖宁、苗伟山，2016，《底层中国：不平等、媒体和文化政治》，《开放时代》第2期；郑松泰，2010，《“信息主导”背景下农民工的生存状态和身份认同》，《社会学研究》第2期。

3 可参考：邱林川，2013，《信息时代的世界工厂：新工人阶级的网络社会》，桂林：广西师范大学出版社。

4 可参考：Lee, 2007,Against the Law: Labor Protests in China's Rustbelt and Sunbelt. Berkeley, CA: University of California Press.

民工的生活世界中，“工会”“集体谈判”“全球资本主义体系”这类概念或许更为遥远、陌生。在日常工作的遭遇中，他们可能会反对生活中最可见的“敌人”、企业老板及其代理人，但似乎很少有人去质疑、挑战抽象的资本体系以及制度安排不尽合理的部分。第三个障碍在动作层面。他们缺乏表达自身利益的组织资源和制度渠道。尽管近年来部分地区已经开始启动工会改革，政府的体制和社会机构也在调整，但工人的自我集合与协同仍无从谈起。

从笔者掌握的经验材料看，信息技术似乎有助于帮助工人突破上述三个障碍。以信息技术使用为代表的都市消费休闲习惯，正在逐渐改变他们的生活方式，他们借助信息技术社交、娱乐、搜寻信息，甚至在网上购物、收发邮件。信息技术的消费与工人线下的聚餐、聚会、购物、电子游戏、滑冰、卡拉 OK、旅游等城市休闲活动是一致的，一定程度上信息技术甚至推动了工人消费活动的分享、模仿、攀比，便利了资本的广告营销和时尚营造。正是在以信息技术为代表的都市消费活动中，工人在精神上基本城市化、无产化了。诚如潘毅所言，中国的农民工正由“精神圈地”走向实质性的圈地。农民工在生活方式和精神上无产化了，那么即便他们在农村拥有土地，他们也很难回到农村和农业生产中成为真正的农民。[1] 信息技术也有助于农民工开阔视野、表达自我。通过上网，农民工可以很轻易地搜寻到自己关心的法律法规，他们也可以获得丰富的资讯。他们还可以通过微信、微博、QQ 等自媒体分享自己的日常生活和所思所想，至少在自媒体中他们不再是无足轻重的群体。最后，信息技术为他们的集体诉求提供了宝贵的媒介，借助信息技术，他们可以在内部保持充分的沟通，也可以与媒体和各种社会力量频繁互动。

信息技术在日常生活、意识与表达、集体诉求各个层面推动工人阶级的转变，但我们不能过分夸大这种赋权作用。当农民工沉溺于手机“一亩三分地”的娱乐和虚拟社交中时，他们在日常生活中反而可能变得碎片化、原子化了，他们不再像老一代农民工那样，在城

1 可参考：潘毅等，2009，《农民工：未完成的无产阶级化》，《开放时代》第 6 期。

市的乡缘、亲缘网络中寻求支持与慰藉，他们可能更热衷于在虚拟世界中寻求认同。当农民工在互联网中接收丰富的资讯时，消费主义文化同样无孔不入地渗透其中，因此他们很有可能在提升权益意识的同时也内化了国家的主流话语体系。当农民工借助信息技术进行维权和行动时，各种管理手段也可能接踵而至。在日常生活、意识与表达、集体诉求三个层面，农民工既有可能通过信息技术得到赋权，但也随时可能被城市体系所解构。

日常生活：城市化、无产化与原子化

清华大学社会学系“2011 年新生代农民工调查数据”[1]对农民工使用信息技术的情况进行了详细询问。数据显示（表 1），2011 年信息技术在农民工（尤其新生代农民工）群体中的普及程度已经非常高了。但这只是 5 年前的情况，以智能手机为代表的廉价信息终端在中国的扩张速度非常快。笔者的调研和日常观察中，发现大部分四五十岁的农民工都纷纷玩起了微信、QQ。

从 2011 年的情况看（表 1），超过 85% 的新生代农民工表示自己会上网，将近 2/3 会通过手机上网，超过 1/3 主要通过自家电脑上网；更加值得注意的是，约 3/4 的新生代工人在休息时的主要活动为玩手机或使用电脑，他们平均每天上网时间长达 2.7 小时，足见信息技术在新生代农民工的生活中已经成为不可或缺的部分。在老一代农民工群体中，也有将近 1/3 在 2011 年就会上网，逾四成老一代工人表示自己休息时的主要活动是玩手机或玩电脑。

进一步考察农民工在互联网上的具体活动（表 1）。QQ 聊天、观看影音、搜索信息、浏览网络新闻、玩游戏等，是农民工从事频率最高的几项活动，可见娱乐、社会交往和获取资讯，是农民工上网的最主要目的。同样，也有部分工人经常通过发微博、写博客、论坛发帖回帖、评论新闻等形式，进行自我表达，并参与到对公共

1 调查团队于 2011 年在珠三角、长三角、环渤海等三个农民工相对集中的区域，分别选取广州、上海、北京三个大城市，对新生代农民工开展问卷调查。根据 2005 年全国 1% 人口抽样调查结果中所在城市流动人口的性别、产业、职业、区县分布情况，调查团队进行配额抽样，共采集有效问卷 1259 份。为进行纵向比较，调查还涵括了老一代工人的部分样本，新生代和老一代样本数比例约为 4:1。

议题的讨论中。经常收发 E-mail 和网络购物的新生代工人也超过10%，这两项活动分别代表了现代的工作和生活方式在年轻工人群体中的普及程度。

如果说信息化是城市现代性的重要内涵，那么新生代农民工已经通过信息技术的使用，快速适应并习惯于城市生活方式。同时，信息技术使用作为农民工城市生活方式的重要内容，也一定程度上推动了其他消费休闲活动在该群体的传播、分享、模仿、攀比。年轻农民工在 QQ、微信、微博上对购物、聚餐、旅游经历和体验的分享，往往伴随着进一步的线上互动和线下模仿。除了社交网站，影视剧、综艺节目、八卦新闻、广告、社交网站、购物网站也在不断传播当代都市的消费主义文化和生活方式。完全可以说，正是在信息化以及与之相关联的消费活动，新生代农民工逐渐习得了都市的生活方式，内化了消费主义文化；正是在这一潜移默化的过程中，完成了所谓“精神圈地”，农村成为回不去的故乡。农民工的信息化极大地推动了其城市化诉求和无产化进程。

表 1　农民工使用信息技术的概况：代际比较

	单位	数据结果		显著度（P）
		老一代	新生代	
是否上网	%	32.2	85.7	0.000
平均每天上网时间	小时	0.6	2.7	0.000
是否手机上网	%	17.4	63.3	0.000
主要通过自家电脑上网	%	15.7	33.9	0.000
主要休闲活动：玩手机 / 电脑	%	40.4	73.7	0.000
上网从事以下活动的频率：非常高 / 较高[1]				
浏览网络新闻	%	16.9	31.1	0.000
浏览论坛 /BBS	%	1.2	8.9	0.000
信息搜索	%	10.3	34.8	0.000
QQ 聊天	%	9.1	39.3	0.000

1 包含不上网的工人。

（续表）

	单位	数据结果		显著度（P）
		老一代	新生代	
用微博	%	1.2	10.7	0.000
写博客 / 日志	%	0.4	11.7	0.000
评论网络新闻	%	2.9	8.1	0.005
论坛 /BBS 发帖、回帖	%	0.8	5.2	0.003
收发 E-mail	%	0.4	13.8	0.000
网上购物 / 支付	%	2.5	11.3	0.000
观看影音	%	11.2	36.0	0.000
玩游戏	%	8.7	20.8	0.000

正是这种退无可退的状态，改变了农民工与农村、与城市、与企业、与政府的关系，迫使部分工人开始重新审视当前的薪酬待遇、居住安排以及城市公共服务。信息化、城市化、无产化的进程可能就是劳工群体发展诉求、协同动作、团结意识逐渐增强的过程。当然，在短时间内，农民工的信息化、城市化、无产化进程并不必然导致其在城市激进的冲突。大多数农民工还是会选择折中的方式（到大城市工作，在小城市买房定居）、依靠多种资源（父母的经济支持）实现自我城市化。

同样不可忽视的是，信息技术也有可能进一步加剧新生代农民工城市生活的原子化状态。工人的日常工作单调无聊（制造业工人的工作异化程度往往更高），其休闲活动也比较有限，在频繁的换工过程中，年轻工人发现他们的社会关系网络也在不断瓦解，正是在这种无所依归的漂泊状态中，许多工人选择在虚拟世界中寻求刺激、缓解压力。在工厂附近，笔者经常看到，下班的工人径直走向网吧，或者回到自己的电脑桌前，开启通宵上网模式，这种情况在周末尤其普遍。富士康一位工会干部的观察也印证了类似的趋势：

现在的小孩，他们吃饭，吃完饭，我就自己玩我自己的手机，也不跟人交往。也不关注周围的什么东西。那富士康的很多政策，关爱的措施，我们贴海报；我们园区里面，车间里面，有广播，我们通过广播来播放；我们餐厅里面有电视，通过电视来播放；我们园区有很大的液晶屏，LED 液晶屏，我们通过液晶屏来宣告；所有的活动，我们会通过产线，在早晚会上宣告，即使这样，很多东西他们还是不知道。他就是只关心他那一亩三分地。[1]

劳工日常的生产生活的原子化状态与其对信息技术的依赖相互强化。总之，信息技术既推动了农民工的城市化、无产化进程，但也可能加剧其原子化状态。

意识倾向：视野拓展、文化表达与意识形态迷雾

信息技术对劳工意识的影响最显著地表现在，其对法律法规的了解程度和维权意识大大提高了。在过去，农民工只有通过购买相关文本或者咨询 NGO 工作者、律师、政府官员，才能得到这类信息。但互联网的普及毫无疑问降低了获取这类信息的门槛，为工人提供了便利。当工人谈起他们的维权经历时，他们都会很自然地谈到，自己不再像以前那样胆怯无知、易受蒙骗，网上与劳工权益相关的信息和法律知识到处都是，一搜就有。“2011 年新生代农民工调查数据”也显示类似的趋势（表 2），那些平时上网的工人，对《劳动法》中“劳动合同”“工作时间与休假”“工资”“社会保险与福利”“劳动争议”等相关内容的了解程度，要显著高于不会上网的工人。即便在控制年龄、受教育年限、工龄等人力资本变量之后，那些平时上网的工人，对《劳动法》中“工作时间与休假”“工资”“社会保险与福利”三方面条款的了解程度，仍然要远高于其参照组。因此，我们可以完全确定地说，信息技术有助于提升农民工对劳动法律法规的了解。

1 资料来源：笔者在郑州富士康厂区的调研。

表 2　农民工对《劳动法》了解程度（很熟悉 / 比较熟悉）

主要内容	比例	上网	不上网	显著度
劳动合同	%	23.7	15.5	0.002
工作时间与休假	%	40.0	27.5	0.000
工资	%	40.2	26.0	0.000
劳动安全与卫生	%	22.7	19.4	0.215
社会保险与福利	%	22.3	12.8	0.000
劳动争议	%	12.7	8.7	0.048

信息技术也有助于农民工获得各种新闻资讯，并有可能接触到一些批判性的思想观点。比如，通过微博这个相对开放的信息发布和交流平台，工人可以一定程度上突破自身关系网络和社会阶层的限制，从学者、律师、公益人士、明星等群体中获得更丰富的信息和更有深度的思考。

农民工不仅能通过信息技术拓展自己的视野，更能通过自媒体表达自己的体验、经历和思考。表达对劳工团结和阶级形成的重要性可见诸于汤普森的经典论断：

当一批人从共同的经历中得出结论（不管这种经历是从前辈那里得来还是亲身体验），感到并明确说出他们之间有共同利益，他们的利益与其他人不同（而且常常对立）时，阶级就产生了。[1]

当然，大多数工人文化表达的自我呈现并不直接以群体表达为目的，多是出于社会交往的需要。他们关注自己的圈内好友，与朋友在社交媒体上分享信息和生活体验，同时也希望能得到更广泛的社会关注。他们常常会在 QQ 空间、微信朋友圈随手转发一些生活贴士、时事热点、娱乐八卦、心灵鸡汤，同样他们也喜欢上传自己旅游、聚餐、家庭生活的照片，有些工人还特别喜欢通过日志、个性签名等途径更新自己的生活和情感状态。有时这些文字会隐约反

1 可参考：汤普森，2001，《英国工人阶级的形成》，钱乘旦等译，南京：译林出版社，“前言”，第 1—2 页。

映出其工作生活中的挫折或心理上的波动，通常他们会得到圈内好友的安慰，由此获得社会支持和存在感。正是在这些朴素的日常自我呈现过程中，工人的体验被提炼，并在更大范围内以文字的形式进行传播。工人在城市打工生活中的痛苦，是其中反复出现的主题，有些涉及亲子分离、两地分居的无奈，有些则不断诉说生产线工作的压抑和苦闷：

我拼了命都想着逃离生产线，我们把最宝贵时间卖给了老板，在压迫中生存，在惶恐中生产，为了就是那微薄薪水。[1]

信息媒体对工人自我表达的作用也可以借助中韩两国工人的历史经历来说明。同样是工厂生活的日常苦难，只有少部分韩国工人在夜校老师的鼓励下将其记录在日记和作业中，[2] 而在网络社会中，类似的表达则成为中国的新生代农民工群体中普遍的、日常的现象，并且这些表达在工人群体持续的反馈和互动中不断建构工人的群体认同。

除了表达个人在城市和工厂中的生活体验，一些农民工也开始通过微博、论坛、博客、百度贴吧，发表对公共议题的看法。他们的讨论一般都针对具体议题，如腐败、住房、环境污染、征地拆迁、女权运动、儿童安全、乡村教育、恐怖主义等，劳资关系问题自然是出现最多的话题。工人开始越来越多地就与自己利益相关的重大议题发出自己的声音。比如，一位网名为“野夫刀”的新浪微博用户，作为台资富士康的工人，也从自己的角度对公司的管理制度和工会组织提出了批评：

每年此时，新产品量产，线体重组，人员分流。我们这些一起相处一年的老搭档，要被分到另一个陌生的部门车间线体！在工作默契和感情上都是不愿意接受的，@富士康科技集团工会联合会 你们唱歌跳舞，永远无法给予员工归属感！也永远不会明白，每天下班提着一块煎饼独自走回宿舍，洗洗就睡了的那份孤独！[3]

1 引自女工阿瑛的QQ空间。

2 可参考：具海根，2004，《韩国工人：阶级形成的文化与政治》，梁光严、张静译，北京：社会科学文献出版社。

3 引自“野夫刀”的新浪微博。

尽管从大部分工人的网上活动记录来看，他们更专注于自己的私人生活，对公共议题不是非常感兴趣。但是，这种生存状态的公开表达仍然是有意义的，它是农民工建构自信和呈现自我价值的第一步。在自媒体中他们不再是无足轻重的、失语的群体，农民工完全可以通过自媒体发出自己的声音。

“2011 年新生代农民工调查数据”也测量了农民工对资本主义体系、国家发展主义、集体劳权、户籍制度、社会分层秩序的看法。调查发现，相比使用互联网的农民工，那些平时不上网的农民工，对当前的制度与秩序反而持有更强的批判性。那些平时不上网的农民工更加赞同如下陈述：（1）“罢工工人可以采取激烈的手段阻止其他工人复工”；（2）“工人的贫穷是由资本主义私有制造成的”；（3）“不靠利润驱动，现代社会也可能有效率地运行”；（4）“社会的发展很大程度上基于工人的低工资待遇”；（5）“工会不作为是工人长期收入低的重要原因”。而对于平时使用互联网的农民工而言，他们更倾向于认为：（6）“人与人的差别主要源于各自的努力和才干”；（7）“现在的社会穷人可以通过努力改变命运”。[1] 在控制年龄、受教育年限、工龄等变量后，除了第（2）和第（5）条陈述，是否使用互联网对其他 5 条陈述的态度仍然呈现出显著的差异。总体而言，使用互联网的农民工，相比其参照组，对现存制度和社会秩序更少持批判态度。

信息技术为工人视野拓展和文化表达提供了丰富的渠道，同时也便利了消费主义文化和国家意识的扩散。消费主义正是借助信息技术无孔不入的渗透，弱化了工人从更高层面对资本体系的运作逻辑进行反思和批判的能力。正如布洛维所言，我们很难在参与游戏的同时质疑游戏的规则。换言之，工人很难在享用资本的信息产品的同时质疑资本游戏规则的合理性。“游戏确实通过确保参与这一过程掩盖了游戏得以完成的条件”（Games obscure the conditions of their own playing through the very process of securing participation）。[2]

1 问卷中一共有 19 条陈述，是否使用互联网对其他 12 条陈述的态度没有呈现出显著差异，限于篇幅，文中只列出有显著差异的 7 条陈述。

2 可参考：Michael Burawoy, “Roots of Domination: Beyond Bourdieu and Gramsci.” Sociology (2012) 46: 187-206.

简短的结论

信息技术与中国的产业工人相结合将会产生怎样的效果，会推动产业工人的组织化和自我表达吗？活跃于网络社会的劳工最终能成长为推动社会进步、影响公共议题的重要力量吗？毫无疑问，这是一系列充满吸引力的研究议题，也注定是充满争议的话题。

以往研究只关注信息技术在劳工集体行动或日常生活中扮演的角色，因此对信息技术的赋权效应也各执一端、判断迥异。本文同时从劳工的日常生活、意识倾向等多个层面讨论了信息技术对工人群体的影响。总体上，信息技术对劳工的赋权效果是显而易见的，其中的张力不可忽视。

信息技术的日常使用，构成了农民工城市生活的最重要内容，同时也推动了聚餐、购物、旅游等其他消费休闲活动在该群体的传播、分享、模仿、攀比。信息化极大地推动了劳工的城市化、无产化进程，正是这种退无可退的状态，改变了农民工与农村、与城市、与企业、与政府的关系，迫使部分工人开始重新审视当前的处境，一定程度上改变了其发展诉求、身份认同和行动倾向。但与此同时，对虚拟世界的过分依赖，也进一步加剧了农民工在城市中的原子化状态。

信息技术有助于工人了解相关法律法规，增强权益意识，获得丰富资讯，并有可能突破群体和阶层的限制，接触多元的思想视野。同样，工人可以借助自媒体，呈现自身的经历、体验和思考，并参与到公共议题的讨论中。在自媒体中他们不再是无足轻重的、失语的群体，农民工完全可以通过自媒体发出自己的声音。最后，在缺乏劳工三权的制度背景下，农民工的集体诉求既缺乏正式的组织资源，也面临着风险。信息技术无疑可以为参与抗议行动的劳工提供一个沟通协调、经验分享、信息发布、组织动员的平台。借助新媒体多主体、多节点、互动式的传播方式，行动劳工集体诉求在吸引外界关注、寻求外部力量帮助等方面也取得了一定的效果。正是互联网推动了劳工运动与劳工组织、维权律师、学生等社会力量的结合。但我们不能夸大信息技术对劳工集体行动进行组织动员的潜力。

中国社会的转型过程具有高度的复杂性、实践性、开放性，庞大的产业工人群体与新兴信息技术的关系同样变动不居、充满张力，也有相当的不可预测性。

数字鸿沟的新发展

邱泽奇[1]

社会学视角通常跳出个体，从群体出发来看社会的状态、演化和变迁。我们的基本判断是，数字鸿沟是从一个政治性概念开始的，出发点是判断社会在 ICT（Information Communications Technology）环境下的社会不平等。对消除数字鸿沟的倡导不是来自于学界，而是来自于政府，尤其是美国远程通信局。后来这个问题被列入联合国的一些议案、议程；再后来，学界开始关注，并有了研究。简要地说，互联网技术应用带来了数字鸿沟，不过，数字鸿沟的议题化有一个历史演化的过程。

关于是不是腾讯最先提供网上没有定论“互联网+”去年写入了政府工作报告。今年，这个议题在继续发酵。信息社会 50 人论坛在北京大学开辟了一个“北大讲堂”，一年讲了八讲，都跟“互联网+”有关，这个“+”可以加到很多的东西：农业、医疗、制造、金融、教育、物流等等。前不久看到一条消息说，Google 的一位高管认为，再过 5 年可能互联网就不存在了。因此，有人担心，互联网都没了，还有“互联网+”吗?

其实，跟互联网存不存在没关系，重要的是中间的连接是那个“+”。没有互联网的时候，连接也存在，只是没有互联网环境下的连接广泛。互联网没有了，不意味着连接没有了，只意味着互联网连接不能满足需要了，连接的含义变得更丰富、更广泛了。互联网通常指计算机网络连接的物理状态，随着智能器件、设备、设施等发展，连接不再局限于计算机网络，而是正在延伸到人与人、人与物、人与事、事与物之间，形成人、物、事之间的复杂连接。

1 邱泽奇：北京大学社会学系教授，北京大学中国社会与发展研究中心主任。

人类自诞生之初就有连接，今天还在，未来还会在。万物互联，人类与其相邻的事与物之间走向高度和复杂互联形成的社会特征，我称之为“连通性”（connectivity）。巧合的是，连通性概念是世界银行 2016 年人类发展报告的主题词之一，是世界银行讨论数字红利（digital dividends）的一个自变量。

互联网不管加什么，凸现的就是“连通性”。与连通性有关的话题很多，今天，我以“三农”为例，讨论互联网的连通性在过去这些年对社会经济发展带来的影响，其中的一个影响是不平等。

我以淘宝村为例。

阿里巴巴对“淘宝村”提出的界定是：经营场所在农村地区，以行政村为单位，电子商务的年交易额达到 1 000 万元人民币，活跃店家数量达到 100 家以上或占本村家户数的 10% 以上，就是淘宝村。

2014 年 11 月 11 日，山东省滨州市博兴县湾头村，作为全国十四个淘宝村之一，这个不满 5000 人的小村出现了 500 多家淘宝店，年销售额超过 100 万的就有十几家之多。

阿里巴巴不仅会搭交易平台，也会生产大概念。腾讯也会生产大概念。不过，阿里和腾讯的大概念，各有特色。

回到淘宝村。阿里的定义是一个操作化定义。有了一个标准，大家就可以往上靠。淘宝村的定义，既是一套标准，也是一种引导和激励。有了操作化的定义，就可以计算中国淘宝村的数量，并且可以看到一些有意思的现象。

最近三年，阿里巴巴披露的淘宝村数量增长速度很快，不少曾经的贫困村也加入了淘宝村的队伍。既如此，数字鸿沟还在不在呢？这是我们探讨的第一个问题。

第二个问题是，互联网的发展是不是解决了城乡之间的不平等。其实，关键词是不平等。社会学关注的是人群之间的不平等，地区之间的不平等，社会的不平等。

如果把视野聚焦到互联网技术应用，就会发现有三件事很重要。第一，有没有网；第二，用不用网；第三，如果用，拿来做什么？

有没有网，探讨的是连接互联网的设施和设备，包括设施和设备是不是可用。对这个议题的探讨，有一些经典文献。第二个涉及有没有个体、群体、组织应用互联网。假定互联网设施和设备在物理上连通了，是不是有人、有企业、有组织在使用呢？互联网应用的发展是一个技术门槛逐步降低甚至消失的过程。越早的使用者，面对的技术门槛越高。因此，应用能力是一个非常重要的概念，如果不会用，互联网就是一个摆设。对这个议题的探讨，也有不少文献。

对第三件事，人们有过一些关注，却不多。譬如说，有人探讨是否可以用互联网获取知识。“知识”在这里是一般意义的概念。也有人探讨是否可以运用互联网来提高自己的社会经济地位。2016年的世界银行报告里，有一个概念叫做数字红利作，讲的是通过互联网获取经济收益。显然，数字红利的来源不局限于互联网，还包括其他数字设备和数字产品，它们也是获取知识的一种方法。

弄清楚这三件事，且把它们合并起来观察就会发现，数字鸿沟并非如早先讨论的仅涉及互联网接入设施那么简单。可以理解的是，接入设施是公共政策问题，没有人有能力或愿意或被准许架设互联网设施如光线、基站、骨干交换网络。设施建设，在大多数国家，都是政府的事。对于设备的使用，则是市场的事儿。政府管不了那么细，生产什么设备、用什么设备，人们需求各异，市场是最好的满足方式。至于有没有能力使用，涉及的问题就比较复杂了。

基础设施难题曾经让个体和家庭承担成本。譬如，很多人都曾经花 5000 元安装过一部家庭固定电话，费用相当于当时一个人一年的全部收入。现在如果还出现这样的事，就显得荒唐了。这说明，接入可及性包括对接入可及性的认识有一个发展过程，人们逐步认识到，接入可及性具有公共物品性质，认为应该通过公共政策途径来解决。

正是这个发展过程让互联网使用出现了“中国特色”。根据中国互联网信息中心（CNNIC）的数据，2016 年 1 月，中国互联网的用户数是 6.8 亿。我认为，6.8 亿指的是个体连接数。中国是一个家庭主义社会，大多数个体生活在家庭中，而不是一个人一个小公寓地居住，不像《黑镜》（Black Mirror）里的场景那样，一个人占据着一个单独数字空间。如果以家庭为单位计算，家里只要有一个人接入互联网，就意味着整个家庭都接入互联网；事实上，在有接入设施的地方，中国的家庭基本都接入了互联网。以行政村为单位计算，大概 99% 的地方都有接入设施。我在很多场合也讲，在中国，对互联网的接入要以家庭为单位计算，而不是以个体为单位计算。

如果以家庭为单位计算，中国的接入问题已经不大了。不过，世界上可不是这样，依然有相当比例人群没有接入互联网。根据世界银行的数据，如果以个体为单位计算，依然有 70% 的人无法接入互联网。如果以家庭为单位计算，尽管这个数据低估了接入的比例，接入问题依然存在却是事实。

我们知道，对互联网的使用是一个从不熟练到非常熟练、且熟练程度没有上限的巨大技术性区间。从数据可以看出，不同地区人群对信息技术的适应能力差异很大。我知道腾讯已经在贵州尝试解决这个问题，其实，不仅腾讯在尝试，很多家庭也在尝试，比如说家里有孩子在外面的，都想办法去弄个东西给自己父母，让他们能上互联网。问题是，对器物使用的熟练程度是使用频度和时间的函数，且与个体的生命周期的阶段有关。年轻人精力旺盛，学起新技术来更快更容易。年龄越大，学习并掌握新事物的能力越低。总体上，对不曾接触互联网技术应用的成年人而言，应用能力不是一朝一夕能够培养得出来的。

由此我们看到，互联网应用会带来信息技术传播中的不平等。互联网可及性、互联网技术应用中的不平等，都是发展中的不平等，前者被界定为公共政策的问题，后者则被界定为个体能力养成问题。不过，从社会学的视角出发，凡涉及不平等的因素，都可以被界定为公共政策问题。如果一个社会的技术把绝大多数社会成员挡在门外，那么，这样的技术便是为少数人服务的技术，为少数人获取利益的技术，就是造成不平等的影响因素，就是在公共政策上要进行调整的技术。

第三件事，拿互联网技术做什么？这个问题就更加个体性了。既有的研究已经说明，运用方式不同，从互联网中获得的收益也不相同。不仅收益的维度不同，内容也不同。有的收获知识，有的收获金钱，有的收获友谊等等。收获的规模，即数量尺度也不同。

我有另一篇文章，试图证明在互联网中存在红利，即相对于工业化的市场而言，在互联网市场中存在因使用互联网而可获得的超额利润，我称之为互联网红利（dividends of connectivity），且试图证明它与世界银行提出的数字红利是有区别的。

由于在“拿互联网做什么？”的问题上存在差异——个体间、群体间、组织间、地域间、城乡间，都存在差异；加上第二件事，即使用者之间存在使用能力差异；一个自然的推论就是，从互联网中获取的红利也存在差异。

这就让互联网技术应用对不平等的影响发生了本质转变，从因公共政策导致的机会性差异，转变到因使用者能力和偏好差异而产生的收益差异、红利差异。在不平等研究领域，机会性不平等是一类，结果性不平等是另一类。我们看到数字鸿沟的新发展，从机会性不平等转向了结果性不平等。两者都是公共政策问题，前者通常是运用公共政策在供给侧解决问题，即提供平等的机会。在互联网技术应用中，通过设施和设备的供给和覆盖，解决机会性差异问题。对后者，则存在着复杂的争论。

为了便于大家理解这一转换，我想把话题略微往细微处引一引。

我们讲到数字鸿沟的发展，早期主要是接入鸿沟。还是以乡村为例，传统的中国乡村是一个一个相互隔离的小聚落，在聚落内部，个体之间、家庭之间、村寨之间是连通的，在聚落之间，是相互隔离的，存在一条连接不上的鸿沟。有一篇经典文献讨论过中国乡村的市场网络，认为中国的乡村市场是一个由赶集或赶场建构成的局部网络。如果大家对传统中国乡村略有了解就会知道，农村有赶集的传统，通常用阴历，用 10 天或 15 天为一个间隔，在不同的聚落间轮换集市，用网络的行话来讲，一个聚落是一个小连通分量。

信息社会则是一个大连通分量，是把许多聚落连接起来的网络社会。如果小连通分量之间各自是不连接的，且影响接入的因素是基础设施的可及性，我们称之为“以‘接入鸿沟’形态表现的‘数字鸿沟’”，这个接入鸿沟不是个体能解决的，只能靠公共政策来解决。

接下来我们看数字鸿沟的另外一个格局。假定一个一个的聚落之间连通了，构成一个大连通分量，即网络社会出现了；或者，原本隔离的小连通分量与大连通分量连接了，那么接入鸿沟便消失了。这是中国在基础设施领域发展最快的现象，村村通、光纤入户、手机基站，包括腾讯弄的手机工程，多项措施并举，让中国绝大多数的聚落有了接入互联网的机会，接入机会不再是影响人们使用互联网的主要因素。

既然接入鸿沟已平，是不是数字鸿沟问题就解决了呢？对这个问题，可能还不能那么乐观。我举一个例子，运动会。接入鸿沟填平意味着我们面对所有人组织了一场运动会。问题是，不是所有人的运动资源和能力是一致的，对此，我们常常会把残疾人和健全人区分组织。可是，如果认为接入鸿沟填平就意味着解决了数字鸿沟问题，就意味着把不同运动资源和能力的人放到了一个平台上竞争。显然，并没有解决不平等问题。

如此，由机会平等带来的可能是因人群数字能力、资源禀赋等差异带来数字鸿沟的另一种形态。如果这个鸿沟被放大，就会产生另外的问题：有人会从信息社会中获益，很多人可能不会获益。即使假定所有运用互联网的人都会从中获益，不同人群之间的获益可能依然会有较大差异。从运用互联网中获益且超过不运用互联网获得更多的益处，我们称之为因连接互联网、运用互联网获得的益处，即互联网红利。由使用者自身的原因导致的从互联网中获益的差异，便是互联网红利差异，也是数字鸿沟的另一种形态。

因此，接入互联网不是消除了数字鸿沟，而是触发了数字鸿沟的另一种形态，还可能放大数字鸿沟的另一种形态，或者说触发了人群之间以货币形态体现的价值不平等、收益不平等。

我们看一个情况，《中国淘宝村》展现了不同地区、不同产业类型淘宝村网络销售额的排序。可以看到，像义乌小商品，卖东西的网销额最大，接下来造东西和卖东西销售额也大，卖传统的如草柳编的销售额就不那么高了，卖农产品的销售额更低了。这意味着贸易、工业比较发达的地方，从互联网中赚钱更多。

《中国淘宝村》一书中主要淘宝村的产业情况

	所在省份	村民数	主要产业	网络销售额（元）
青岩刘村	浙江	2000 人左右	义乌小商品	15-20 亿
军埔村	广东	2000 人左右	服装、皮具等	10 亿左右
东风村	江苏	4800 人	家具	近 20 亿
西山村	浙江	976 人	简易衣柜	2400 万
湾头村	山东	7000 人左右	传统草柳编	1 亿
顾家村	山东	1423 人	老粗布	6000 万
北山村	浙江	2000 人	户外运动产品	上亿元
灶美村	福建	1650 人	家居藤铁	1.8 亿
培斜村	福建	725 人	竹凉席	1000 万
白牛村	浙江	1528 人	山核桃	7050 万
新都村	浙江	1817 人	山核桃	7000 万
西岙村	浙江	870 人	玩具	1.2 亿

这是否意味着数字红利鸿沟与工业化红利鸿沟之间是同构的呢？我们发现大致同构，但也有例外。我们可以看另一组数据：阿里巴巴的电商指数。数据显示，其与各地的经济发展水平、工业化发展水平是同构的，从浙江到甘肃基本如此。

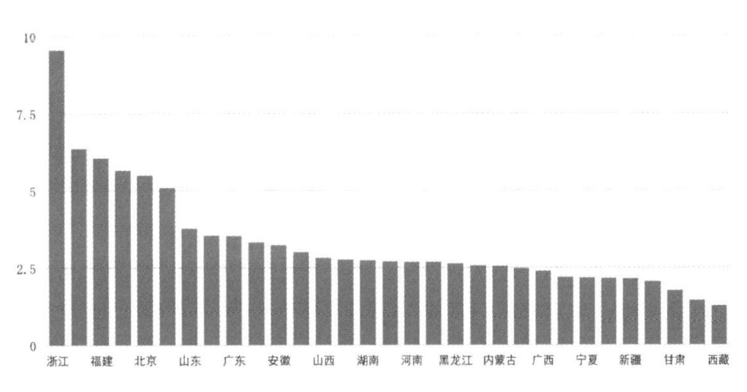

分省中国县域电商指数平均数（2015）

此外也有黑马。腾讯发布的数据显示，黑马不是一匹，是一批。国家信息中心的信息社会指数区分东中西部，数据显示，东部的发展指数远远高于中西部，与经济发展水平顺序一致。两者之间的因果关系，我们暂不讨论。因为我们同样也能发现有些地方异军突起。这说明，大格局上的同构并不意味着真正的同构，其中包含着一些有趣的现象。

经过梳理我们发现，以下几个因素影响着红利鸿沟。第一，资本。第二，先行者优势，创新力的影响。第三，受教育程度。受教育程度是工业社会和信息社会都有的影响因素，只是在不同的情境下，影响程度差异较大。

对互联网市场的观察可知，加工品的收益更高，初级产品的收益相对低。对《中国淘宝村》数据的简单分类还可以看出，如果把市场上的商品区分为本地农产品、传统手工业产品、纺织产品、创意产品几个类别，就会发现创意产品的收益最高。

另外一个影响是网络的异质性。我们发现，同质性网络和同构性网络通常会造成恶性竞争。譬如，同一种农产品或同一种工业品都会造成同质性竞争。简单地说，只有用户连接到互联网，才有机会从互联网获取互联网红利。如果能够接入到异质性网络，就能获得更大的互联网红利。譬如，把新疆的葡萄直接卖到东南沿海。如果不能保持节点的异质性，短期内的创新红利会很快消亡。譬如，新疆一个地方的葡萄和众多地方的葡萄卖到东南沿海的互联网红利是有差异的，各类淘宝村的例子已经充分证明了这点。

现在，我做一个小结。

在一个国家的数字鸿沟发展中，如果互联网基础设施的可及性有差异，那么就意味着存在接入鸿沟形态的数字鸿沟；可互联网接入鸿沟的消失并非意味着数字鸿沟的消失，在中国的发展事实中我们观察到，会出现另一种形态的数字鸿沟，那就是以互联网红利差异形态表现的鸿沟，一部分群体从互联网中获得了大量的超额收益，另一部分群体获得的收益甚少或没有收益。

最后我再举两个例子。

第一，我们在江苏省睢宁县东风村看到的例子。在那里我们看到，只要接入互联网，能做简单的生意，收入就一定远远超过种地所得。

第二，我们在淘宝天猫看到的例子。如果把东风村跟海尔这类企业比较，就会发现，东风村收入非常有限。阿里的数据显示，2011—2015 年在淘宝、天猫平台上大店家成长曲线呈现为 45 度角的延展，证明了我所讲的，红利鸿沟可能会越来越放大。

在未来，红利鸿沟会是数字鸿沟发展的一个大趋势，也将会是我们面对的最主要社会不平等问题。

法意

失败的知识产权？

——从中国视频企业的版权原罪说起[1]

余盛峰[2]

作为仪式的版权献祭

2012年，腾讯视频和PPS网络电视互诉侵权，腾讯称PPS盗播其五部剧集，索赔金额超过千万元，而PPS则在上海、深圳、香港三地对腾讯盗播提起上诉，索赔金额过亿元。搜狐视频，随后也对PPS发起了侵权诉讼，指责PPS共盗播其23部共800集剧集，PPS则反诉搜狐涉嫌盗播其独家影视剧173部。有意思的是，各方均否认自己存在盗播行为。[3]无独有偶，2012年3月，中国视频市场占有率居前两位的优酷网和土豆网宣布合并，而在此前，两家公司也围绕版权互盗问题展开激烈的相互指责。据媒体报道，2011年12月，土豆网高层公开面对媒体用针痛扎一大片代表优酷的蓝色气球，将其炸成碎片，宣布要"斗争到底"，并发起1.5亿元的视频行业天价索赔。冲突源于土豆声称其重金购买的综艺节目《康熙来了》遭优酷侵权盗播。优酷当天便迅速反应，痛斥对方盗播自家几十部剧版权，已将其告上法庭。随后，双方多位高管在微博上演隔空骂战，场面煞是热闹。[4]

中国视频企业的版权互盗司空见惯，任何有登录视频网站经验的网友都可发现，同一视频内容，往往都可通过搜索引擎在不同网站轻松找到，不同视频网站的内容高度重合。视频网站这种行业性默契的互盗版权，形成了一种矛盾局面：一方面，视频内容的高度重合无疑反映视频版权的互相侵犯是行业普遍的潜规则；另一方面，版

1 本文曾发表于《法律和社会科学》第15卷第1辑，苏力主编、胡凌执行主编，法律出版社2016年版。

2 余盛峰：北京航空航天大学法学院、北京航空航天大学人文与社会科学高等研究院。

3 慕习："搜狐收购PPS缺乏现金流 视频企业互诉实为营销"，IT商业新闻网，http://news.itxinwen.com/internet/inland/2012/0517/412308.html，2012年5月26日访问。

4 秦川："视频夙敌宣布合并 优酷网土豆网'闪婚'"，《新闻晚报》，http://finance.ifeng.com/news/tech/20120313/5742038.shtml，2012年6月2日访问。

权也不是完全失效，否则，难以解释各大视频企业都在宣传自己对于某部电视剧的独家播映权。而这些独家播映权，其版权收购价格经常达到天文数字，以热播剧《心术》为例，其每集价位高达 260 万元到 280 万元（以剧长 30 集计算，版权成本将高达 8000 万元）。[1]

视频版权的普遍侵犯并非代表版权的完全失效，而视频版权的畸高价格同时建立在司空见惯的版权互盗之上。在视频网站市场，因而形成一种非常奇特的半知识产权保护状态，一种特殊的半法治局面。一方面是市场对版权的普遍侵犯，另一方面是市场对版权的选择性保护。为争夺优质广告客户，视频企业需要借助独家版权策略，而捍卫和确认版权的结果，是不断抬高了版权价格，而在这种版权竞争策略的价格抬升下，任何一个视频网站都越发不可能支付其全部播放内容的版权费。因而，越是强调对单一视频版权的保护，就越使一个网站增加了对其他视频版权盗播的可能性。无法想象，在残酷的互联网竞争环境下，一个视频网站可以仅仅通过播放几部独家版权视频就存活下来。

但是，视频企业虽然不可能收购所有播放版权，却也不可能盗播全部播放内容，相反，最终会在所有具备竞争实力的视频企业之间达到一个均衡点：即一个企业所收购的独家版权视频的数量，要能诱使其他企业也来盗播它的部分内容。以此，视频企业相互之间的盗播才能形成一种默契的均衡状态。某个网站盗播了其他网站的部分内容，其他网站也盗播了这个网站的部分内容，这样一双互盗版权的“看不见的手”，既能保证内容的共享，又能阻止侵权诉讼的发生。然而，最终也只有那些占有一定数量版权的企业，才能获得进入这一互盗游戏城堡的资格，版权制度则构筑起一道狙杀中小企业的高墙。只有占据一定数量版权的企业，才能获得对其他企业版权侵犯的资格。

这在某种程度上，就使版权保护变成了一种宗教仪式。选择性的版权宣告是对版权之神的献祭，以求得日常的版权亵渎的许可。因

1 该剧此前由搜狐视频宣布独家高价买断，但随后又出现其他视频网站与版权方秘密接洽，并以更高价格利诱版权方毁约。参见马闯：“数十亿风投沦陷视频业 短视频模式解盈利困局”，《央广新闻》，http://tech.qq.com/a/20120430/000098.htm，2012 年 6 月 2 日访问。

为，在高版权保护状态下，一个企业不可能不侵犯任何版权；而完全的盗播，也不可能逃过版权之神的审判。因而，在视频版权领域，最终就形成了一种行业的“原罪”：要在行业中生存，就必须获得版权之神的救赎，而这也就需要对版权之神做常规的法律祷告与献祭，通过选择性的版权保护和版权确认，不断为版权之神提供血食。与此同时，每个企业也要诱使其他企业对版权禁果进行偷食，从而让所有参与其中的企业都陷入堕落的状态。最终，所有这些企业之间的分化与联盟，号召加强版权保护（一种竞争策略，而非实质性的保护），借此排挤消灭掉那些中小企业对手。至少在视频领域，对于版权的膜拜，就不是出自于虔诚的法律信仰，版权保护也不是意在推动文学艺术殿堂的缔造，而变成了版权之神与资本魔鬼之间的一场交易。

视频行业的魔鬼也并非游荡在当代知识产权世界的唯一幽灵。随着互联网技术的迅速发展，包括智能手机、平板电脑、3D 打印技术的涌现，都在预示以集成诸多单一知识产权于一体的新技术形式的逐渐普及化，创新正以一种要求集成大量知识产权于一体的形式出现。这些技术趋势预示知识产权面临新的困境。技术革新正在逐渐告别传统的单一版权与专利权作品的时代，集合诸多版权与专利权于一体的产品与商业模式正在突破传统技术壁垒大量出现（比如视频网站、音乐网站、智能手机、平板电脑、整体产品打印等）。竞争优势的转移，越来越不可能只以单一或少数版权与专利技术的实现而完成。知识产权所构建的法律保护体系，正在塑造一个不对称的市场权力结构：占有一定数量知识产权的企业才能获得侵犯一定数量知识产权的可能性，中小企业成为被信息寡头收购创新技术的对象，知识产权的高水准保护形成了一个等级式的企业竞争筛选网络，市场竞争结构借助知识产权的介入被不断固化乃至锁死。与中国视频企业一样，一切只要是必须通过大量集成才能获得技术突破与商业模式创新的产品或运营形态，都面临与之相似的困境与原罪。[1] 在知识产权之神的默许下，互联网巨头企业的知识产权献祭与偷食，得以不断上演。在知识产权之神面前，只有那些资本力量

---

1 比如，苹果与三星的专利权纠纷，以及与谷歌安卓系统的专利权纠纷。可参见中关村在线：“三星与苹果专利纠纷谈判未能达成和解”，http://tech.163.com/digi/12/0531/13/82RB16UF00161MAH.html，2012 年 6 月 3 日访问；《华尔街日版》网络版：“HTC 与三星：智能机厂商境遇的两极分化”，http://roll.sohu.com/20120608/n345067156.shtml，2012 年 6 月 2 日访问；潘敬文：“体系专利拥有权薄弱 安卓手机深陷专利纠纷”，《新闻时报》，2012 年 6 月 3 日访问。

雄厚的企业才能获得赎罪券；而中小企业，则只能在零散的领域做“创新”的苦行。

正是因此，关于中国视频企业的法律原罪，从法治基础薄弱（立法不健全、执行不得力、司法不独立）、惩治力度畸轻、中国模式论、文化特殊主义出发，都无法做出令人信服的解释。知识产权，作为当代企业与资本竞争策略的法律工具，实际正逐渐变为企业间“战略恐怖平衡”的威慑性手段。知识产权对于当代资本经济的革命性影响，甚至可以譬之以核武器对于传统战争与和平的革命性颠覆。这一原罪所指示的问题其实已超出一时一地的困境与挑战，而指向一条前途未知的道路。

“知识产权”稀缺性的吊诡

首先，一切关于知识产权的劳动价值学说正面临深刻危机。如果说，在古典经济时代，是以富有和贫穷来界定社会分化，在货币经济时代，是以资本和劳动来界定社会分化，那么，在进入知识经济时代之后，劳动和资本也已不敷使用。过去，人们希望通过劳动来降低自然的稀缺性，劳动价值学说因而承担了一种功能，即告知人们可以通过劳动来调和富有与贫穷。但是，对于知识财产而言，劳动价值学说的解释已明显不足。因为，知识稀缺性与土地财产有限性所导致的稀缺性完全不同，它在更大程度上揭示出稀缺性本身就是社会建构的产物。

因为，知识稀缺性并不出自知识的有限性（知识并不因为使用而耗尽），知识的稀缺性，实际完全出自于社会的规约。只有对一个有限数量的范围进一步筛选和界定，才能形成稀缺性。对于知识的攫取制造了稀缺性，而这种人为建构的稀缺性又成为进一步知识攫取的动机，而由这种攫取所形成的自我循环，是整个知识产权制度得以构建的真实动力。由此所形成的吊诡局面是：它一方面创造出自己的运作条件，另一方面又将这种由自己所造成的结果理解为制度运作的动机。而为了掩盖这一吊诡，知识产权制度则建立起一整套连续运作的框架与条件。如德国社会理论家卢曼所说，通过分岔和编码，这使稀缺性被进一步浓缩为拥有和不拥有的分化形态。[1]知识稀缺性本来是建构的产物，但通过这样一个遮掩吊诡的过程，人们就被置入一个由知识攫取而不断编码化的结构之中，从而形成一个知识产权体系的特定历史处境。知识稀缺性的吊诡，经过洛克式劳动价值理论的阐释，也就被转化为有关知识交换与分配的政治经济学问题，转化为如何正当化知识占有不平等的法律技术问题。

在知识产权自我的意识形态诠释中，对于知识的攫取本是为了降低知识的稀缺性，是为了推动文学艺术创造和发明创新的进程。但实际上，正是攫取本身制造出了知识的稀缺性，而且，经过"拥有 / 不拥有"这样的财产编码之后，原先的知识的多少问题（A 多一点知识，B 少一点知识，但不会是全有全无的状态），就转化为知识的有无问题（A 有权占有知识，B 无权占有知识），在一个特许的时间范围内，谁要是拥有什么东西，就可以一再利用这个拥有；谁要是不拥有什么东西，就一直缺少这个东西。而这种人为建构的知识稀缺性的吊诡，也被进一步遮蔽起来，而这一切，也正是通过劳动创造知识的价值论说来完成的。

可以发现，在传统的宇宙论框架中，稀缺性很难与有限性区分开来（以土地财产为典型），但在知识经济时代，知识的稀缺性相反以知识的无限膨胀和持续使用的矛盾形式展现出来。古典经济是一种"道德经济"，因为稀缺性往往联系于有限性，因而也被联系于剥削的可能性。但是，在知识经济时代，知识的稀缺性不再被体验为一种对非权利人的剥削，稀缺性不再是一个针对总量恒定的客体进行具体配置的问题，而成为一个纯粹功能化的操作性概念。而这正是通过知识财产制度的奠定而实现的。对于知识的攫取，被浓缩为知识财产权的拥有和不拥有（不再是知识较多或知识较少的问题）这两个选项。表面上，对知识的攫取是通过劳动而正当化的，但实际的逻辑却不是如此。

1 卢曼：《社会之经济》，汤志杰、鲁贵显译，联经出版社，台北，2009 年版，页 217。

依照传统的论述，知识财产被视为一种由法律所保护的，对于劳动所创造的知识价值的支配权（dominium）。但实际上，知识财产其实是作为一种符码机制在发挥作用，因为，它不需要物理手段上的实际占有和控制，也不是某种必须通过劳动才被创造出来的知识价值，而知识的财产 / 非财产这组区分才是关键性的。基于这项区分，一个人不是知识的财产所有者，就是知识的非财产所有者，而不再有第三种可能性。劳动并未使知识财产变成"权利束"，"知识"也不必是一个需要被意识所占有的对象。在传统的劳动价值学说那里，既然人们通过劳动创造了知识价值，那么，人们自然可以自由地"享用"其知识成果，但知识的财产 / 非财产的符码化——知识的"产权化"——却要求知识必须通过一种"合理性经营"的方式为自己辩护，在此，它就必须嵌入到理性资本经济的脉络之中。

大致从 17 世纪资本主义兴起开始，西欧的所有事物都开始变为买卖的对象，包括灵魂救赎、政治职位、贵族头衔、土地占有等。稀缺性与尘世自然的财富规模和性质变得无关了。[1] 灵魂与贵族头衔都变为买卖的对象，这当然不是因为劳动价值灌注于其中的缘故。"知识"的"产权化"，正是自 17 世纪开始其历程，这并不是偶然的。当代"知识"的全面产权化，不过是这个自 17 世纪就已开始的资本经济逻辑的深化。财产不再是静态的占有和支配形式，而必须通过动态的方式才能达成运作式均衡。知识作为一种抽象物，也只有在这种不断的流动性之中才能发挥它的效能。和灵魂救赎成为买卖的对象一样，知识的产权化也绝对不是建基在劳动之上，它奠基于一种完全不同的编码形式之中。通过这个编码过程，知识变成了一种围绕于资本而展开的商品形式。知识本身无法控制交换，以资本形式展开的交换，反过来控制了知识生产。

因此，可以看到，现代知识产权制度的建构，一方面排斥了劳动维度，自此才能建立起财产 / 非财产的权利符码，从而实现对知识稀缺性的精确控制；另一方面，劳动范畴又被保留下来，作为证明知识财产制度合理性的"寄生者"。它维持住劳动创造智力成果的表

1 详参洛克：《政府论》（下篇），吴恩裕译，商务印书馆，北京，2005 年版，第 5 章，论财产。

象，却遮蔽了资本主导知识产权建构的事实。劳动使知识财产获得了一种神圣光环，也使人们不断陷入诸如知识改变世界的那些陈词滥调之中。而当代知识产权制度，在许多方面也使“知识劳动”陷入与19世纪产业工人一样的困境，知识通过资本的组织化过程，逐渐陷入异化境地。如果说，资本—劳动图式能够描述20世纪之前的工业形态，那么，它已无法把握当代的新阶级图景。因为，不平等已不再仅仅基于生产资料占有的不平等，而更多被知识生产、消费与分配的特殊权力结构所决定。我们不再听命于一个资本家，却又被充斥于世界的无所不在的知识产权体系弄得无所适从。

保护竞争，而不是保卫社会

正是基于劳动价值学说的不足，我们可以进一步审视哈耶克有关知识产权的论说。[1]在哈耶克看来，知识产权制度就是一个由国家刻意设计，由外部强加的外生秩序（exogenously order）的失败典型。哈耶克否定了知识产权制度的合理性，而呼吁经济系统的“自生秩序”（endogenou order）。对于哈耶克，作为国家强加的外部性规则的知识产权，它是导致人为垄断的罪魁祸首，只有取消知识产权，才能重新使市场恢复良性竞争的前提。但是，哈耶克完全否定了这样一种可能性：实际上，知识产权制度本身即是竞争型市场体系的内在要求。正如前文已指出的，知识财产的稀缺性本身，并非出自知识本身的有限性，也并非出自劳动/不劳动的辩证法，也不是出自国家的人为干预。稀缺性是现代经济作为一个自足系统通过其特殊的编码与分岔形式自我演化所成。假设按照哈耶克的构想，一种要求取消国家外部干预的自生秩序的存在，可能只会进一步固化一种特殊的知识产权制度。自然竞争无法解决知识产权垄断问题，正如中国视频企业案例所显示的，版权制度正是企业乐意通过选择性遵守以展开资本竞争的法律工具。

当代知识产权制度，已不再仅仅满足于个人智力成果交换的需要，它在很大程度已经成为企业重要的竞争性武器，当代知识市场的首

1 哈耶克：《个人主义与自由秩序》，邓正来译，三联书店，北京，2003年版，第167页；哈耶克：《法律、立法与自由》，邓正来译，中国大百科全书出版社，北京，2000年版，下册，页398。

要逻辑已经不再是交换，而是企业竞争。当代知识市场的参与主体，也主要不再是传统意义上的平等民事主体，而更多是不对等的竞争型主体。古典的放任自由并不反对政府通过知识产权的特许制度来调和市场竞争，而哈耶克的放任自由则留下这样一种可能性：自生自发的市场竞争将呼唤一种比“外生秩序”更为激进的知识产权制度，并最终导向一种更为严重的垄断形式。当代知识产权已经不再主要服务于平等主体之间的交换，而是服务于企业和资本逻辑的展开。当代信息资本主义的发展，正是建立在对整个知识产权制度的重新整合和利用的基础之上，并不断呈现出“信息封建主义”的趋势。资本主义利润链条的最高环节，已经不在生产终端，而是围绕企业营销、版权保护、专利许可、转让、交叉持有、资本联盟、标准化、诉讼等形式展开。整个产业链条通过知识产权的分解与塑造，通过相关法律和标准的引入，通过相关议程与议题的设定，从而以一双“看不见的手”控制和垄断利润。

它在表面上带来一个琳琅满目的知识社会，但其背后则是一个围绕于抽象财产而不断复制的企业社会。因为，建筑在传统的土地、劳动和资本之上的企业，其扩散和繁殖能力必然是有限的，而围绕于知识财产而蔓延开来的企业形态，则甚至可以“个人”的形态存在。这样一种关于企业社会的定位与想象，就绝不只是自生自发秩序的结果，它必然要求一种相应的法权结构对之塑造和规范，知识产权制度就是其中最为核心的机制。它所关注的，已不再是知识的交换问题，甚至也不是知识的生产和分配问题，而是服务于企业围绕知识所展开的资本竞争。

因此，在竞争性市场的组织形式中，取消知识产权就不可能是“自由放任”的自然结果。不用违背哈耶克的理论构想，知识产权也完全可以绕开国家，成为一种跨国界的严格执行机制（WTO 的 TRIPs 协议即是其证）。而对于哈耶克来说，竞争也绝不只是一种自然现象，因为对于所有的新自由主义者来说，竞争更是一种形式化的动力原则，它是现代经济系统除“财产 / 非财产”这一组符码之外更富力量的编码形式。对于市场竞争中的优势主体来说，知识产权制度的需要，丝毫不比国家立法的冲动更弱。正如福柯所言，新自由主义只是为国家普遍的和行政的干预采取的掩护手段，干预越沉重越不容易被发现，越是以新自由主义的面目隐藏起来。政府干预越是在经济层面保持谨慎，在包括技术、科学、法律、人口等背景整体方面，政府干预的程度就会越重，它必须提供一整套市场秩序和资本竞争的框架。[1]

所以，在当代社会，没有人能够平等地接近知识，知识市场有赖于一种差序格局，竞争机制也正是通过这种差序格局才能顺利展开。而哈耶克所倡导的取消知识产权，也绝对不是为了保护知识社会的目的，不是为了对抗知识产权的反社会特征，相反，他是对反竞争机制的一种反对。对于哈耶克，取消知识产权，不是为了追求一种相对公平的接近知识的机会，相反，是为了进一步推动知识财产的流通和竞争。他所追求的，其实是一种更为激进的知识财产私有化的形态。

另一方面，我们也应当注意到哈耶克对于劳动的暧昧态度。在古典政治经济学那里，劳动没有被认真对待，李嘉图就倾向于把劳动化约为时间的变量。[2] 而作为新自由主义者，哈耶克（也包括如舒尔茨等芝加哥学派），他们希望重新把劳动维度引入经济学领域。在他们看来，古典经济学只把劳动视为一种力和时间的范畴，这是一种根深蒂固的误解。在新自由主义者看来，对于劳动深度和广度的质的方面的挖掘，是“自生秩序”生成的重要途径，这当然使他们更加强调知识作为一种劳动的维度。但是，对于新自由主义者来说，知识劳动，当然不再是纯粹的文学艺术创作或发明创造的时间历程，而其实更是一种资本、一台机器、一座企业，只有借助于知识的劳动化与劳动的知识化，才能对个人与社会进行空前规模的深度和广度上的开掘。

劳动在这里再一次扮演了掩盖吊诡的正当化功能，只不过，在洛克式自由主义那里，劳动所遮盖的是财产 / 非财产的编码形式，而在哈耶克式的新自由主义这里，劳动所掩盖的则是竞争 / 非竞争的符

1 福柯:《生命政治的诞生》，莫伟民、赵伟译，上海人民出版社，上海，2011 年版，页 125。

2 李嘉图:《政治经济学与赋税原理》，王学文译，商务印书馆，北京，1962 年版，第 1 章第 2 节。

码逻辑。哈耶克当然不会真诚地相信是劳动创造了价值，劳动对他来说只是一个“寄生者”——它既被排斥也被包容。而对于新自由主义者来说，一个好的知识产权制度也不应当寻求完全杜绝知识产权被侵犯的可能性，这是一种“致命的自负”。正像法律经济学的刑罚理论一样，不是为了消灭犯罪，而是为了达到犯罪供给曲线与负需求曲线的某种平衡。保持一定的知识产权违法率，其实正是这套制度健康运行的表现。

正是在这个意义上，中国视频企业的版权互盗，其实并不是知识产权失败的表现，相反，也是其活力和权威的象征，它将把我们带向一个更为微妙的法律世界。

版权违法与版权保护的悖论生态

2014 年快播 CEO 王欣的入狱，是中国视频互联网史上的一个标志性事件，它代表了视频行业丛林竞争时代的终结，以及一个新的寡头垄断行业格局的正式形成。而曾经比快播更被视为盗版先锋的百度，基于它作为 BAT 巨头以及流量分发的巨型平台，最终成功逃脱了侵犯版权的审判。[1] 它和举报快播的“中国网络视频反盗版联盟”一起，通过一场版权的集体献祭和绞杀，同时也实现了对自身盗版原罪的救赎和洗白。

2016 年 1 月 7 日，北京海淀人民法院，快播涉黄案开庭，快播 CEO 王欣受审否认犯罪。

在法律技术上，百度是巧妙地利用了《中华人民共和国著作权法》的规定——诉讼主体必须是版权内容上传者——从而将盗版主体转移到众多小微网站，而百度则可以成为视频“搜索技术”的“创新”提供方，可以“合法”地利用这些“非法”的小微视频网站（其分布式的存在广度大大超出执法禁止的成本），占有这些小微视频网

1 以搜狐 CEO 张朝阳为首的“中国视频反盗版联盟”称百度旗下四款产品（百度视频搜索、百度影音、百度视频 APP 和百度影棒）均存在盗链侵权问题。详见《IT 时代周刊》2013 年 12 月封面文章《他们为什么围攻百度？》，记者 / 张樊（特约）、李琳，http://www.ittime.com.cn/index.php?m=content&c=index&a=show&catid=27&id=7073，2015 年 6 月 12 日访问。

站提供的“非法”“授粉”产生的“蜂蜜”——广告流量和收入。在“法律”上，百度是“合法”的，在“技术”上，百度又是“创新”的，尽管其模式与快播并无本质不同，但它可以借助互联网平台的垄断地位、雄厚的资本市场动员能力以及力量庞大的律师团队，最终逃脱“知识产权”的审判。这无疑为我们展示了有关知识产权守法与违法叙事的复杂面向。

事实上，虽然版权的壁垒正被不断筑高，但中国的视频企业仍然可以通过版权“分销模式”来对冲高额版权带来的商业模式困境。当视频网站以高价版权获得首播权，它可以在其平台播出后，继续将其版权分销给其他企业，或者直接与它们进行等价的版权内容交换。但是，这种分销模式仍不足以对冲和平衡版权，进而成为视频寡头垄断时代的战略平衡器。因为，分销模式最终会导致形成不同视频网站之间的内容趋同化，这无法满足互联网时代对于“更新、更多、更快”的信息内在需求，进而可能被逐渐排除出垄断企业竞争策略的优先选项。这已在当下的视频产业发展中得到了验证。根据媒体报道，2013 年 11 月 7 日，爱奇艺宣布砸下数亿元重金购买国内外影视剧版权，而且“不分销，不换剧”。当时的爱奇艺首席内容官马东表示，爱奇艺将坚持“独家播出、不分销、不换剧、不赠送”的内容策略。[1] 尽管分销模式能够降低购买版权的成本，但寡头视频企业的竞争胜出，最终并不取决于价格战，而是取决于内容战。而“行业共享”的版权模式之所以只能是脆弱的短暂平衡，则是缘于中国视频产业发展存在的内在悖论。

一方面，中国庞大的互联网市场规模和受众群体，决定了成功的视频企业必须进行大量的剧集聚合，这因此就需要支付庞大的版权采购费用。[2] 但由于这个庞大的市场规模本身超出了任何一个视频企业自身的财力容量，所以它只能在不同寡头视频企业之间形成一种相互有所默契的相互盗版空间，才能支撑一个庞大互联网市场的信息需求。版权的高保护标准和中国体量的互联网市场，这两者之间所形成的容量落差，在一定程度上就决定了盗版的内在必然性。既

1 爱奇艺 CEO 龚宇认为，用更大的资金买更好的内容，并改变之前分销或换剧的模式，是行业变化的结果：“行业越来越集中，剩下来的互联网企业一定拥有更加优秀的内容。”详见《IT 时代周刊》2013 年 12 月封面文章《他们为什么围攻百度？》，记者 / 张樊（特约）、李琳，http://www.ittime.com.cn/index.php?m=content&c=index&a=show&catid=27&id=7073，2015 年 6 月 12 日访问。

2 据数据显示，中国网络视频的用户已经达到 4.28 亿，移动端用户是美国的 2.5 倍，每人每天花费在视频上的平均时间将近 40 分钟。此外，2014 年第 1 季度中国网络视频市场广告收入为 29.7 亿元人民币，较 2013 年 4 季度降低 19%，与去年同期相比增长 22.2%。参见《<爸爸 2>引版权纷争，视频网站盈利或成可能》，央广网科技 6 月 24 日消息（记者周涛），http://www.ncac.gov.cn/chinacopyright/contents/518/210434.html，2015 年 6 月 5 日访问。

然视频企业必须吸引更多的观众进而招揽广告投放，并由此来支撑财政平衡，那么在这样一个具有庞大互联网受众的巨型市场，盗版空间也就会被进一步放大。

面对这样一个任何巨型企业都不足以支撑全部高版权支付要求的庞大市场规模，高版权保护标准带来的结果，就会是一种高投入（版权支付）、趋同化（分销模式）、低质量（低劣自制剧）的恶性循环局面。而对于一个具有高度多样性和差异化信息获取冲动的大规模市场国度，在这样一个由高版权保护标准构筑的，一个被网民所痛恨的“什么也看不了”的正规视频内容市场之外，就会不断茁生出数量极为可观的广大分布的地下微型网站及其“非正规经济”，[1]它们可以聚拢在“百度”这样一些可以“合法”地通过“技术创新”来规避版权“违法”的“保护伞”之下，通过百度这样一些存在于寡头视频企业互联网等级架构之上的信息平台和流量端口，进而形成一种相互寄生的版权规避生态和互联网“授粉经济”。[2]

而更值得注意的是，前述“爱奇艺”网站之所以敢于打破业已形成的寡头平衡生态，违背视频行业的“分销模式”潜规则，其根本原因就在于“爱奇艺”通过“百度”的资本收购和包装，业已成为一支“概念股”，它可以成功地进入“资本市场”，通过金融虚拟资本的财力动员，迅速获得超出其他视频企业的资本规模，从而可以获取进一步筑高版权壁垒标准的资本，形成对既有寡头格局的持续冲击。既然资本市场可以容纳的“概念股”有限，那么视频企业也就变成了一场拼进入资本市场时间和速度的追逐游戏，谁先获得IPO，谁先进入金融市场获得融资，谁就可以最先打破既有游戏规则进而获取战略主动权。

实际上，这就形成了一种十分吊诡的从“版权违法”到“版权筑垒”的连续传导和循环链条：“百度”正是基于前述的“‘合法’的‘违法’授粉模式”，获取了互联网经济生态的超垄断利润，它由此可以借助这样的超垄断利润攫取模式，完成对寡头视频企业的收购和

1 根据媒体报道，国内仅仅依靠快播做盗版影视内容的网站就多达万家，其中年收入超过千万元的网站就接近10家。这仅仅是盗版电影网站的情况，而发展更为隐蔽、吸金能力更强的色情网站，则根本无从统计。有资深站长猜测，每年这部分业务的市场整体规模，应该是普通盗版视频业务的2倍以上。而且，这些网站盗播往往演变为形式复杂、法律性质模糊的“搜索指向”、“深层链接”、“流媒体传输”等技术。这些行为是侵权，还是技术创新，在司法和版权执法界有较大争议。参见《快播被罚背后：深陷反盗版诉讼》，《北京青年报》2014年6月23日，记者吴琳琳，http://finance.sina.com.cn/chanjing/gsnews/20140623/031919488139.shtml，2015年6月12日访问。

2 有关授粉经济的概念，可参见巴唐在另一个有所区别的意义上的讨论，Yann Moulier-Boutang, *Cognitive Capitalism*, Polity Press, 2012.

包装，进而获取进入金融资本市场的先机，由此转而进一步抬高版权收购和保护的标准，来形成对既有视频寡头格局的冲击。它利用“版权违法”来完成对“版权保护”的筑高，又经由“版权保护”筑高来反向提高“版权违法”的超额利润。

因此，视频寡头企业一方面不断被迫提高版权保护标准，另一方面又面临愈益严重的难以执法的互联网地下盗版活动，而这实际上正是通过“百度”式的互联网“总开关”公司来推动实现的。它既可以“违反”知识产权，同时又比任何人“宣扬”知识产权。它同时容纳了正规与非正规的运作逻辑，显然已经超出了“合法”或“非法”的范畴。而作为中国的视频网民，则既可以乖乖做支付版权费用的守法公民，也可以在不需要太高技术能力的前提下相对轻松地获取“非法”的视频资源。中国网民的“信息权”，在这里就显然不同于传统互联网法律领域所讨论的“中立性原则”，中国互联网产业实际提供了一个“差序化”的信息接触和知识传播生态。和“百度”一样，中国网民在知识产权的遵守上，也已经超出了“合法”或“非法”的二元范畴。二者的同构性，也由此构成了这个奇特的互联网法律生态的内在基础，而这个内在基础，则又成为了理解悖论性的中国知识产权的关键。

警察、法官与手机

岳林[1]

2009年8月11日，美国印第安纳波利斯市的缉毒人员在一次“钓鱼执法”行动中成功逮捕两名毒贩。由于警方精心设局，人赃俱获，所以并没有留给毒贩多少在法庭上脱罪的机会。但是名叫亚伯·弗洛里斯－洛佩兹（Abel Flores-Lopez）的毒贩还是提出申诉，认为警方执法存在着程序缺陷。例如，警察在实施逮捕时，还附带搜查了他的身体以及他驾驶的汽车，分别找到一部和两部手机；警察随即打开这些手机，查到本机号码，然后又顺藤摸瓜，从电话公司那里调取到毒贩间的通话记录。弗洛里斯－洛佩兹并不反对警察在物理意义上搜查他的手机，但反对警察在没有搜查令（search warrant）的情况下打开它们并窥探里面的内容。手机虽是身外之物，但其中的数据信息却关乎个人隐私，所以和住宅一样都是公民的私密堡垒。而根据美国宪法第四修正案以及相关立法和判例，警察必须拿到搜查令才能合法进入如此私密的空间。所以弗洛里斯－洛佩兹希望法官裁定，警方以非法手段获知他的手机号码，而根据这条线索找到的通话记录属于“毒树之果”，应当作为非法证据被排除在法庭之外。[2]

但是弗洛里斯－洛佩兹的个人命运并没有因为隐私策略而得到多少改变（被判十年监禁）。无论在一审还是在上诉审，法官们都拒绝裁定警察搜查手机的行为违法。当然这并不是说，弗洛里斯－洛佩兹对手机隐私权的捍卫以及对警察搜查权的挑战就毫无意义。因为美国是一个判例法国家，法官享有相对于大陆法系同行更为宽泛的司法裁量权，所以无论在上下级法院之间，还是在同一法庭内部，法官们都可以把自己独立的司法意见写进判决书。实际上在美

1 岳林：上海大学法学院讲师。本文获得教育部人文社会科学研究规划青年基金项目资助（14YJC820069）。张民安主编的两本文集对本文搜集文献起到了按图索骥的作用，在此也一并表示感谢。参见张民安主编：《隐私合理期待分论：网络时代、新科技时代和人际关系时代的隐私合理期待》，中山大学出版社2015年版；张民安主编：《隐私合理期待总论：隐私合理期待理论的产生、发展、继受、分析方法、保护模式和正义》，中山大学出版社2015年版。

2 *US v. Flores-Lopez*, 670 F.3d 803 (7th Cir. 2012).

国已经涌现出大量警察涉嫌侵犯手机隐私的案件，而前前后后，在不同司法辖区、不同司法层级以及不同法官那里，“弗洛里斯 - 洛佩兹”们的命运也都各不相同。[1] 甚至在某些案件中，哪怕法官们在判决结论上立场一致，但出具的裁判理由仍然可以大相径庭。正因为如此，即便弗洛里斯 - 洛佩兹已经不太可能被重审或者翻案，但是他提出来的隐私诉求，以及法官在此案中作出的分析和判断，却仍然可以作为司法资源，在后继同类案件的审判中被其他法官反复提及、讨论或者追认。

警察搜查权与公民隐私权历来是一对难解矛盾，围绕它出现过许多“难办案件”（hard case）。美国法官们基于各自的法律观念、道德倾向以及政治立场，也的确容易给出“同案不同判”的判决结果。但是在弗洛里斯 - 洛佩兹案以及类似案件中，司法判决结果如此多元的主要原因，恐怕还是那些小小的手机。在进入智能时代之前，手机的功能仅限于拨打电话和发送短信，此时手机中保存的数据信息也不过是一些电话号码、通话记录以及短信而已。但进入到智能时代，特别是连上互联网以后，手机则几乎成了我们生活中最为依赖的助手，掌管着我们方方面面的个人信息，甚至可能还隐藏着一些连我们最亲密的人都无从知晓的小秘密。随着硬件和软件技术的迅速发展，手机承载的社会功能与社会关系也日趋复杂，范围变得越来越广泛。但法律总是相对保守的，法律人也不愿意随意更改昨天还在生效的规则和原则。因此面对不断变化的手机，法律变还是不变，或者如何去变，也就成了法官们遇到的棘手问题。

本文并不打算宣传推广美国法院在手机隐私方面的“先进”经验。本文的目的仅仅在于观察，手机的技术变迁究竟会对警察的执法实践提出哪些难题，以及法律人（特别是法官）可以采用哪些法律逻辑或者司法技巧予以回应。从而我们可以进一步讨论，在这一由技术变迁引发的法律变迁过程中，美国的法官们究竟解决了或者遗留了哪些问题。而这些问题，在如今这个被称为“连接一切”的年代，也可以是超越国界的。至少在手机隐私领域，我们相信“环球同此

1 *See* Aaronson, Leah. “Constitutional Restraints on Warrantless Cell Phone Searches.” *U. Miami L. Rev.* 69 (2014): 899.

凉热”。即便司法制度大相径庭，但人们使用着的手机终归还是相差无几，而因此产生的隐私问题也会具有一定的相似性。所以在美国围绕着警察、法官和手机而产生的一些法律纠葛，对大洋彼岸的我们或许也能有所裨益。

一、隐私与第四修正案

弗洛里斯 - 洛佩兹案的焦点之一，在于手机内储存的数据信息是否属于个人隐私。但是弗洛里斯 - 洛佩兹所援引的隐私保护规范，也即美国联邦宪法第四修正案，至少从字面上看，其实并没有明确把隐私列入其保护范围之内。这项早在 1792 年就被通过的修正案只是笼统地说：

“人民的人身、住宅、文件和财产（effects）安全免受无理搜查（searches）和扣押（seizures）的权利不得侵犯，以及除非有合理根据（probable cause），通过宣誓或者代誓宣言保证，并具体说明搜查地点和扣押的人或物，否则不得发出搜查和扣押状。”

“隐私”在 1792 年还是个稀罕概念，还没有被纳入到正式的法律制度中去。[1] 美国第一篇或许也是世界上最重要的一篇隐私权论文，即沃伦和布兰代斯合写的《论隐私权》，要到 1890 年才被发表。[2] 因此在整个 19 世纪以及 20 世纪很长的一段时间内，人们都理所当然地认为，第四修正案保护是“人身、住宅、文件和财产”这四大类有形物体，而其他无形的非物质利益则不在保护范围之内。与之相应，第四修正案对政府执法部门的限制，也主要是针对物理性的（physical）侵犯行为。换言之，第四修正案不仅保护的是物理性利益，而且限制的也是物理性行为。这也是为什么，过去法官们在判断搜查行为是否合乎宪法修正案要求时，往往需要借鉴财产法（property law）中的非法侵入（trespass）标准。即便在 1886 年的博伊德案中，布拉德利大法官已经注意到“文件”在物质材料

1 Heffernan, William C. “Fourth Amendment Privacy Interests.” *The Journal of Criminal Law and Criminology* (1973–) 92.1/2 (2001): 1–126.

2 Warren, Samuel D., and Louis D. Brandeis. “The right to privacy.” *Harvard law review* (1890): 193–220.

之外还具有抽象内容意义上的隐私价值，但依然选择把它作为财产来保护。[1] 而且 1792 年的人们也只是刚刚对“电”有所了，即使像富兰克林这样的科技先驱，在当时也从未见过电话或者电报，可能连做梦都不会想到会出现手机这样的事物。因此从第四修正案的字面中，我们也很难直接读出保护电话隐私或者手机隐私的立法意图。

路易斯 · 布兰代斯（Louis D. Brandeis，1856-1941），美国最高法院大法官，《论隐私权》作者之一。图为美国最高法院内的路易斯 · 布兰代斯肖像画。

但是到了十九世纪，电话以及其他新鲜事物（例如电报、留声机、照相机等）被层出不穷地发明出来，人们的社会交往也不再局限于有形的物理空间。许多在传统社会中不会出现的隐私问题，也因为新技术的出现而凸现出来。当然隐私作为一种新兴的社会观念，也得以进入到越来越多社会精英的头脑之中。[2] 到了二十世纪，隐私权对第四修正案发起的几次主要修正运动，“凑巧”多与电话（也即手机的前身）有关。例如，在 1928 年的奥姆斯特德案中，警察怀疑奥姆斯特德偷运私酒（当时美国正处于禁酒时期，私酒贩卖遭到政府的严厉打击），因此在通往他家的电话线上安装了窃听设备。美国联邦最高法院对此案进行了终审裁判，以首席大法官塔夫脱（此前他还担任过美国第二十七任总统）为首的多数派法官认为，第四修正案保护的仅仅是“物质性的事物”（material things），警察只是通过听觉而获取了相关证据，并没有在物理意义上进入被告的房屋，因此这种窃听行为既不属于搜查，也不属于扣押。但是多数派法官在最高法院内部的九位大法官中间，也只是获得了五比四的微弱优势，赢得并不轻松。《论隐私权》的联合作者布兰代斯，恰好是四位少数派法官中的一员。在他撰写的异议中明确提出，第四修正案应当与时俱进，在物理空间之外进一步保护电话通讯人的隐私空间。[3]

1 向燕，“从财产到隐私：美国宪法第四修正案保护重心之变迁”，《北大法律评论》2009 年第 10 卷第 1 辑。

2 上层社会的精英人士往往比普通民众更早享受到新技术带来的便利，但也因为如此，会更早地遇到新技术带来的法律问题。所以早期的隐私纠纷，特别是一些标志性的隐私案例，也多与名人有关，例如 1867 年法国著名作家大仲马的隐私案，以及 1899 年德国政治家俾斯麦的遗照案等。而布兰代斯与沃伦作为现代隐私权的主要推手，也都来自上流社会家庭；特别是沃伦，出身于被称为“婆罗门”的波士顿豪门。他们亲身体验到的技术革新与隐私压力，也成了他们研究隐私权问题的主要动力。Richards, Neil M., and Daniel J. Solove. “Privacy’s other path: recovering the law of confidentiality.” *The Georgetown Law Journal* 96 (2007): 123.

3 *Olmstead v. US*, 277 U.S. 438, 48 S. Ct. 564, 72 L. Ed. 944 (1928).

任何法律制度都存在着一定的惯性，不会轻易退出历史舞台。而奥姆斯特德案的制度惯性，差不多又往后延续了四十年。到了 1967 年的卡兹案，隐私权再一次通过电话向第四修正案发起冲锋，并最终取得了阶段性的胜利。此案案情与奥姆斯特德案相比其实大同小异，依然是政府人员通过窃听犯罪嫌疑人的电话来搜集破案线索和证据。如果法官在本案中愿意“萧规曹随”，遵循早在奥姆斯特德案中就被确立的先例标准，那么这位名叫卡兹的被告就几乎毫无胜算。因为他涉嫌犯罪活动的电话是在公共电话亭中拨出的，而警察的窃听设备也只是安装在电话亭的外部而已。所以相比奥姆斯特德案，本案中警察的侵入程度不仅更加轻微，而且在法理之外的“情理”上似乎也更有道理。但是世易时移，布兰代斯的少数派观点如今在联邦最高法院已经翻身成了多数派（虽然布兰代斯本人已经去世二十多年了），所以凭借七比一的悬殊比分宣告隐私权得以进入第四修正案。斯图尔特大法官在多数意见中写道：“第四修正案保护的是人，而不是空间。如果一个人有意向公众公开，那么无论他身处住宅还是办公室，都不受第四修正案的保护……但如果他想存留私事，那么即便是在公共区域，也能受到宪法保护。”也就是说，客观意义上的物理空间并不被认为是重点，问题核心在于当事人主观方面的隐私意愿。哈兰大法官在附议中还提出了著名的隐私的“合理期待”（reasonable expectation）理论，即法官应当分两步进行判断：首先，当事人是否表现出对隐私的主观期待；其次，社会是否认为这一期待具有合理性。哈兰特地指出，在如今的技术条件下，政府人员已经可以通过电子手段来收集公民信息，无需在物理上侵入；如果最高法院继续因循守旧，将搜查行为限定在物理层面，那么这种解释这无论在物理学还是法律意义上都是很糟糕的（bad physics as well as bad law）。[1]

所以在卡兹案之后，警察再想监听公民的通话，就必须以搜查令为作为程序前提了。乍看起来，弗洛里斯－洛佩兹案中的手机隐私问题似乎也可以迎刃而解：警察不仅没有拿到搜查令，而且还打开了他的手机进行窥探；根据卡兹案确立的判决标准，此类行为应当

1 *Katz v. US*, 389 U.S. 347, 88 S. Ct. 507, 19 L. Ed. 2d 576 (1967).

被认定为是不合法的无证搜查（warrantless）。然而问题却并非这般简单。卡兹案虽然是一个分水岭式的判决，但这也仅仅是隐私权（特别是电话隐私权）取得的一次初步胜利。联邦最高法院在后继案件中，还是有可能去进一步充实、修正卡兹案标准，甚至会永远保留将其全盘推翻的权力。与此同时，美国司法体制中的其他法院以及其他政府分支（立法和行政），并不一定会对卡兹案照单全收。所以更多的问题与争议，依然在路上。

二、附带搜查

第四修正案其实包含着两套逻辑。其一是对公民权利的保护，法官需要明确哪些权利属于该修正案的保护范围；其二是对执法行为的限制，法官也需要界定哪些行为属于此修正案管辖。[1] 在奥姆斯特德案中，法院一方面把非实体的隐私权排除在保护范围外，另一方面也不承认无形的窃听行为就是一种“搜查”。但是这两套逻辑之间也会出现矛盾，例如当公民的非实体利益被警察的有形行为侵犯时，或者公民的实体利益被警察的无形行为侵犯时，这些情况还能否适用第四修正案，也就需要更为复杂的讨论了。卡兹案实际上是在两个逻辑层面都推翻了奥姆斯特德案的结论：一方面隐私被接纳到第四修正案中来，另一方面无形的侦查手段也可以被定性为搜查行为。

但是第四修正案提供的保护或者限制并不是绝对的。因为它并没有把某项权利抬高到绝对不被侵犯的超然地位（这样的权利，至少在实定法意义上并不存在，而属于自然权利或者人权的范畴），也没有把某一种执法行为或者侦查技术列入任何情况下都不可使用的黑名单。第四修正案提供的其实只是一种程序性保护或者程序性制裁。因此，即便隐私得以成功“入宪”，也不意味着它就可以从此高枕无忧。如果我们从辩证角度考虑，那么对第四修正案的扩张解释从表面上看的确是加强了对隐私的法律保护；但与此同时，这其实也为执法部门搜集公民隐私信息提供了更为清晰且合法的程序路径。只要执法部门能够提交申请，说明合理根据（probable

1 Clancy, Thomas K. “What Does the Fourth Amendment Protect: Property, Privacy, or Security.” *Wake Forest Law Review* 33 (1998): 307.

cause），那么第四修正案反倒成了限制公民权利的一项执法利器。如果我们回到弗洛里斯 - 洛佩兹案，那么就应当明白，实体权利问题（手机中的信息是否属于个人隐私）仅仅是争议的起点。不是说只要弗洛里斯 - 洛佩兹的隐私被侵犯了，法官就可以直接作出警方违法的结论。所以更关键的问题还在于程序，即警察的搜查行为是否符合第四修正案的要求。

而且也不是所有警方实施的搜查行为都需要接受第四修正案的直接管辖。例如，早在 1947 年的哈里斯案中，联邦最高法院的法官们就以“例外”之名，给第四修正案开过一个口子。在此案中，联邦调查局探员拿到了逮捕令（arrest warrant），并且嫌疑犯家中将其逮捕。但探员们并没有终止执法，而是继续对嫌疑犯的住宅进行搜查，并且“意外地”发现了一些涉及其他罪行的证据。此时探员们得到的仅仅是逮捕令授予的逮捕权，而根据第四修正案，对嫌疑人住宅进行搜查还需要额外的搜查令才行。但是大法官文森在判决书中这样写道：“第四修正案从来就没有要求过，每一次有效搜查和扣押都必须以搜查令的授权为前提。合法逮捕时附带性的搜查和扣押行为有其古老的历史依据，并且历来都是合众国和各个州执法程序中的一部分。”[1] 也就是说，如果依据所谓的“逮捕附带搜查原则”（search incident to arrest），只要警察在进行合法逮捕，那么在这一过程中就可以对被逮捕人进行合理的附带性搜查，而无需按照第四修正案的要求去申请专门的搜查令。甚至从文森法官的话中，我们还可以这样理解：警察的附带搜查权其实是一项自然而然的历史性权力，它的权力源头并不是第四修正案。[2]

其实搜查与逮捕一样，都可以分为有证（warranted）和无证（warrantless）两种。一般情况下，无论是执行搜查还是逮捕，执法者都需要向治安官提交申请。但考虑到执法过程中存在着大量突发情况和不确定性，因此美国的法律制度为执法者留出了许多“例外”通道。而所谓的逮捕附带搜查，其实也只是诸多搜查例外制度中的一种。[3] 在本文中，我们主要需要区分两种搜查，即必须根据

1 *Harris v. US*, 331 U.S. 145, 67 S. Ct. 1098, 91 L. Ed. 1399 (1947).

2 Logan, Wayne A. “An Exception Swallows a Rule: Police Authority to Search Incident to Arrest.” *Yale Law & Policy Review* 19.2 (2001): 381–441.

3 Williamson, Richard A. “Supreme Court, Warrantless Searches, and Exigent Circumstances, The.” *Okla. L. Rev.* 31 (1978): 110. Amar, Akhil Reed. “Fourth Amendment first principles.” *Harvard Law Review* 107.4 (1994): 757–819.

第四修正案拿到搜查令的常规搜查（即有证搜查），以及在合法逮捕过程中实施的附带搜查。常规搜查的对象和范围都相对明确，警察们一般在事先就已经盘算清楚自己的搜查目的。而且在理论上，任何“文件”都可以以“犯罪所得”或者“犯罪工具”的名义被列为合法搜查对象。[1] 所以在执法者与被搜查人之间，哪些边界可以被突破，而哪些区域应当被保留，都可以在搜查令中相对具体地列举出来。如果在常规搜查过程中遇到了未曾料想到的新情况，那么则需要另走一次申请程序，重新获得一份搜查令。但是附带搜查相比而言，则具有较大的灵活性，执法者在实施搜查时其实并没有特别明确的对象和范围。而且附带搜查是消极性的，只是从属以及服务于逮捕行为，因此警察在执行附带搜查时也不应该具有太多额外的利益驱动。

在 1969 年的基梅尔案中，联邦最高法院对“逮捕附带搜查原则”给出了更加细致的规定，将搜查范围限定为被逮捕人的人身可以直接控制（immediate control）的区域，而搜查目的也仅限于两点理由：一是查找被逮捕人可能携带的武器，二是防止其销毁罪证。在基梅尔案中，警察在基梅尔家中将其逮捕，并询问被逮捕人能否在他的家里“四处看看”。在被拒之后，警察开始对其住宅进行附带搜查，大肆翻箱倒柜，同时还要求基梅尔的妻子予以配合，打开抽屉并展示其中的物品。斯图尔特大法官在法庭意见中认为，警察的这种行为就已经大大超出附带搜查的必要性范围，是不合理的（unreasonable）。[2] 也就是说，只要附带搜查超出一定合理范围，那么就必须中止；如果确有搜查需要，则必须转而回到常规搜查的轨道。如果执法者逾越了所谓的必要性或者合理性边界，那么接下来的搜查行为也就属于违法之举，而搜查出来的证据在法律上也将被归于无效。

虽然法官们施加了如此多的限制，但是对警察们来说，附带搜查仍然具有特殊的吸引力。毕竟在日常执法过程中，案情会瞬息万变，警察很有可能遇到来不及取得逮捕或者搜查令状就必须立即采

1 Clancy, Thomas K. “What Does the Fourth Amendment Protect: Property, Privacy, or Security.” *Wake Forest Law Review* 33 (1998): 307. 另可参见张民安：“隐私合理期待理论研究”，载张民安主编：《隐私合理期待总论：隐私合理期待理论的产生、发展、继受、分析方法、保护模式和正义》，中山大学出版社 2015 年版。

2 *Chimel v. California*, 395 U.S. 752, 89 S. Ct. 2034, 23 L. Ed. 2d 685 (1969).

取行动的情况。而且即便在不是那么急迫的情况下，申请令状的文牍程序也会提高警方的执法成本，加大罪犯转移或者隐匿证据的可能性。实际上，由于附带搜查制如此受警察欢迎，以至于它原本作为一项例外制度，后来居然反客为主，成为执法实践中的一种常规（norm）。警察们不但可以利用附带搜查来完成原本必须通过常规搜查才能做到的事情，甚至可以利用逮捕制度来实现搜查目标，也即让逮捕反而成了附属于搜查的行为。[1] 正因为如此，警察权力与公民权利之间的大量冲突也都是由于附带搜查而引发的。而因为搜查手机而导致的隐私争议，例如弗洛里斯－洛佩兹案，一般也都与附带搜查有关。

今天的手机已经足够袖珍，能够被人们随身携带，而且因为用途广泛，人们一般也都会携带它出门，就像携带钥匙、钱包等常用物品一样。所以一旦公民遇到针对人身的附带搜查，手机也就越来越常见地成为警察们的“战利品”。而弗洛里斯－洛佩兹案的关键问题也就在于，如果警察可以绕过第四修正案进行“例外”性质的无证搜查，那么被逮捕人口袋以及汽车上的手机是否也属于进行附带搜查的必要或者合理范围？以及，如果手机作为随身物品，那么附带搜查的对象和范围是否应当仅限于手机的物理机身（physical body），或者，还是可以进一步扩展到手机内储存着的各种数据信息？如果在软件意义上，我们可以继续把手机内的数据信息区分为操作系统（IOS 或 Android）、软件（工具、应用或游戏）、文件（文字、图片、音频和视频）、通讯录以及通话记录等等，那么所有这些内容是否都属于附带搜查的范围？以上这些问题，都是卡兹案或者基梅尔案没有提及甚至未能预见到的。而正因为如此，它们也都成了弗洛里斯－洛佩兹案以及同类案件中的法官们所必须回答的问题。

三、手机作为容器

如果我们只是把手机视为一种生活器具，和机械手表、手电筒或者

1 Logan, Wayne A. “An Exception Swallows a Rule: Police Authority to Search Incident to Arrest.” *Yale Law & Policy Review* 19.2 (2001): 381–441.

打火机一样，那么对它在物理意义上进行搜查，包括无证的附带搜查，一般不会引起太大的隐私争议。但如果我们把手机类比为日记本、信件、账簿等一切具有“内容”的物品，结果可能就会不太一样了。但是我们不能仅仅是因为内容（文字、图画或者符号）可能包括隐私信息，就把所有包含内容的物品排除在搜查范围之外。正如前文所提到的，即便是隐私，也不享有绝对不被公权力“侵犯”的超然待遇。而且即便是那些被我们认为不包含内容的物品，例如餐具、衣物、食品等等，实际上也可以成为某些内容的载体，被用来记录和传递信息。对于执法人员来说，更广泛意义上的“信息”才是他们搜查目的，而这就不限于我们普通人所理解的内容。例如书本中夹带的头发、皮屑，信件的纸质材料、墨迹等等，也都能为搜查者提供重要的破案线索。我们自然不能因为这些物品包含有内容，就反对它们成为搜查的对象。

所以在常规搜查的情况下，无论被搜查物品是否具有内容，以及具有怎样的内容，都可能成为合法的搜查对象。而在搜查对象、范围受到限制的附带搜查中，警察则必须考虑，搜查活动一旦到达怎样的程度就必须收手，否则就有可能像弗洛里斯－洛佩兹案一样触发程序争议。不管警察搜索的对象是否包含内容，附带搜查都必须满足基梅尔案中法官提出的必要性以及合理性限制。但是现在的问题在于，法官们在判决书中提出的标准实际上都是原则性的，具有很大的活动空间。究竟什么是“必要”和“合理”，法官们出具的仅仅是概念而已。而究竟怎样形式以及程度的搜查行为可以有效地防范被逮捕人实施暴力或者毁灭罪证，其实也只有实践中的警察才具有更为专业的知识和经验，法官们对此并不在行。所以逮捕附带搜查这项制度并不是也不应当由法官一方说了算，他们必须与执法部门一道对具体的实施规则、原则以及标准进行修正与打磨。甚至在一定意义上，我们可以说法官与警察围绕着第四修正案以及逮捕附带搜查制度展开了一场旷日持久的拉锯战。当然了，这场战争同样也存在于持不同立场的法官之间。

根据哈兰法官在卡兹案中提出的合理期待理论，不是所有的公民个人信息都应当作为隐私来保护。例如我们在自家门口贴的海报，在自己身上悬挂的标志，以及在公共场所进行的谈话等等，实际上都属于有意向公众公开或者与他人分享的信息，因此并不具有社会公众认可的隐私期待利益。而只有那些对我们来说具有隐私价值，并且期待不被他人知晓的信息，才可以算作隐私。如果按照这个标准，那么执法部门许多搜集信息的行为，实际上都不需要通过搜查即可完成。例如，在美国法院提供的判例中，警察站在街道上透过窗户窥探犯罪嫌疑人的住宅，或者拍摄房屋的照片，既不属于常规搜查，也不属于附带搜查。住宅虽然属于私人空间，是第四修正案最典型的保护对象，执法人员一般情况下不得擅自闯入，但是房子的外观以及屋内的陈设（只要屋主愿意开窗）在一定程度上被默认为是向公众开放的。警察对这些身处公共领域即可获得的信息当然具有搜集权，实际上就连普通人也有权这么去做。但只要当事人对特定物品具有隐私期待，而且这种期待得到了社会公众的普遍认可，那么警察就必须走搜查程序了。例如像信封、盒子或者电脑这样的事物，人们一般会把他们理解为“封闭容器”（closed container），即便它们的外观可能是开放的，但是其中的内容（无论是实体的还是虚拟的）都被默认具有隐私属性，未经物主允许不得开启。[1]

而无论是我们所处的空间（房屋），还是我们所控制的空间（容器），只要我们对它们具有隐私期待，那么这些空间也都应当具有一定的封闭性，否则它们也无法承载和保管私密的个人信息。但是这种封闭性毕竟是相对的，而且有时甚至更主要是心理意义而非物理意义上的封闭。在逮捕附带搜查的司法实践中，执法者在何种程度上可以突破这些隐私空间，同时又不违反基梅尔案设置的搜查目的限制（只能为了防止被逮捕人携带凶器，或者毁灭证据而进行搜查），显然还需要具体问题具体分析。因为这里所谓的“空间”或“容器”，在司法裁判中都只是一种法律修辞上的类比，而并非物理学或者工程学意义上的科学解释。

1 *See* Kerr, Orin S. “The fourth amendment and new technologies: constitutional myths and the case for caution.” *Michigan Law Review* (2004): 801–888.

在 1973 年的罗宾逊案中，警察因为罗宾逊的驾驶摩托车驾照过期而对其进行逮捕，在进行附带搜查时从他的身上搜出一个密封的烟盒。办案警察后来在证词中说："我能感到烟盒里装了些东西，我不知道是什么……但可以肯定不是香烟"。于是警察打开了这个烟盒，从里面发现了 14 个装有海洛因粉末的胶囊。罗宾逊认为警方打开烟盒的行为超出了附带搜查的必要范围，所以希望法院裁定警察的行为属于违法搜查，并把因此获得的物品排除在合法证据之外。罗宾逊的诉求还真得到了哥伦比亚特区巡回上诉法院的支持，但是他在最高法院却吃了败仗（比分是 3:6）。这两级法院之间的分歧，也主要集中在对附带搜查的限制标准。在上诉法院看来，一个烟盒不可能具有多大的危险性，而且此时也看不出罗宾逊有毁灭证据的可能。而以伦奎斯特大法官为代表的最高法院则认为，警察在合法逮捕过程中可以对嫌疑人进行"全面搜查"（fully search）。甚至伦奎斯特还这样说道："……对人身的全面搜查，不仅是外在于第四修正案令状要求的列外，而且在该修正案内部也是合理的（reasonable）"。[1] 这在一定程度上是对哈里斯案中文森大法官观点的回应。最高法院显然认为，应当赋予警察更大的自由裁量权去判断，在逮捕现场中究竟哪些容器存在嫌疑或者危险，即便警察可能会扩大甚至滥用这种权力。

而汽车作为一种附带有"空间"的物体，在法律上其实也可以被理解为介乎于房屋与容器之间。早在 1925 年的卡罗尔案中，联邦最高法院就支持警察对汽车实施无证搜查，但这主要是因为汽车具有高速度的移动性，所以不能让警察因为要办理令状手续而贻误执法时机。[2] 到了 1981 年的贝尔顿案，联邦最高法院开始把逮捕附带搜查的范围明确扩及车厢内的座位。斯图尔特大法官在多数意见中指出，警察可以搜查在乘客车厢内发现的一切容器中的内容。而所谓的"容器"，就是"能够容纳其他物体的物体"（object capable of holding another object）；像行李、盒子、袋子、衣服这类物品，都可以算作容器。[3] 这在实质上也就相当于把汽车也识别为一种容器，而且是容纳着其他容器的容器。这也就附带解决了弗洛里

1 *US v. Robinson*, 414 U.S. 218, 94 S. Ct. 467, 38 L. Ed. 2d 427 (1973).

2 *Carroll v. US*, 267 U.S. 132, 45 S. Ct. 280, 69 L. Ed. 543 (1925).

3 *New York v. Belton*, 453 U.S. 454, 101 S. Ct. 2860, 69 L. Ed. 2d 768 (1981).

斯 - 洛佩兹案中的一个问题，即警察有权在逮捕附带搜查时检查弗洛里斯 - 洛佩兹驾驶的汽车；从他的身上搜出来的手机，与从他的汽车上搜出来的手机，都应当在法律上被一视同仁。

其实手机并不是唯一有数据储存功能的“容器”。在手机被广泛使用之前，许多电子产品，例如电子手表和掌上游戏机，也都能包含一些数字化的内容。而其中与手机最为接近的，就是同样具有信息传递功能的传呼机。因此当手机作为容器的问题被提出来之前，传呼机就已经进入法庭接受审视了。在 1993 年的陈桐（音译）案中，警方也是以钓鱼执法为手段，对罪犯进行逮捕并且搜查，并从缴获中的传呼机找到了与破案相关的电话号码。在本案中，传呼机几乎不可能被当做武器来使用，被逮捕人也没有机会通过传呼机来毁灭证据，但加州北区地区法院最终还是认定，传呼机作为“容器”属于附带搜查的合法范围。[1] 而在其他类似的传呼机案件中，有的法院甚至不愿意承认电话号码属于合理的隐私期待对象，而只愿意把传呼机类比为纸质的电话簿。[2]

既然有传呼机被视为容器的案例在先，那么在我们已经提到的制度惯性的作用下，手机一开始也被大多数法当做普通容器来处理。在经常被人提及的芬利案中，警察对毒贩芬利实施了逮捕附带搜查，并从他的手机中查到了涉及毒品交易的短消息。美国联邦第十五巡回法院明确指出手机就是容器。[3] 因此警察有权在附带搜查过程中打开被逮捕人的手机，就像打开从被逮捕人身上搜出的一瓶罐头一样。这起案件发生在 2005 年，而审判结束于 2007 年。也就是说，这几乎是与弗洛里斯 - 洛佩兹同一时期的案件。而分析到这里，情形对于弗洛里斯 - 洛佩兹来说显然就不容乐观了。因为如果我们把手机简单地理解为一种有形物品，那么它在附带搜查中就不应享有任何“特权”；而如果把它理解为一种容器，即便是包含了隐私的容器，似乎也无法在法律上抗拒警察的附带搜查。除非法官们愿意发展出一套崭新的裁判标准，把手机解释成一种特殊的容器，或者容器之外的另一种存在。

1 *US v. Chan*, 830 F. Supp. 531 (N.D. Cal. 1993).

2 *US v. Meriwether*, 917 F.2d 955 (6th Cir. 1990).

3 *US v. Finley*, 477 F.3d 250 (5th Cir. 2007).

四、手机作为电脑

弗洛里斯－洛佩兹的案子经过地区法院审理后，最终来到第七巡回上诉法院。虽然弗洛里斯－洛佩兹针对警察执法提出了许多项程序性申诉，但其中只有手机隐私问题得到上诉审法官的重视。负责这次审判的法官有三位，而其中一位恰好是对隐私权并不太“友好”的波斯纳法官。在他早年的法律经济学著作中，隐私被解释为人类的一种社会生活策略，而没有被赋予太多公民权利或者人权意义上的价值光环。而且波斯纳认为过度隐私保护会纵容人们隐藏自己不光彩的“真相”，这在一定意义上就是欺诈。[1]当政府权力与公民权利发生冲突时，特别是在反恐问题上，波斯纳似乎也更倾向于政府而非公民个人。[2]法官的个人偏好难免会对判决结果产生影响，而波斯纳自己也对法官行为做过细致的研究。[3]但是在司法职业场合，特别是在具体的法律问题上，法官们一般还是能够做到用尽量合乎情理的论证来说服判决书的读者。因为这些读者不仅包括当事人、律师以及法官同事（无论是否隶属于同一法院），还包括学界、政界、媒体以及更广泛的公众。法官们不会过于直白的把自己的价值观甚至意识形态直接灌输到判决书中去。所以只要我们并不处在弗洛里斯－洛佩兹的位置，那么倒还真没有必要去在意波斯纳的名声或者立场。

法庭判决最后是由波斯纳出具的。[4]他一开篇就明确说，这次上诉审要解决的核心问题，就是本案中警察对手机的无证搜查是否符合第四修正案的要求；但是随即他又指出，在这个问题背后还有另一个问题，即笔记本电脑、台式电脑、平板电脑以及其他形式的电脑（即便不被称为“电脑”）是否能够被无证搜查。这可不是转移话题或者转移“阵地”，因为波斯纳用不容置疑的口吻说道：“现代手机就是电脑”（a modern cell phone is a computer）。

波斯纳当然也注意到了罗宾逊案、贝尔顿案以及芬利案等等著名的先例。而正是这一系列先例中确立的原则，促使许多法官也把手机

1 波斯纳《正义 / 司法的经济学》，苏力译，中国政法大学出版社 2002 年版，页 244-246。

2 波斯纳，《并非自杀契约：国家紧急状态时期的宪法》，苏力译，北京大学出版社 2009 年版。对波斯纳隐私言论的批评可以参见 Greenwald, Glenn. “What Bad, Shameful, Dirty Behavior is U.S. Judge Richard Posner Hiding? Demand to Know.” https://theintercept.com/2014/12/08/bad-shameful-dirty-secrets-u-s-judge-richard-posner-hiding-demand-know (visited Sept. 19 2016).

3 理查德·A·波斯纳，《法官如何思考》，苏力译，北京大学出版社 2009 年版。

4 *US v. Flores-Lopez*, 670 F.3d 803 (7th Cir. 2012). 以下不再一一注明。

等同为一种容器。只不过手机这个容器里面承载的是数据信息，而不是有形物体（object）。按照容器标准，我们可以把手机类比为一个日记本；既然警察在实施附带搜查时可以对日记本进行浏览，那么他们自然也有权力来去查看手机中的内容。但是波斯纳认为这一类比过于简单，因为根据罗宾逊案，虽然警察有权打开容器（即那个装有海洛因胶囊的香烟盒），但是这种开启行为依然是要服务于逮捕目的的。也就是说，虽然法官们在罗宾逊案中赋予警察“全面搜查”的权限，但并没有彻底放开限制，允许警察基于其他目的而进行搜查。所以波斯纳举了个反例：如果警察从嫌疑人身上搜出了一本日记本，经过迅速浏览发现它并不是记载了毒品交易的账簿，那么到此为止，警察的行为依然是合法的；但如果警察在明知这是一个私人日记本，而且还继续阅读下去，那么就违背了罗宾逊案中确立的搜查标准。[1]

波斯纳觉得很遗憾，因为从案卷材料中看不出弗洛里斯 - 洛佩兹使用的是什么品牌、型号或者年代的手机，所以自然也无法知晓它究竟是智能手机（smart）还是“智障”手机（dumb）。但他接着又说，不知道手机款式也无所谓，因为即便是最“智障”的现代手机，也可以包含丰富的个人信息。因为当波斯纳撰写这份判决书时，时间已经来到了 2012 年，市面上的主流手机几乎都是带有摄像头和具备互联网功能的。这意味着手机已经能做许多事情。波斯纳甚至不无夸张的设想：假如我们在手机里安装了一款名为 iCam 的手机应用，并且在自己家中安装了摄像头，那么我们就可以通过网络来远程监控自己的住宅。如果具备这样功能的手机落到了警察手中，那么公民受到的隐私威胁，又何止是一个“容器”能够承载的呢？当然波斯纳并没有单方面地强调手机所蕴藏的重大隐私利益。他也承认，在某些情况下确实需要对手机进行防范性搜查。他提到一种在互联网上公开销售电击枪（stun gun），它完全可以伪装成手机的模样。这样的“手机”当然会对警察构成不小的威胁，因此也应当属于附带搜查的合理范围。

1 当然我们也可以认为波斯纳的这个反例并不恰当，因为即便是一个记录私人隐私的日记本，其中依然可能包含与毒品交易相关的犯罪线索。可能警察在已经读到的日记部分中并没有发现犯罪线索，但谁又能保证尚未独到的部分就不会包含警察感兴趣的内容呢？

波斯纳显然不愿意对“手机”给出一个笼统的定义。这不仅是因为手机种类繁多，功能丰富，而且也是因为手机中包含着不同层次的数据信息。如果把这些数据信息都当做“隐私”给一锅炖了，那么这也就与手机作为容器的原则一样简单粗糙。波斯纳非常注意对手机内的信息进行区分。他很清楚现代手机不仅能够储存各种形式的“文件”，而且也能通过软件实现各种千奇百怪的功能。所以波斯纳认为常规意义上的容器概念已经不能帮助我们充分地理解手机。但与此同时，波斯纳又很注意把手机与传统物体作类比。例如他认为，在手机普及之前，警察有权浏览被逮捕人身上的日记本；如果警察从日记本中发现了家庭住址，那么他也可以合理合法地使用这些信息。而警察的这项权力也可以延伸的手机时代，也即，如果警察通过浏览手机发现了被逮捕人的家庭住址，那么这种行为也应当被认为是合法行为。

至少在这份判决书中，波斯纳认为警察可以在附带搜查的情况下进入当事人的手机，但是搜查对象必须仅限于他所谓的琐细（trival）信息，也就是弗洛里斯 - 洛佩兹案中电话号码。也正是基于这一点，波斯纳作出了对弗洛里斯 - 洛佩兹不利的裁定：如果警察仅仅从手机中调取了电话号码，而没有做出进一步的搜查，那么这种程度的搜查行为并不违法。弗洛里斯 - 洛佩兹对波斯纳的结论表示不服，因此继续对第七巡回上诉法院的判决提起了上诉。然而联邦最高法院的法官们每年只接受数量极其有限的上诉申请，弗洛里斯 - 洛佩兹案并没有受到他们的青睐。所以正式的司法程序意义上，弗洛里斯 - 洛佩兹案也就尘埃落定，已经走到了尽头。

如果单就判决结果而言，波斯纳其实并没有推翻手机作为容器的先例标准。他只是说不能把手机视为常规意义上的容器。虽然他提出了“手机就是电脑”的说法，但是他也没有详细讨论，一般意义上的电脑是否也能被视为一种容器。[1] 在本案中，他真正涉及的隐私对象，也只是相对简单的电话号码而已。而他对待电话号码的态度，与传呼机时代的法官相比似乎也没有本质区别。当然我们可以

1 在这之前已经有一些案例宣布电脑就是容器。例如 *US v. Al-Marri,* 230 F. Supp. 2d 535, 541 (S.D.N.Y. 2002).

把这种态度理解为波斯纳的谨慎或者克制，因为在弗洛里斯－洛佩兹案中，警察确实也只是搜查了手机中的电话号码，而没有涉及到其他内容，所以波斯纳不想借题发挥。但亦有可能，波斯纳还是有一定的雄心或者野心的，只是可惜，弗洛里斯－洛佩兹案并没有提供足够让他施展拳脚，针对手机搜查问题创设出一个独特的司法先例。当然这些揣测都不重要，也无法证实。真正值得我们关心的，是波斯纳在判决书中提到的一些充满想象力的问题。因为在这份判决书中，波斯纳提出的问题远远多于他解决的问题。也就是说，波斯纳的这份判决书更像是一份问卷，而非答卷。

例如波斯纳花了很大篇幅，来讨论在弗洛里斯－洛佩兹案中并不存在的毁灭证据问题。他提到现在的手机技术已经允许持有者对机器内容进行远程删除（例如苹果手机的“find my iPhone”功能）。因此，即便警察在物理意义上控制了手机，罪犯或者其同伙还是有办法来清楚手机内容，从而让警察一无所获。甚至即便警察有意识地关闭手机电源，罪犯们依然有办法来实现毁灭证据的目的。所以波斯纳很“周到”地为警方想到了两个对策：其一是法拉第袋（Faraday bag），也即一种铝箔袋，警察可以在搜获手机之后，立即把机器放入袋内密封起来，从而隔绝电话、网络或者蓝牙信号；其二是镜像（mirror），即把手机内容作为一个整体拷贝出来，同时警察并不查看这些内容。这两个方法，既可以避免警察因为“进入”手机而引起隐私争议，同时也可以起到保存证据的效果。波斯纳似乎在暗示我们，面对手机技术引出的法律问题，其实完全可以通过技术手段来解决或者规避。在这些技术手段的辅助下，实施逮捕附带搜查的警察只需要在物理意义上控制手机就可以了，不需要在逮捕现场就急匆匆地打开手机，留下程序违法的隐患。但是波斯纳又不愿意把话说得过于绝对。很快他就话锋一转，指出即便技术可以帮助我们解决许多问题，但是依然存在着一些必须在搜查时立即进入手机的情况。比如说，如果被逮捕人事先就安排好，如果他不能按时用自己的手机拨打电话，那么就相等于是给尚未落网的同案犯发出了某种信号。在这些情况下，波斯纳似乎又认为警察有必要进入手机，去做一些远比浏览手机号码更为复杂且更为重要的事情。

如果说弗洛里斯－洛佩兹案提出的问题在于警察能否在附带搜查时打开手机，那么波斯纳的答案是非常明确的，即只有在涉及电话号码的情况下，警察才享有对手机的搜查权。但是在这份判决书中，波斯纳更关心的其实是另外一个问题，而他又始终避免给出答案，即执行附带搜查的警察能否在电话号码之外对手机进行深度搜查（extensive search）?

五、并非尾声

联邦最高法院在 2014 年审结的莱利案，似乎就是一份替波斯纳完成的答卷。这次审判其实是对两个同类案件的合并审理，及莱利案[1]和武里案[2]。在莱利案中，警察因为牌照过期而拦下了莱利的汽车，进而发现莱利的驾照也已过期（这与罗宾逊案十分相似）。于是警察扣留（impound）了莱利的汽车，并在车中发现了两把子弹上膛的手枪。所以事态进一步扩大，警察对莱利实施了逮捕，并对其进行逮捕附带搜查。接着从莱利的裤兜里，警察又找到了一部手机，打开后发现其中有一些短信和联系人名单上，而这些内容都含有某黑帮性质的字母标记。两个小时后，另外一个警察在警察局对手机进行了更为细致的搜查，发现了许多黑帮成员射击的图片和视频，而其中一张图片把莱利与一起几周前发生的枪击案关联起来。在武里案中，警察逮捕了毒贩武里并将其带到警察局，并从武里的身上搜出两部手机。没过多久，其中一部手机开始不停地接到显示为“我家”的来电。于是警察打开手机，根据这个号码找到了武里的家庭住址。在拿到搜查令后，警察进入到武里的家里，搜出一些毒品和枪支。两位被告都认为警察打开手机并查看内容的行为属于违法搜查，因此和弗洛里斯－洛佩兹一样向法院提出申诉，希望能把警察通过手机找到的证据定性为“毒树之果”。

1 *Riley v. California*, 134 S. Ct. 2473, 573 U.S., 189 L. Ed. 2d 430 (2014).

2 *US v. Wurie*, 728 F.3d 1 (1st Cir. 2013).

在这次备受瞩目的审判中，最高法院的大法官们居然非常难得地形成了统一战线，以九比零的压倒性多数裁定警察对手机内容的搜查属于程序性违法。首席大法官罗伯茨在判决书中首先回顾了逮捕附带搜查制度的起源与发展，然后明确提出，在与手机搜查相关的案件中，罗宾逊案已经不再适合作为先例被引用。因为罗宾逊案中确立的规则，针对的主要是物理性搜查，而这的确会给警察带来不小的人身危险，所以法官们不要求警察对搜查出来的物品作出非常准确的预测。在罗宾逊案中，即便警察在香烟盒中找到的是毒品而不是武器，法官们依然认为警察的附带搜查行为是合乎情理的。但如果把香烟盒换成手机，那么情况就完全两样了。因为储存在手机里的数据是不会伤人的，而警察在对手机数据进行搜查的过程中，也几乎不可能遇到什么风险。所以如果附带搜查的目的，只是为了让警察防范逮捕时可能遇到的暴力威胁，那么对手机进行物理层面上的搜查就已经绰绰有余了，无需进入到内容层面。

如果说对手机进行附带搜查是为了防止被逮捕人毁灭证据，罗伯茨大法官则针对两种情况进行了反驳。其一是波斯纳已经讨论过的远程删除问题，其二是手机可能会被被设置高强度的密码，让执法人员难以破解。但是罗伯茨认为这两种情况都不是普遍现象，因此都不足以成为授权执法人员对手机内容进行附带搜查的充分理由。而且罗伯茨也提到了法拉第袋，认为这项技术能够以非常低廉的成本，帮助执法人员解决远程删除问题。而根据他的考证，已经有执法部门在实践中这么去做了。因此，无论是出于基梅尔案确立的哪种目的（防止暴力或者防止毁灭证据），只要对象是手机，罗伯茨认为警察都无需把附带搜查的范围扩展到内容层面。

在最高法院法官们的眼中，手机显然是和香烟盒、钱包、提包完全不同的物品。罗伯茨也和波斯纳一样，把手机与电脑进行了类比。但是在一些论证细节上，罗伯茨与波斯纳还是存在着一些微妙的差异。例如，波斯纳曾经把手机与纸质的日记本作对比，认为既然可以警察可以在附带搜查时打开日记本搜查犯罪的蛛丝马迹，那么警察自然也应该有权利打开被逮捕人的手机查看电话号码。当然如我们前面所提到的，无论是警察对日记的浏览权，还是对手机的查看权，都仅限于与执法相关的信息；波斯纳并不认为警察可以进行全面的浏览或者查看。但是罗伯茨则认为，只要警察打开了手机，那么实际上也就没有什么力量可以阻止他对手机进行全面性的搜索。而传统日记本中包含的信息容量，是无法与职能手机相比拟的。而且如果我们把所有手机中的内容都与它们在前数字时代的有形载体作对比，例如把电子邮件比作纸质信件，那么警察也就而已援引他们在前数字时代享有的权力，对整部手机提出搜查要求了。

所以与波斯纳相比，罗伯茨更加强调手机相对于传统事物所具有的前所未有的新属性。罗伯茨非常正确地指出，在手机普及之前的时代，人们并不会成天随身携带着几乎所有的个人重大隐私。但是现在不一样了，手机把人们原本散落在各处的隐私信息都汇集在一起，而且与人身越来越不可分离。正因为如此，授权警察全面搜查一部手机的效果，可能会远远超出搜查一座房屋。而且与波斯纳的谨慎态度不同，罗伯茨直接对手机作为容器的原则提出了挑战，而他给出的理由也很新颖：如今互联网已经进入云时代，许多数据信息都被储存在“云端”，因此手机也不再是简单的储存设备了。如果我们继续把手机视为一种容器，允许警察进行附带搜查，那么警察所能触及到的范围几乎是无法丈量的。

因此相对于波斯纳在手机附带搜查范围上的犹犹豫豫，最高法院的大法官们的态度则要清晰明了得多：但凡是对手机内容进行搜查，都必须以搜查令作为必要条件，而即便是合法逮捕，也不能提供程序性的例外。罗伯茨在判决书中坦言，这样严格的搜查限制肯定会对执法部门打击犯罪来带一些负面影响，但是考虑到手机在今天具有的隐私价值，那么执法部门付出的这种代价也是无可避免的。当然罗伯茨还是为无证搜查留出了一些“例外”的空间。例如说，当出现当场毁灭证据、追捕嫌疑人、帮助重伤者以及拆除炸弹、解救被绑架儿童等紧急情况时，执法部门也就不再受莱利案确立的一般性原则的约束了。

有趣的是，波斯纳本人并不认为最高法院的这次判决与他在弗洛里斯－洛佩兹案中的司法意见有多大差异。因为他发现，最高法院同样也讨论了法拉第袋和远程删除问题，以及需要搜查令的一般情况和无需搜查令的例外情况。波斯纳似乎没有察觉，最高法院在判决书中两次提及弗洛里斯－洛佩兹案，其中有一次是把波斯纳的意见作为靶子来批评的（即把手机类比为日记本）。[1] 而且他应当也注意到了，如果按照莱利案的标准，电话号码就不能成为附带搜查的合法对象。也就是说，如果让最高法院来审理弗洛里斯－洛佩兹案，那么结局会完全两样。[2] 但波斯纳至少有一点是对的，即莱利案并非划时代意义的创新，在最高法院作出判决之前已经有许多低级法院都陈述过类似的观点。[3]

莱利案已经被许多人认为是公民隐私权取得的一个重大胜利。[4] 而且我们也不得不承认，罗伯茨在判决书中对手机技术以及隐私权的颂扬确实非常精彩，容易让读者为一个新时代的到来而激动不已。但是我们很难把莱利案视为隐私权或者公民权利单方面的胜利。和本文前面提到的所有案例一样，莱利案只是在程序意义上提供对隐私的保护。换言之，实质意义的隐私权内容以及范围，并不是法官们考虑的对象。正如罗伯茨所说的，法官们的目的并不是让手机信息与搜查彻底绝缘，而只是要求警察必须去走令状程序。反过来说，只要警察得到了令状，无论申请理由多么薄弱，都可以获得一切他们想要的手机信息。所以莱利案的意义，更主要是在公民权利与警察权力之间形成了一个新的平衡点；而最高法院的大法官们，则成了举重若轻的平衡杠杆。

其实我们还可以进一步想象，随着通讯技术的发展，警察获取逮捕或者搜查令状的成本也会被大幅度削弱；或许警察只需掏出自己的手机，点击相关的应用，就可以立即得到所需令状（当然是电子版的）了。如果未来真的能够发展到这样一种程度（也许这种未来已经来了），那么常规搜查与附带搜查的区分又还有什么意义呢？而且就在莱利案两年之后，美国联邦调查局就对苹果公司提出了解锁

1 Will Baude. "A response to Judge Richard Posner on Riley v. California". https://www.washingtonpost.com/news/volokh-conspiracy/wp/2014/06/27/a-response-to-judge-richard-posner-on-riley-v-california/(visited Sept. 20 2016).

2 当然我们可以把波斯纳表现出来的这种"迟钝"理解为一种"漠视"。因为在关于第四修正案的理解上，波斯纳与联邦最高法院的法官们完全背道而驰。根据他的解释，第四修正案的确是在保护公民免受无理搜查和扣押，但是它并没有把令状当作一项一般性要求提出来。恰好相反，第四修正案提供的其实是对令状的限制，即只有在"有合理根据、宣誓或者或代誓宣言保证、具体说明搜查地点和扣押的人或物"这三种情况下才可以颁发令状。因为在颁布第四修正案的十八世纪，令状的主要作用并不是保护公民，而是保护政府官员免遭公民提出的侵入之诉（trespass）。所以波斯纳认为最高法院对第四修正案的解释完全是颠倒的。但是木已成舟，波斯纳表示他也不愿意挑战既有的令状制度。Richard A. Posner. "The last thing a woman about to have an abortion needs is to be screamed at by the godly." http://www.slate.com/articles/news_and_politics/the_breakfast_table/features/2014/scotus_roundup/scotus_end_of_

手机的要求，而这种要求被认为是在手机中为执法部门特地留出一个“后门”。执法部门对信息的需求，与民用手机技术的发展速度是成正比例关系的。而执法部门自身的技术发展速度，甚至不会亚于民用手机技术。所以我们的疑问是，莱利案对逮捕附带搜查施加的这些限制，是否足以抵消执法部门的信息需求和技术发展呢？

term_remembering_town_of_greece_and_more_on_cellphones_buffer.html (visited Sept. 20 2016).

3 *See* Aaronson, Leah. “Constitutional Restraints on Warrantless Cell Phone Searches.” *U. Miami L. Rev.* 69 (2014): 899.

4 参见唐琪：“美国手机之附带搜查判例研究”，《中国检察官》2016 年第 14 期。

也正是在这个意义上，弗洛里斯－洛佩兹案以及其他先例并没有成为毫无用处的历史遗迹，而莱利案也远远谈不上为手机搜查问题画上了一个圆满的句号。手机以及其他技术的发展，还会继续对美国的警察以及法官提出新的法律难题。

结论

警察搜查权和公民隐私权之间的矛盾历来是法律实践中的难题，而且肯定会长久存在下去。因此当我们面对莱利案的判决结果时，不仅没有必要，而且也不应该欢呼这是一次“隐私权的胜利”。毕竟罗伯茨大法官在判决书中解说得非常清楚：公民的隐私权并不是绝对的；而警察需要做的，仅仅是符合程序要求拿到令状而已。实际上我们也无需把警察搜查权和公民隐私权视为两种水火不容的权利。毕竟警察权的行使，归根结底是要为社会整体利益服务的；而所有公民权利，包括隐私权在内，也不可能存在于一个缺乏治安的社会或者毫无秩序的无政府状态之中。

因此真正值得我们去关注和讨论的，是标准（standard）问题，而不是规则（rule）或者原则（principle）问题。[1] 从奥姆斯特德案到卡兹案，法律疑难的焦点，在于什么样的利益属于“隐私”，以及什么样的行为属于“搜查”。在对第四修正案的解释问题上，美国司法差不多花了四十年时间，才从传统的物理标准过渡到今天人们习以为常的虚拟标准。而随着手机特别是智能手机的出现，警察、法官以及其他法律适用者就需要进一步对隐私的虚拟标准作出进一步的细化和判断。波斯纳在弗洛里斯－洛佩兹案中的选择，

1 参见理查德·A·波斯纳：《法理学问题》，苏力译，中国政法大学出版社 2002 年版，第 54–61 页；另参见戴昕和申欣旺关于规则和标准问题的讨论，戴昕、申欣旺：“规范如何‘落地’：法律实施的未来与互联网平台治理的现实”，《中国法律评论》2016 年第 4 期。

其实是希望把标准问题（即区分琐细信息和敏感信息，以及区分浅度搜查和深度搜查）遗留下来，让警察和法官可以继续就具体案件具体分析。而最高法院大法官们的选择，则是通过创设（也可以理解为“重释”）规则的方式，尽可能地限制警察和法官在后继案件中享有的自由裁量权。

新技术带来的法律疑难，更多还是标准问题。无论立法还是司法，仅仅通过创设规则是无法回应日新月异的技术变迁的。新的标准问题（例如手机中的 GPS 地址或者 MAC 地址算不算个人隐私？即时通讯的聊天记录能否被服务商开发利用？手机支付的交易记录是否可以在无需用户同意的情况下进行征信分析？等问题）总是会对既有的规则提出新的质疑和挑战。在这个意义上，我更倾向于认为，无论在英美法系还是大陆法系国家，通过司法而非立法来解决手机隐私以及其他技术问题是更好的选择；以及，法官应当享有较为宽泛的自由裁量权，而这也意味着，他们应当在标准问题而非规则或者原则问题上承担起更多的责任。

2016 年 9 月 20 日初稿

2016 年 11 月 4 日定稿

法院为何对媒体下达报道禁令？
——360 公司诉“每经”名誉侵权案解读

展江[1] 王锦东[2]

熟悉我国诽谤法的人都知道，在我国，新闻媒体引发的商业诽谤案已逐渐成为一种重要的媒体侵权纠纷类型。但在过往，当新闻媒体作为名誉侵权案的被告时，法院通常是在审理结束后才作做出停止侵害的判决。而始于 2013 年终于 2015 年的 360 公司[3]诉“每经”[4]商业诽谤案中出现了新动向：这场长达两年多的角力以“每经”被判败诉、承担高额损害赔偿金而告终，同时在我国当代司法实践中第一次在案件审理之前就发布了涉案媒体不得继续进行同题报道的法院禁令，这不啻是开始确立一种新的商业诽谤法规则，值得法律界和新闻界关注和研究。

本案中新闻报道禁令的实施

在 2015 年 6 月做出终审判决的 360 公司诉“每经”商业诽谤案中，二审法院上海市第一中级人民法院维持了一审法院上海市徐汇区人民法院的判决，依照《民法通则》第 101 条（法人享有名誉权）、第 120 条（承担侵权责任的方式）、《侵权责任法》第 8 条（两名被告存在共同侵权行为）的规定判处“每经”的相关报道构成对 360 公司名誉权的侵害，要求“每经”公开赔礼道歉，并且必须交付的赔偿金高达 150 万元。[5]

在 2014 年 9 月作出一审判决的徐汇区法院认为，被告媒体的报道有强烈的主观感情色彩和尖锐的攻击性，已经明显超出了新闻媒体在从事正常的批判性报道时应把握的限度；评论带有明显倾向性、定论

1 展江：北京外国语大学国际新闻与传播学院教授，媒介法规与伦理研究中心主任。

2 王锦东：中山大学传播与设计学院博士研究生，西安外国语大学新闻与传播学院讲师。

3 360 公司为北京奇虎科技有限公司、奇智软件（北京）有限公司的简称，当时为在美国纽约证券交易所上市的中国企业。2016 年 8 月，360 公司从美国完成退市，开始实施私有化。

4 成都每日经济新闻报社有限公司系刊发涉案报道的报纸《每日经济新闻》的出版方，也是每经网发布文章的版权所有人，上海经闻文化传播有限公司系每经网的主办单位。本文将《每日经济新闻》和每经网简称为“每经”。

5 上海市第一中级人民法院民事判决书，（2014）沪一中民四（商）终字第 2186 号。

性，有违新闻媒体在从事舆论监督时应有的客观中立立场，存在明显的主观恶意，因此判决 360 公司胜诉。[1] 二审法院认为，每经公司、经闻公司的上诉事由缺乏必要的事实与法律依据，不予采信。[2]

而本案中更值得注意的是，在 2013 年一审开庭审理之前，法院于 2013 年 9 月 22 日罕有地发布禁令，禁止“每经”在诉讼期间就相关内容继续发布报道或评论，也就是说，运用了针对新闻媒体的报道禁令来对原告企业进行救济。被告“每经”在上诉时提出撤销该禁令（行为保全），这一诉求遭到二审法院的否定。

笔者向媒体法权威魏永征教授请教获知，该禁令有可能是在我国当代法人名誉权案中的首例运用。[3] 其后，正在代理另一宗被法院定性为“新闻报道涉网络名誉权案”的北京京师律师事务所高级合伙人许浩律师则向笔者确认：本案禁令则是第一次出现在全国法人名誉权案中。[4]

本案基本案情如下：2013 年 2 月 26 日被告《每日经济新闻》以 5 个版的篇幅对原告 360 公司发表了 7 篇批评性报道，主题为《360 黑匣子之谜——奇虎 360“癌”性基因大揭秘》，包括《360：互联网的癌细胞》、《360 产品内藏黑匣子：工蜂般盗取个人隐私信息》、《360 生意经：圈地运动与癌性扩张》等篇目，指出 360 公司不仅大规模粗暴侵犯了用户的基本权益，也对互联网行业秩序造成了严重的破坏，更是对整个社会产生了“癌性浸润”。

2013 年 2 月 26 日，每日经济新闻以“360 黑匣子之谜”为题，以 5 个版的篇幅对原告 360 公司发表了 7 篇批评性报道，360 公司于 2013 年 5 月将“每经”告上法庭。

文章刊出后，360 公司于 2013 年 5 月将“每经”告上法庭，要求立即停止侵权、消除影响、赔礼道歉，并赔偿经济损失 5000 万

1 上海市第一中级人民法院民事判决书，（2014）沪一中民四（商）终字第 2186 号。

2 上海市第一中级人民法院民事判决书，（2014）沪一中民四（商）终字第 2186 号。

3 作者 2016 年 8 月 20 日对魏永征教授的访谈。魏永征教授认为，我国 20 世纪八九十年代的法人名誉权案件法律文书的电子版录入尚不完整，因此出于谨慎，说此案可能是第一宗禁令运用于我国当代法人名誉权诉讼的案件。

4 作者 2016 年 9 月 6 日对许浩律师的访谈。许律师以前在多家媒体做过记者。

元。徐汇区法院于 2013 年 9 月 22 日在审理案件之前，破天荒地以接受 100 万元担保金的方式发出民事裁定书，对“每经”和上海经闻文化传播公司的报道禁令（行为保全）。

该民事裁定书称：原告于 2013 年 8 月 31 日向该院提出行为保全申请，要求禁止媒体被告在其报纸及网站或其他网上或网下信息传播平台发布任何与本案有关的、涉及贬损原告企业形象或产品形象的报道或评论，并向该院提供了担保金人民币 100 万元。该院认为，本案两名被告就原告及其网络产品所做的相关报道是否构成对原告的名誉侵权正在审理中，在诉讼期间被告理应停止就相关内容继续发布内容或评论。原告的申请符合相关法律规定。依法裁定媒体被告在本案诉讼期间停止发布与本案有关的涉及原告 360 公司企业形象或产品形象的报道或评论。裁定书送达后立即执行。如不服裁定可以向该院申请复议一次。复议期间不停止裁定的执行。

本案的核心事实因关涉技术问题，审理过程复杂，原、被告双方也做了充分的应诉准备，终审判决书也有洋洋 2 万多字，可分析解读之处颇多。本文注意到的是，在该案审理中，法院在一审时运用了在我国新闻侵害名誉权纠纷案中鲜少使用的行为保全制度，即在审理中对被告媒体发布禁令，要求其停止对原告企业继续批评报道。[1] 禁令制度属于事前或事中的救济，表明我国当下的司法实践面对商业诽谤案审理中的复杂性和高难度等特征，在现有法律基础上就新闻媒体商业诽谤案中的法律救济方式进行了新的尝试和探索。

对于一份财经类报纸及其网站而言，因批评报道一家当时的境外上市公司而被判罚 150 万元的高额赔偿，这对本就处于寒冬期的报业经营来说无疑是雪上加霜；不仅如此，针对媒体被告的禁令则意味着它不得在审理期间继续发布有关原告的涉案批评报道。

那么禁令制度的建立对于维护被揭露批评的对象（尤其是企业）和开展揭露批评的新闻媒体意味着什么呢？仅从本案来看，上述判决

1 上海市徐汇区人民法院民事裁定书，（2013）徐民二（商）初字第 913 号。

结果对于一家传统媒体而言不啻是一种经济上的和名声上的双重打击，同时值得新闻媒体检讨的是，媒体的报道是否合乎专业和法律规范，是否的确“有懈可击”？

我国法院发布新闻报道禁令的法律依据

禁令（injunction，也译“禁制令”）制度起源于英国。我国民事诉讼法中的行为保全制度在内容上与之相当，但很少针对新闻媒体使用。禁令的功能主要体现在事先防止侵害行为的继续以及损害后果的扩大，以防后继风险。这种制度作为一种民事法律上的救济方法，它有两个方面的目的，一是为了保证后续判决得到执行，二是最大限度地减轻对当事人的损害。根据英国法，被告人一旦违反禁令，将会以被判藐视法庭承担法律责任[1]。禁令制度后来逐渐为其他国家借鉴和运用，如今成为英美法系和大陆法系国家一项较为普遍的制度。

本案被告媒体“每经”曾于一审法院已受理该案后的 2013 年 7 月间，继续发布了题为《360 棱镜门》的多版针对 360 公司及其产品的批评性报道。原告就此向法院申请了禁令，要求被告媒体停止发布任何与本案有关的、涉及贬损其企业形象或产品形象的报道或评论，同时向法院提供了 100 万元人民币的担保金。法院认为原告申请符合法律规定而发布了对被告媒体的禁令。

该裁定的法律依据为《民事诉讼法》第 100 条：“人民法院对于可能因当事人一方的行为或者其他原因，使判决难以执行或者造成当事人其他损害的案件，根据对方当事人的申请，可以裁定对其财产进行保全、责令其作出一定行为或者禁止其作出一定行为；当事人没有提出申请的，人民法院在必要时也可以裁定采取保全措施。”

本条所指的保全包括财产保全和行为保全，与财产保全着眼于确保财产纠纷中的判决及执行目的不同，行为保全重在制止侵权行为的继续发生，防止损害后果的扩大，行为保全以法院发布命令的方式

1【英】萨利・斯皮尔伯利，《媒体法》，周文译，武汉大学出版社 2004 年，页 128。

出现，故又被称作禁令。本案被告上诉中要求二审法院撤销一审法院的禁令，遭到驳回，这说明两级法院在审理过程中都认为被告媒体的侵权行为较为严重，有充分理由运用报道禁令。

继360公司诉“每经”案后的最新一例名誉权案禁令产生于2016年2月网易雷火公司诉中国经营报社、新浪网侵害名誉权案中。[1]原告身份为跨境电商，认为媒体被告的一篇针对它的批评性报道失实而将其告上法庭，为防该报道继续传播给自己带来持续损害，于开庭审理前向法院申请要求被告停止通过网络传播涉案文章。按照法院要求，原告向法院证明了涉案报道言辞缺乏依据，媒体被告却未能证明涉案报道依据充分，因而法院同意了原告的请求而发布了禁令。[2]

按照我国现行法律规定，法院颁布禁令需要满足一定的条件。第一是情况较为紧急，我国《民事诉讼法》第100条第三款规定了，人民法院接受申请后，对情况紧急的，必须在四十八小时内作出裁定；裁定采取保全措施的，应当立即开始执行。例如本案被告作为一家较有权威的媒体，它在审理期间如继续对原告加以批评报道，加上在网络显著的扩散效应，如不进行限制，极有可能扩大对原告360公司造成的不可挽回的损害，尤其是如果等到审理完毕媒体被告被判赔，被告是否能就扩大的损害进行赔偿会成为新的问题。

第二是原告申请禁令时需要作出一定的经济上的担保，《民事诉讼法》第101条规定，如果申请人不提供担保，法院将裁定驳回。其中的道理在于，针对媒体禁令会直接致使其发行和广告收入两方面的损失。若后续审理中发现该禁令不当，需要对媒体作出相应的补偿，这也是法律公平精神的内在要求。

根据我国法律，如果法院颁布此类禁令不当，当事人可依法申请司法赔偿。2016年2月通过的《最高人民法院关于审理民事、行政诉讼中司法赔偿案件适用法律若干问题的解释》第3条明确将违法采取的行为保全列为司法赔偿对象。具体内容有本条第1款：

1 “法院对《中国经营报》社报道‘网易考拉海淘售假’作出诉讼禁令——北京首例在涉网络名誉权新闻报道中支持原告诉讼禁令申请案”，海淀法院网，2016年3月21日。参见 http://bjhdfy.chinacourt.org/public/detail.php?id=4028。

2 王巍：“‘考拉海购’诉媒体报道侵权索赔千万”，载2016年4月26日《新京报》，参见 http://epaper.bjnews.com.cn/html/2016-04/26/content_632565.htm?from=singlemessage&isappinstalled=0。

依法不应当采取保全措施而采取的，第 2 款：依法不应当解除保全措施而解除，或者依法应当解除保全措施而不解除的，第 9 款：违法采取行为保全措施的。

从程序上看，非刑事司法赔偿作为国家赔偿的一种，一般以穷尽其他救济途径责任发生的前提，通常只有诉讼程序或者执行程序终结，在此过程中采取的司法行为是否违法、是否造成损害结果等才能最终确定。[1] 具体到法人名誉权案中，如果媒体在审理中能证明其涉案言辞并未违反现行名誉权法的相关规定，如达到“基本真实”、“基本属实”及不含有侮辱内容等而被禁令限制，就可依照本法申请司法赔偿。当然，实践中由于法人名誉权案中的禁令才出现不久、数量较少，因法院禁令违法而申请司法赔偿的情形尚未发生。

禁令制度在域外新闻官司中的运用

当新闻媒体由于新闻报道活动而被控商业诽谤时，原告经营主体有理由担心被告媒体利用自己的媒体平台继续对其进行不利的报道，从而扩大损害。另外，在今天发达的网络传播环境下，侵权言论通过重复传播比首发媒体的传播造成的伤害更大，影响更广，因而需要考虑对其进行限制。这时原告可向法院申请禁令，旨在限制被告的继续传播行为从而避免自身损害扩大。法院需要对此申请进行审查，从而判断是否同意该禁令。

在英美两国诽谤案中，以及在政府和媒体发生冲突时，法院在考虑是否运用针对媒体的报道禁令时是极为谨慎的，其原因是担心禁令会带来对言论表达自由的禁锢，因而有违宪之虞。言论自由是具有重要公共价值的保护对象，这在英美早已成为社会共识。在美国，由于言论自由和出版自由受宪法《第一修正案》的保护，在通常情况下，针对媒体的禁令往往很难获得法院的通过。[2]

根据美国法，威胁国家安全的传播行为不受宪法《第一修正案》的保

1 刘子阳：“最高人民法院赔偿办负责人对《最高人民法院关于审理民事、行政诉讼中司法赔偿案件适用法律若干问题的解释》答记者问”，法制日报——法制网，2016 年 9 月 7 日。参见 http://www.legaldaily.com.cn/xwzx/content/2016-09/07/content_6796143.htm。

2【美】小詹姆斯·A. 亨德森、理查德·N. 皮尔森、道格拉斯·A. 凯萨、【美】约翰·A. 西里西艾诺，《美国侵权法：实体与程序》，王竹、丁海俊、董春华、周玉辉译，王竹审校，北京大学出版社 2014 年，页 708。

护。1971年6月，当《纽约时报》和《华盛顿邮报》准备刊发有关越南战争历史的国防部机密资料时，司法部试图以国家安全为由通过限制性禁令，而该禁令直接与宪法《第一修正案》形成冲突。这就是著名的“五角大楼文件案”。联邦最高法院在进行司法审查时做出了司法部禁令缺乏正当依据的判决，两家报纸得以自由发表相关文章，当“五角大楼文件”系列刊登后，政府也未对两家报纸起诉。[1]

此后在1979年，美国《进步》杂志在发表一篇详细描述杀伤力最大的核武器氢弹的设计和运行的文章之前，联邦法院应政府的要求，以会对美国造成“严重的、直接的、即刻和不可弥补的伤害”为由，对《进步》杂志发布了禁止刊出该文的临时禁制令。就在该杂志准备上诉时，政府撤回了诉讼，其间其他媒体刊登了有关氢弹的系列文章，政府也未提起诉讼。[2] 由此可见，即便涉及国家安全，对媒体以禁令来限制其传播都没能实现，足以说明此类禁令实施难度之大。

在英国，和媒体诽谤有关的禁令其出台的条件是，相关出版物的诽谤事实十分清楚，临时禁令还需经过听证的程序。对于争议如果被告能证明其主张的合理性，则可以阻止该禁令的发布。对于负责发布禁令的法官来说，由于在诉讼过程中证据不完全，他需要权衡两种风险：如果拒绝发布临时禁令，而最终原告成功确立了他要求禁令保护的那种权利，原告将遭受本可以避免的那部分损害；如果发布了禁令而原告后来败诉，这将导致对被告的不公。

一般来说，这两种情况下被告和原告的任何一方，都可能因发布禁令或拒绝发布禁令而遭到无法完全弥补的损害。[3] 如果法官发布或拒绝发布禁令，那么任何一方都可以立即向上诉法院提出上诉，而无需经过法官的许可。[4] 对于申请禁令的原告来说，如果发生禁令被解除的情形，他将面临承担严重的责任。[5]

基于媒体的公器性质，英美国家法院在审理新闻媒体涉及名誉权纠纷案时，对禁令的使用颇为慎重，[6] 其原因在于对被告媒体的禁令

1【美】约翰·D·泽莱兹尼著，张金玺、赵刚译，展江校，《传播法：自由、限制与现代媒介》(第四版)，清华大学出版社2007年，页82-84。

2【美】约翰·D·泽莱兹尼著，张金玺、赵刚译，展江校，《传播法：自由、限制与现代媒介》(第四版)，清华大学出版社2007年，页84-85。

3【英】丹宁勋爵：《最后的篇章》，刘庸安、李燕译，法律出版社2011年，页273。

4【英】丹宁勋爵：《法律的未来》，刘庸安、张文镇译，法律出版社2011年，页269。

5【英】萨利·斯皮尔伯利：《媒体法》，周文译，武汉大学出版社2004年，页39。

6 胡雪梅：《英国侵权法》，中国政法大学出版社2008年，页296。

明显限制了公众的知情权，所以只有在案件事实非常清楚，媒体发布内容诽谤性明显，法院据此判断陪审团最终会认定诽谤成立的情形下才会发布禁令。同时，被告若能证明诽谤言辞的合理性，禁令申请将不会获得通过。[1]

在大陆法系典型国家德国，法院在名誉权纠纷案中发布的禁令分为永久性的和临时性的，前者体现于案件审理完毕后法官作出的判决——如停止继续诋毁，后者则是法官在审理过程中作出的。德国法规定，颁发禁令必须同时满足两个条件：由原告证明被告媒体具有名誉损毁性的虚假陈述，以及由被告媒体证明其调查事实符合有关要求。[2]事实上，在大多数德国法学家看来，名誉权案中的禁令因缺乏宪法依据，将其视为专制社会的“审查制度”。[3]我国法与德国法颇有渊源，我国法院停止侵权的判决接近于德国法中的永久性禁令，而像如 360 公司诉每经案中的行为保全又与它的临时性禁令类同。

另外，德国、英国以及所有欧盟成员国对媒体的禁令发布都要受到《欧洲人权公约》[4]的约束。根据该公约第 10 条，人人享有表达自由的权利。此项权利应当包括持有主张的自由，以及在不受公共机构干预和不分国界的情况下，接受和传播信息和思想的自由。欧洲人权法院在一起判决中说，为证明禁令限制是正当的，就必须有“一种超过自由发表意见这一公共利益的社会需要。”[5]

在当代中国，禁令制度萌发于 1988 年颁布的《最高人民法院关于贯彻执行 < 中华人民共和国民法通则 > 若干问题的意见》，该《意见》的第 162 条规定：在诉讼中遇有停止侵害、排除妨害、消除危险的情况时，人民法院可以根据当事人的申请或者依职权先行作出裁定。这一规定在理论上适用于包括媒体商业诽谤在内的新闻侵权行为，但在新闻侵权纠纷案审理实践中却很少得到运用。

在 2012 年新修的《民事诉讼法》正式确立之前，我国禁令制度已在商标、专利及著作权领域已有相关规定，并于司法实践中积累了

1【英】萨利·斯皮尔伯利：《媒体法》，周文译，武汉大学出版社 2004 年，页 128-129。

2 张民安主编：《名誉权的法律救济：损害赔偿、回应权、撤回以及宣誓性判决等对他人名誉权的保护》，中山大学出版社 2011 年，页 39。

3 张民安主编：《名誉权的法律救济：损害赔偿、回应权、撤回以及宣誓性判决等对他人名誉权的保护》，中山大学出版社 2011 年，页 39。

4 英国于以全民公决方式退出欧盟，但在本文发表时尚未退出《欧洲人权公约》。

5（1980）3 WLR 109 at 138。转引自【英】丹宁勋爵：《法律的未来》，刘庸安、张文镇译，法律出版社 2011 年，页 335。

一定的经验，为新修的《民事诉讼法》中正式列入相应条款奠定了基础，也为在新闻诽谤案中运用该制度明确了法律依据。

我国《民事诉讼法》虽已正式确立了禁令（行为保全）制度，但是在具体操作程序上仍需要进一步明确。特别是在涉及新闻媒体的商业诽谤领域，因侵权行为的特殊性、禁令运用经验的相对缺乏，以及理论上的探讨不够多，相应的规则还需进一步明晰。例如本案中规定原告提供的 100 万元人民币担保依据是什么？如果被告对禁令申请的复议未果还有无其他的救济途径等问题，本案禁令裁定书并未予以展示。再如，商业诽谤案中的禁令如何终止或解除？被告拒不执行禁令将承担何种法律责任？禁令裁定书是否作为司法信息公开的一部分进行公开？诸如此类问题也需要在实体和程序上的进一步明确。

从新闻禁令看商誉权和舆论监督权的平衡

由于新闻侵权经常是连续性的，为了防止新闻报道进一步扩大从而造成对被报道对象的损害，当原告能充分证明媒体被告行为侵权且情势较为急迫而申请禁令时，法院应予一定的考虑，以避免损害的持续扩大，从而彰显法律的救济功能。特别是在当下的传播环境下，互联网让传统媒体的批评性报道无限重播，确实可能加重损害商誉，因而把这类案件称为“新闻报道涉网络名誉权案”是恰当的。网络传播的重要特点有快速、即时、扩散成本低等，一旦发生包括商业诽谤在内的网络侵权，可以在短时间内造成巨大的损害，这无疑较之传统媒体时代补救难度更大，也增加了事后救济成本。因而，通过法院禁令及时防止损害扩大有其必要性。

问题的另一面在于，根据前述他国相关经验，对媒体的禁令发布不宜轻易而为之，或者说发布需具备严格的适用条件。毕竟，禁止新闻媒体的报道或评论，就是对公众知情权的限制，而市场和商业权力本来也是媒体舆论监督的主要对象之一。何况当今商业环境下，大公司行大欺客，交纳区区百万元担保金不在话下，传统媒体越来越在经济上处于弱势，吃不消商业巨头的威慑，因而禁令有可能变相成为压制媒体对企业开展舆论监督的阻力。

有鉴于此，本文认为，我国此类纠纷案审理中禁令制度的运用时，可深入研究和借鉴比较法上慎用禁令及其理由、运用时严格的适用条件限定等。在2016年3月的网易雷火诉中国经营报社名誉权案中，审理法院颁布了国内第二起针对媒体被告的禁令。就此有论者批评说，涉案文章已刊出一个月，不再具备“新闻性”，此时发布该禁令不符合“情况紧急”的禁令适用条件。[1]

将近70年前，来自大洋彼岸的“一个自由而负责任的新闻界”[2]之理念对新闻界和全社会来说仍然受用无尽。从新闻媒体角度来说，本案诉讼中的禁令和终审150万元的高额判赔，足以提醒新闻媒体面对企业进行报道时需要高度注意操作规范。

媒体对企业经营者的批评报道是其职能的题中之义，满足了消费者、投资者必需的知情权、监督权。与此同时，经营者合法的商誉权也需保护，商誉作为一种无形资产，对它的保护本质上就是对产权的保护，具有远大的社会价值。面对越来越多的企业名誉权纠纷，法律厘定正当批评报道和保护经营者合法名誉权的界限就尤为重要，除了定纷止争，亦能保护经济社会产权和新闻事业的活力。

当然，诚如许浩律师所言，就实施禁令制度的基础条件而言，现行法律，对于适用诉前禁令的标准比较模糊，一旦禁令被滥用，对于新闻媒体的舆论监督权影响很大。[3]我们将继续观察自2016年4月开始审理、到本文定稿时尚未作出判决的第二宗同类案件——网易雷火公司诉中国经营报社、新浪网侵害名誉权案，以期获得更多的本土禁令制度形成和演化的信息。[4]

（感谢魏永征教授、许浩律师、富敏荣律师在本文写作过程中给予的帮助）

1 范辰：“做到了新闻真实，媒体构成侵权吗”，每经网，2016年5月6日。参见 http://www.nbd.com.cn/articles/2016-05-06/1003141.html。

2 The Commission on Freedom of the Press, *A Free and Responsible Press*, Chicago, Il.: University of Chicago Press, 1947. 中文版《一个自由而负责的新闻界》由中国人民大学出版社2004年，展江、王征、王涛译。

3 作者2016年9月6日对许浩律师的访谈。

4 在做出这个全国第二例、北京第一例涉互联网名誉权新闻报道的诉讼禁令时，法院采取的是不同于第一例的方式，以官网和官微主动公开。收到禁令后，中国经营报社删除了网站上的有关文章。

前沿

以超边际方法观察新经济

庞春[1]

专业化与分工

我对“专业化”和“分工”这两个概念的理解，源自于我留学的岁月，是长期思索和研究的结晶。遗憾，学界几乎把它们混为一谈，忽视了差异，留下了学术空白。只需留意经济学教材，就可发现：对专业化和分工仅点到为止，无明确定义。其他学科也有文献涉及分工，但都没回答：什么是专业化和分工？

我们认为，分工和专业化彼此关联，但非一回事。专业化为个人（个体）决策。一个公司（严格说是一个部门），其决策首先需确定专业化方向，即“做”或“不做”。如有十种产品，是都生产？还是选择专业化，只生产少数几种，甚至一种？若专门生产一种（或一类），则它为专业公司；相反，若它既产服装，也造电器，还搞物流，则为非专业化。非专业化，即职业或业务不专精。类似的，交易方面也有选择问题，买卖双方是自己完成交易，还是委托第三方（如中介或中间商）？这与专业化有关；而在消费方面，是自产自供满足消费，还是从市场购买满足消费？这同样与专业化有关。

简言之，生产、交易和消费三大类活动，都涉及专业化选择。故专业化指个人或公司缩小或聚焦其经济活动的边界或种类的一种抉择，以利于提高生产效率。可是，专业化不代表分工，尽管二者密切相关。“分工”需从全局看。它是不同专业的决策者互动而产生的结果，它的出现和演进可由交易效率的充分改进所致。分工是一

1 庞春：华南理工大学经济学教授。

种网络结构，其型态多样。它的网络规模与参与者数量及交易规模呈正相关，体现了全局报酬递增。

然而，从市场角度看，部分专业化的决策者也可组合形成完全分工。设x, y和z表示3种必需品，有三类人分别生产其中2种产品，但两两不同，即xy，yz和xz。若彼此交换，则可购得自己所缺的第三种产品，以满足消费。虽然这三类人都无充分的专业化，但从市场看，这 3 种产品的生产为完全分工。

从经济学实证分析层次看，因专业化是一种决策，故可用约束条件下最优化来解答。该分析层次高于经济环境描述。而一个分工结构是由多种专业化决策者所构成的市场网络，故分工涉及均衡分析，从而众多的内生变量能够被参数（外生因素）所确定和解释。此为更高层次的分析。那么专业化和分工是如何演进的？这就需要从分工经济与交易费用之间的权衡来找答案。

从古典到新古典经济学及其超越

可是，对专业化和分工的分析，仍没有进入经济学的核心，这是学科的重大缺失。芝加哥大学诺奖得主斯蒂格勒在纪念亚当·斯密发表《国富论》200 周年的一文中指出，在微观经济学的核心部分中，生产理论仍然缺乏一个有关分工的分析框架，这是十分令人遗憾的。

19 世纪后期，马歇尔沿着边际学派的路径，于 1890 年出版《经济学原理》，开创了新古典经济学。经济学家们从此以资源稀缺性为前提开展研究，几乎将古典的亚当·斯密思想精髓“分工是财富之源”搁置一边。

杨小凯建议加注释简单介绍认为，研究主线脱离分工问题，并非忽视斯密，而是由于数学的进展和它应用于经济研究的滞后。基于微分知识的边际方法，适合于分析稀缺资源给定情况下的连续性经济变量。而分工网络由各种决策者构成，他们有“连”或“不连”的专业化选择。这意味着专业化等内生变量可以不连续，由此导致“纯粹”的边际方法失效。

杨小凯应用 20 世纪中后期以来的数学新成果，突破了边际分析瓶颈，得到诺奖得主布坎南赞扬 ——“杨小凯提供的‘斯密镜片’让我们可观察新古典未看见的世界”。杨小凯重新界定经济学是一门有关经济活动选择和冲突的学问，他在继承新古典的资源稀缺的同时，打通微宏观经济学的藩篱理念，把古典的分工思想复活在一个称为“超边际—新兴古典经济学”框架中，证明了命题“分工可超越稀缺资源的局限”之合理性。他留下的这笔知识遗产无价。

经济权衡：分工经济与交易费用

新兴古典经济学整合了交易费用和专业化思想。它创造性地吸收了科斯关于“做”或“买”的洞见，把斯密的“专业化”处理为一个关键的内生变量，进而探索分工结构与经济组织的机理。在模型中，产品或服务的提供方式，都有“做”或“买”的两种选择：若为自产自供，则涉及专业化变量；若从市场购买，则考虑交易费用。

我认为，经济理论的有效性，在于捕捉问题之最为关键的冲突，并在参照系中发掘现象蕴藏的相对逻辑。新兴古典，正是从分工经济与交易费用的冲突入手，开启了经济组织问题分析的新篇章。其逻辑是：与分工紧密关联的专业化，可提高生产效率，即专业化和分工的回报；然而，市场分工意味着有交易，而交易有代价，即交易费用；因此分工经济和交易费用所构成的冲突，将决定分工的均衡结构 ——当分工所带来的回报超过交易费用所造成的损失时，经济的组织形式将向高水平的分工结构演进；反之，相反。一句话，新兴古典揭示了交易费用的经济拓扑特征，解释了分工报酬递增的含义。

需指出，新兴古典虽然聚焦于分工，但与新古典有相似性：消费上的边际机会成本，生产上的边际转换和边际替代，以及交易的均衡变量等，都已在模型中得到解释。

分工同时决定供给和需求

美国经济学家杨格深化斯密的分工思想，强调供给和需求为一个附着于分工的整体。我们认为，只要分工存在，供需就共生性出现。新兴古典吸收了这一重要洞见，将决策者处理为生产者—消费者双重身份，在模型中加以分析。这与新古典区别开来，反映了真实世界的特征 —— 工作是为消费，而消费则需工作。

而新古典的生产和消费理论，分别以不同约束条件下的利润和效用最大化为目标，在两个独立篇章展开论述。表面看二者仅为函数形式差异，但因其“生产者不消费，消费者不生产”的决策分析结构，割裂了供需的逻辑关系，进而削弱了均衡分析的内在一致性，不能解释分工演进。

事实上，生产和消费统一的观点，在古典学派约翰·穆勒的父亲詹姆斯·穆勒的著作中可找到说明。而萨伊定律 —— 供给创造自己的需求，恰恰表明供需不可分。易于理解：酿酒卖，需粮食；种粮卖，需拖拉机；造拖拉机卖，需钢铁和机床。而钢铁、机床和拖拉机生产者也需消费。无数的诸如此类供需链条，将真实世界织成一张巨大的分工网络，难道不是？

边际与超边际：方法的契合

新兴古典经济学包含几层特色明显的分析。最底层刻画生产、交易和消费特征。因每种产品的供应量、自用量、需求量和专业化水平都可取正值或零，故都有“做”或“买”的超边际选择。往上一层是各专业的决策分析。每个决策单独看，类似于新古典边际决策分析。但不同之处是：供需整合的新兴古典涵盖了所有内生专业化决策。再往上是专业化决策间互动的均衡分析。因专业化的多样性可形成一系列分工结构，这层分析包括两方面信息：每个分工结构的一般均衡分析（角点均衡），即寻找每个结构出现的必要条件；所有分工结构之间的收益—成本比较分析，即超边际一般均衡分析，揭示每个结构发生的充分条件，从而解释分工演进。以上实证基础上，则为福利分析。

著名华人经济学家、两次诺奖提名获得者杨小凯教授，生前提出超边际方法，基于这种方法，他主创了新兴古典经济学框架。其著作见于《经济学：新兴古典与新古典框架》。诺奖得主詹姆斯·布坎南认为，以杨小凯为领头人，对分工演进的分析，是当今最重要的经济学研究。

新兴古典超边际一般均衡，研究一系列分工结构，以揭示经济变迁。而未内生专业化的新古典一般均衡，如同对分工系列中某个外生给定的结构的分析。因此"杨小凯发展了内涵比新古典一般均衡更加丰富的分析框架"。

超边际经济学适合于解释新经济

网络时代，连与不连？在哪连？加与不加？与谁加？解释这类"跳跃式"、非连续性变量的经济问题，超边际方法正好可发挥作用。例如在移动、电信或联通三网中，选择其一开户入网、签订套餐，就是一个超边际决策；而签约后，通话和上网能在多大程度上提高办事效率，则为边际问题；但未来若变更套餐，甚至换网入户，将又是一个新的超边际决策。再如在微信里是否建一个群，这是超边际决策；而群建好后的使用情况，则为边际问题。各行业中有无数类似的例子，都可使用超边际方法思考和研究。

诺奖得主布坎南及其合作者在 1962 年的一篇论文中使用了"超边际"（infra-marginal）一词。他认为，杨小凯在解决涉及非连续性变量的分工问题上所使用的分析工具，就是一个新颖、系统的超边际方法。有一种看法认为，因超边际是处理分工问题的方法，故它只适合于分析早期的工业革命时代的现象。但是，这种看法不正确，其原因为：首先，当今的互联网正是分工演进的一个产物；第二，超边际方法可用于分析诸多的非连续性变迁的经济和社会问题。

超边际现象是真实世界中无法回避的重要问题。诺奖得主科斯早就有超边际意识。他在发表于 1946 年的论文中指出，“消费者不只是决定是否多买一件商品来满足消费，尤其还要考虑是否买这种产品，或是把这笔钱都花在别处”。这个“科斯选择”意味着，消费者先要决定买或不买的超边际决策，然后才考虑是否多买一件的边际决策。例如，鸡价涨一倍将对鸡的需求量产生多大程度的影响，就是边际问题。可是，不吃鸡的人的超边际决策却是去购买其它食品来消费，因他们对于鸡的需求量恒等于零，所以去讨论鸡价变化对他们购买鸡的数量变化有何影响，就失去了意义。科斯的批评很犀利——仅仅着眼于边际分析就会带来误导。我们认为，“纯粹”的边际分析失效的情形，在真实世界中普遍存在。

可是，时隔六十多年后的 2012 年，科斯在其发表于《哈佛商业评论》的文章中，仍然表达了对新古典经济学解释力的不满：“远离商业实践，与现实世界脱节”“把生产活动边际化，整个思维陷入资源配置的框框中”“无法为企业家和经理提供任何指导”。科斯指出，由于分工深化、贸易网络扩张、世界依存度加大，“把经济问题，仅简化为价格理论的应用分析，就很难办了”。

超边际方法观察真实世界

超边际决策，实际上就是人们经常面临的“选择”或“不选择”的问题，而选择之后才与边际决策有关。例如，你毕业后选择深造读研，或打工创业，或进政府机构，都是超边际选择；而做公务员后，能否快速高升，则取决于你在官场上的边际努力程度。你今后如考虑弃政从商；或你考虑是继续在一线城市拼搏，还是回归故里；或发财后你考虑是否移民海外等等，这都是超边际问题。

我认为，许多经济现象和分工都有联系，可用超边际方法开展全新研究。例如，互联网即为专业化和分工的产物，而它的出现又推动了分工。货币也与分工有关。传统智慧认为，分工促进货币出现，从而可避免“物物交换”的麻烦。但这样思考不够严谨，因我们发现，即便将货币与分工直接联系起来讨论，分工也不过是货币出现的必要条件而非充要条件。我们发现，货币出现与分工演进是一对共生现象；货币出现是交易效率充分改进的结果，它伴随着高水平分工的形成而出现；而货币的出现又改进了商品的交易效率。但劣币问题、货币保管和存储问题等，也可带来新种类的交易费用，阻碍进一步分工。此外，企业为何存在、城市为何出现、中间商为何存在等诸多问题均与分工有关。

当今的互联网技术给人们做超边际决策提供了便利。为什么“滴滴”打车模式冲击了出租车？为什么京东在一定程度上颠覆了店面购物模式？为什么顺丰快递“缩短”了交易的距离，改变了生活模式？为什么共享经济发生在市场密度较高、分工精细的城市和地区？为什么苹果做了电脑后做手机，做了手机后做手表？互联网技术本身就是分工超边际的产物。

来思考一个简单的问题。假设大米既可直接消费，也可酿造酒来喝，而人们有多样化消费的选择模式：有的人既吃饭又喝酒，而有的人只吃饭不喝酒，还有的人只喝酒不吃饭。那么有多少种决策模式？而这些决策又可以组合形成多少种交易结构？每一种情形发生的条件是什么？在什么条件下它优于其他情形？我们认为，从某种程度上讲，真实世界就是一个超边际网络。世界上产品种类无数，但我们日常消费的产品种类却很有限，完全可数。我们的选择，来自于我们无时不刻的、下意识的超边际选择的结果。

再看一个分工的故事。设两种必需品为，农产品粮食y和工业品z。

而生产 z 需使用中间产品，如机器 x。即 z 有生产迂回。那么有多少种可能的经济组织形式，可满足消费 y 和 z 呢？超边际回答：x，y 和 z 这 3 种产品的生产、交易和消费（或使用）有 9 种专业决策，它们可构成 14 个可能的分工结构。但关键是：这 14 种分工发生的条件是什么？解答了这个问题，就可揭示经济组织演进的性质。显然，每一种结构出现的条件，都必定要求它比其余 13 种结构有更高的净收益。这个净收益就是分工所带来的收益，在扣除交易费用所造成的损失后，所剩余的价值。

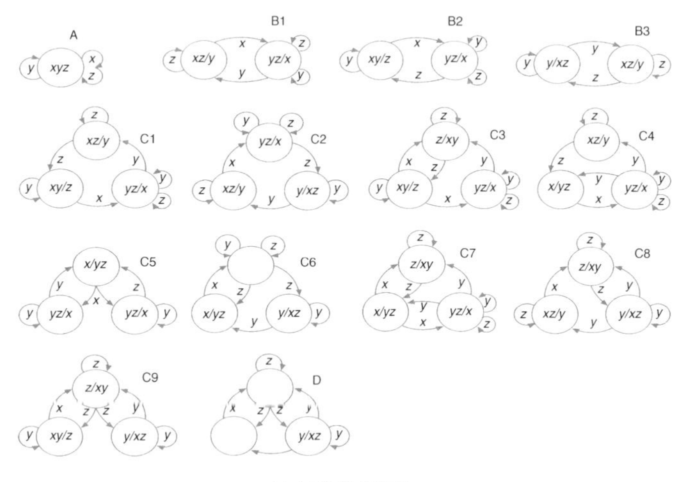

14 个可能的分工结构

经济分析的目的，不仅仅在于寻找内生性经济变量之间的关系，更重要的是在于寻找和解释外生性因素是如何决定和影响这些内生性变量之间的关系及其变化的方向。我们知道，变量与变量之间的关系，如同事实与事实、现象与现象之间的关系。但它们相互之间绝不可以彼此作解释，否则就会陷入逻辑的怪圈。类似的，因数据作为一种事实或现象的表现形式，故也不可以将其直接用于解释现象的发生机理。因此，同为内生变量的价格和数量，如果相互解释，就会产生误导。然而，新古典的决策和均衡方法，却无力解释经济组织变迁中的非连续性的超边际现象，因此就有必要引入新的方法。显然，本文介绍的超边际方法填补了现有方法的缺憾。

中国社会情绪的脉搏：网络集群情绪的测量与应用

陈浩[1]

互联网技术与应用进入所谓 Web 2.0 时代后，网络用户使用网络的方式由主要被动接收信息逐渐转变为主动建立网上互动关系并发布和传播信息。由此，互联网产生数据规模获得爆发式增长，同时桌面端、移动、传感等设备默默记录下这些人类数字痕迹。由大众不断产生的网络数字信息，在不同组织、机构和学者眼中具有不同的功能和价值。在社会科学家或心理学家眼中，它们是非常宝贵的关于个体、群体和社会的丰富信息库。更为关键的是，这些携带人类思想、情感和活动重要信息的数据，不是为科学研究而刻意产生的，而是在真实社会生态环境下自然而然产生并被记录下来的，因此可以称为“人类信息生态数据”。

大数据时代下心理学研究范式的挑战与机遇

人类在互联网上产生的文本、图像、音频、视频、移动等海量非结构化数据痕迹，及相应技术基础和应用，一起被统称为“大数据”或“大数据技术”。除了对日常生活和众多产业产生巨大影响之外，大数据也对自然与社会科学研究产生了重要影响，其中包括对心理学传统研究范式提出了挑战。

在心理学实证主义方法论传统中，实验和基于观察的相关分析是其主流研究范式。其中，实验范式被认为能够发现和检验现象间的因果关系。在物理学、化学、生物学的实验室研究范式影响下，心理

1 陈浩：南开大学社会心理学系副教授。

学实验一直以探索和确定心理学变量间的因果作用为己任，譬如变量 X 是否以及如何影响变量 Y，变量 Z 如何调节变量 X 对变量 Y 的影响等。但是心理学实验范式始终存在一些问题。按照心理学家 Nathan Kogan, Michael Wallach 以及彭凯平等人观点，心理学传统实验范式一直存在三个主要的方法学困境：一是实验条件真实性问题；二是实验可重复性问题；三是实验样本代表性问题。最近两年沸沸扬扬的有关心理学实验可重复性讨论（尤其是社会启动类实验），更是将心理学经典实验范式困境问题推向了国际学界的风口浪尖。

与此同时，互联网人类数字痕迹信息几乎以几何级数速度爆发，这更给了心理学家在内的科学研究者以挑战，原有研究方法中针对数据的收集、整理和分析等技术，越来越难以应付海量人类信息生态数据的复杂实时解析任务。包括心理学在内的行为科学、社会科学需要更加了解信息技术，信息科学也需要更加了解行为科学，两者的对话和对接显得尤为迫切。

自 20 世纪 90 年代，不同领域的学者们就开始在两个方向上自发做出对接努力。一方面，从信息科学、计算机科学领域孕育出的社会计算（social computing），开始在设计通讯和信息系统时，考虑真实的人际社交情境；或应用心理学等领域的思想或概念，设计通讯和信息系统，使人机交互界面系统更加友好、关照人性体验，让科技能更好地服务于人类。而另一方面，心理学家和社会学家等也在关注互联网络新世界中诞生的新现象、新问题，将之作为研究对象，运用传统行为科学视角和方法，应用于新的社会—技术系统中人类现象的分析，以期更深入全面地理解科技尤其是互联网技术，给人类生活带来的重要影响，这一支努力的方向称为“网络心理学”和“信息社会学”。

但就尝试借鉴彼此视角研究人类现象而言，信息科学与心理学之间仍存在所谓“对接鸿沟”。一方面，在社会计算领域，包括心理学在内的大量社会科学研究成果，还较多地被忽视和不被利用。另一方面，心理学等社会科学领域学者甚少利用信息技术、计算工具和互联网络中产生的丰富人类信息生态数据。

信息社会的快速迭代演进与学术共同体的内在求知诉求，一致呼唤更为有机融合、彼此取长补短的新研究范式。过去十年间，来自不同学科背景的学者，陆续昭示出信息爆炸对于科学研究所产生深远影响，并努力建构新的研究范式或研究典范，指引科学共同体在新时代中继续前行。譬如，计算机领域的 Jim Gray, Alex Szalay 等人针对“数据洪水”提出人类认识世界的“第四范式”——数据密集型科学（data-intensive science paradigm），前三种分别为实验范式、理论范式和仿真模拟范式。他们认为，计算机领域应在多个技术领域（提前）布局，为多学科所共同面对的数据洪水，升级计算技术与系统，进行水利工程建设。还有学者做出昭示性研究，例如 Matthew Salganik, Peter Sheridan Dodds 和 Duncan Watts 在 2006 年的《Science》杂志上发表的一项研究中，针对传统实验范式的缺陷，尝试在网上建立一个人造音乐市场作为新的人类行为实验室，考察一万四千余名青少年被试在音乐下载行为上的个体微观和群体宏观结果模式，如何受到他人影响的左右。Peter Hedström 在评论该研究时提出了“实验宏观社会学”（Experimental Macro Sociology）的新交叉学科理念。

2009 年，Alex Pentland, Albert-László Barabási, James Fowler, Nicholas Christakis, Gary King, Michael Macy 等一批国际顶尖学者联合署名，在《Science》杂志上发文提出“计算社会科学”。在这篇具有里程碑意义的宣言论文中，这群科学天才开宗明义，指出收集和分析大规模数据的能力已经改变了生物学、物理学等学科。但在人类数据痕迹无所不在的时代背景下，以数据驱动的计算社会科学则来得慢多了。当时经济学、社会学和政治学的顶尖期刊上鲜有此方面研究，但在 Google, Yahoo 等互联网公司和美国安全局（U.S. National Security Agency）等政府机构中，计算社会科学研究正在生长。继而，他们细致分析了在开放学术环境中开展计算社会科学研究，相较于传统社会科学研究，对于理解人类个体和群体有哪些独特价值和机遇，以及在现有研究范式、制度性障碍、数据获得与隐私等方面上存在的困难。

在已然到来的大数据时代面前，心理学家也未自甘人后。不断有研究者或自发或自觉地开始突破传统心理学研究方法的某些局限与不足，努力将大数据和信息科学技术融入到心理学研究中。从微观和宏观两个层面上，对人类的心理和行为规律进行探索和解读。Tal Yarkoni 在 2012 年提出的“心理信息学”（Psychoinformatics）就是其中一声较为响亮的回应。它作为网络时代催生的心理学与信息科学交叉新兴学科，旨在利用计算机与信息科学技术，通过开展网络平台大规模调查和准真实场景实验、开发和利用移动设备、建立数据库和分类体系、使用开源软件和数据挖掘技术等，获取、整理和分析心理学研究资料与数据。心理信息学对大规模海量数据的掌控能力，使心理学家可以从新的视野和高度，针对现实和网络中的个体和群体心理行为现象展开研究，并重新检视和发展已有理论，探索新发现。

“星球脉搏”：基于 Twitter 用户推文的社会情绪测量

以 Facebook、Twitter 为代表的社交媒体的崛起与移动设备的普及，大幅提升了人际网络交互性。大众习惯于在网络平台上不掉线地与其他人交流着此刻的所思所想、抒发着喜怒哀乐，展示真实的自我，虚拟变得越来越现实。社交媒体上积累下来的海量个体电子痕迹，正在成为政府、组织和研究者们观察和分析大规模人群即时动向乃至地球村整体趋势的宝贵数据蓝本。

2009 年 7 月，美国著名网络科技媒体 TechCrunch 披露了一批社交媒体网站 Twitter 公司的内部文件。文件中宣称 Twitter 当时期许自身将成为全球第一家达到 10 亿级用户的网络应用，并指出当 Twitter 拥有 10 亿用户时，它将成为“星球的脉搏”（the pulse of the planet）。其感知世界和记录时代的野心显露无疑。Twitter 也并非妄言，之后阿拉伯之春的革命浪潮中，Twitter、Facebook 等社交媒体被认为冲破了信息集权壁垒，在大众中发挥了重要的联系和动员作用，并让全世界能实时感知到任何一个角落正在发生的事。如同公司内部文件所宣称的那样，Twitter 这样的社交媒体更像是神经系统（nervous system），而非简单的预警系统（alert system）。

由此，我们可以想到从社交媒体的茫茫数据海洋，迅速捕捉到其中有价值信息的技术，变得越来越吸引人，也这并不难理解。自动化高效分析海量数据永远是科学技术领域的重要议题。基于各种统计、数据挖掘技术的在线文本分析，变得越来越热门，而也正是因为数据的海量增加，但文本的短促稀疏，使得准确解析短文本中的核心认知意义，仍旧是暂时无法逾越的技术难题，相对文本认知信息分析，由于人类情绪表达的种类有限和聚焦，情感计算与情绪分析显得稍微容易些，由此也更为流行与周知。

总之，社交媒体中积累的海量信息为直接感知和测量大规模人群情绪提供了可能。2010 年，一支来自美国东北大学和哈佛大学的联合研究团队，收集了 2006 年 9 月至 2009 年 8 月间 Twitter 上 3 亿多条推文（tweet），使用英文情感短文系统（Affective Norms for English Words）挖掘其中的情绪信息，绘制出了一张美国各州 24 小时 7 天情绪波动图，称之为“国家的脉搏”（Pulse of the Nation），轰动一时。

2011 年，美国康奈尔大学的社会学家 Michael Macy 和他的学生 Scott Golder，将情绪分析的范围扩大至全球的 84 个国家，他们收集了 240 万全球各地 Twitter 用户发布的 5.1 亿条推文，基于正负情绪词进行频次分析，描绘整个世界的情绪变动趋势，这一研究成果发表在当年的《科学》杂志上。研究者很关注 Twitter 的百万用户的情绪节律，从一天之中各时段到一星期或一个季度中的每一天。他们发现了在各个国家和各种文化中表现较为一致的情绪节律。譬如在一天之中，清晨时积极情绪达到高峰，午饭前开始下降，直至大约晚上睡觉时间时开始反弹上升。与此同时，研究者还对形成季节性情绪障碍的两个著名理论假设进行了检验，得出了有益结果。该项研究不仅开创了在全球尺度上测量大众情绪脉动的先河，同时也让采用大数据技术解决悬而未决的竞争性理论假设问题成为可能，具有重要的学术价值。

2012 年，英国计算机学者 Thomas Lansdall 等人分析了英国 980 万用户的 4.8 亿条推文中的情绪信息，考察经济衰退和社会大众情绪是否有关系。他们发现英国公共开支削减与 2011 年的骚乱存在强相关。同时他们还发现英国皇室大婚对事件具有一定的“降温效应”。该项研究昭示出基于社交媒体的社会情绪测量在社会现实议题关照上可以走得更远。

行为经济学告诉我们，情绪深远地影响着个体的各类行为和决策，其中也包括证券投资。那么，大尺度社会层面上的所谓社会情绪，是否同样会影响社会集群决策结果呢？比如股票市场指数的涨跌。从古典经济学大师 Adam Smith 到诺贝尔经济学奖获得者 Robert J. Shiller 等人皆以为然。借助社交媒体平台数据构建社会大众情绪指标，实时感知和测量宏观大尺度社会中的大众集群情绪，进而分析它对股市起伏的影响已成为现实。美国印第安纳大学的计算机学家 Johan Bollen 等人采用两种情绪测量工具，分析了 2008 年间 270 万美国 Twitter 用户推文中展现的公众情绪，分为“镇定”“警觉”“活力”“友好”“快乐”和“确定”这六大类。其中“镇定”类情绪能够显著预测 2 天至 6 天后的美国道琼斯工业平均指数的升降趋势，其他情绪则没有这种效果。这篇惊世骇俗的研究报告在 ArXiv 网站上甫一亮相，很快就引起了计算机学者、证券从业者、心理学家以及大众媒体的侧目关注。之后不久，英国青年金融创业家 Paul Hawtin 与 Johan Bollen 合作，发起建立世界首家基于社交媒体情绪信息的对冲基金 Absolute Return Fund，借助实时分析 Twitter 中的公众情绪来指导证券投资。

基于社交媒体Twitter网站用户推文的社会情绪测量研究方兴未艾，已在社会、政治、经济与生活等多方面表现出感知世界脉搏的独特魔力，具有重要的学术和应用价值。在中国开展类似探索并深化相关技术，显得尤为必要和迫切。

基于中国微博的大众情绪测量指标建构

最近五六年，作为热点研究方向的在线文本情绪分析，其传统意义上的指向并未是纯粹的情感或情绪，通常还包括认知判断元素，实际上是涵盖知情意（认知、情绪和行为意向）三要素的态度分析。另外，传统文本情绪分析最常采用正向与负向的情绪简单二分法。

基于网络尤其是社交媒体海量短文本的情感分析，最近出现简约化趋势，收缩分析范畴回到原教旨意义上的情绪本身。这样反而减少了认知性内容分析在其中造成的准确率偏低问题，且由于常见的超大样本量在一定程度上也稀释掉一定数量所指模糊或反义指称造成的分析错误。

另一方面，心理学家开始为在线文本情绪分析提供情绪理论框架和新研究议题，将心理学的情绪研究成果应用于在线文本分析技术之中。因为情绪本身属于心理学经典研究领域，心理学的情绪结构理论中分类取向和维度取向的理论成果，完全可助力情绪词库等情绪分析工具的开发与不断完善。

笔者所领导的课题组已就中国微博用户的情绪测量和应用展开一系列探索。我们与华东师范大学数据科学与工程研究院钱卫宁和周傲英团队合作，尝试用新浪微博用户在线发言文本中的情绪信息做出“中国社会情绪的脉搏”。

笔者首先对情绪分析技术、情绪词库等进行了较为系统的分析和归纳。词汇匹配技术是目前分析海量段文本使用最为广泛，也是效果相对较好的方法。该方法的原理主要是通过统计目标文本中与情绪词库中特定类型情绪词的词频多少来计算该文本的情绪定向。而情绪词库的建设是基于词汇匹配技术的在线文本情绪分析技术的核心。

我们着手建立的基于微博的情绪词库，相比传统情绪心理学量表规模大很多，相比传统情绪词表的情绪分类更具心理科学背书性。情绪是心理学中很重要的分支，笔者通过回顾西方心理学界基本情绪研究，围绕着何以为基本情绪的问题，梳理了从最早的 Charles Darwin 到 Paul Ekman, Richard Lazarus, Carroll Izard 等当代情绪心理学家对于情绪的理解、分类及标准。人类情绪包括基本情绪和复合情绪。基本情绪比较好测量，复合情绪较难捕捉和刻画，尤其自动化分析还是难题。继而，我们确定下来微博情绪分为“快乐”“悲伤”“愤怒”“恐惧”和“厌恶”五种，并通过严格的筛选程序，建立了包含 818 个情绪词（快乐 306 个；悲伤 205 个；厌恶 142 个；恐惧 72 个；愤怒 93 个）的标准化微博客基本情绪词库（Weibo Basic Mood Lexicon，Weibo-5BML）。这个基本情绪词表基于传统的心理学量表，但词汇量远远超过量表。

上海合作团队在微博上锁定了约 160 万活跃用户，抓取这些人每天的微博文本，采用词汇匹配技术，生成出五种基本情绪的总体上每日波动趋势时间序列数据。接着研究团队对这些微博大众情绪指标做了生态效度检验。通过对这五种基本社会情绪指标与日常生活节律、节日和重大事件的相符和关联性分析，来确认情绪指标是否能准确、及时、敏锐地映射出中国大众的总体情绪反应，即是否符合常识并有可能提供更加精微的细节感触力。

我们发现，首先，“快乐”这一正性情绪与其余四种负性情绪之间存在不同程度的显著负相关，四种负性情绪之间有中低程度的显著正相关。其次，平均下来一周的七天之内，快乐情绪在周三时最低，进入低谷，因为周三距离前后假期最远。

中国传统节日春节期间，会有集中而明显的快乐情绪上升，四种负性情绪则明显下降。还有中国社会发生的一些重要重大事件期间，微博上所展现出的集群情绪也很具典型性。2012 年钓鱼岛事件期间，愤怒和悲伤情绪持续保持高位，9 月 18 日愤怒情绪飙升至那一阶段的最高点。而后马上到中秋节，之后几天是十一黄金周。这期间，快乐情绪开始上升，悲伤情绪快速下降。但有意思的是，快乐情绪的最高峰并不是 10 月 1 日，最高峰是前一天 9 月 30 日。由此看来，人们对重要正性事件的情绪期望体验，要比实际经历时高。这与个体情绪预期的心理学研究发现一致，这里可看到在大众集群层面上也是如此。

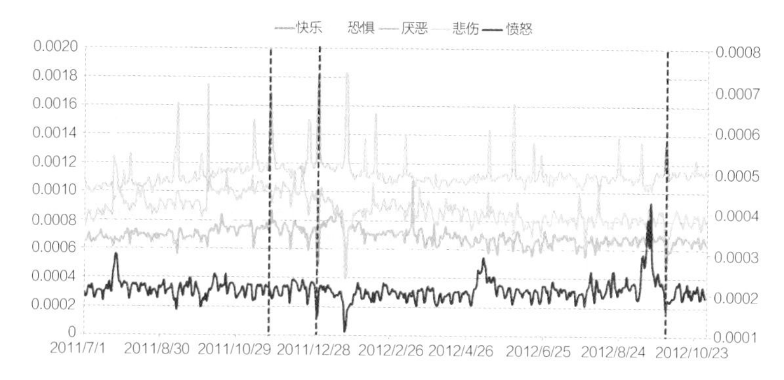

相较于传统文本情绪分析将情绪做正性和负性的简单区分，心理学家依据情绪心理学理论，将负性基本情绪分得更为细化，而这些不同负性情绪之间，背后有着不同的认知评价要素意蕴。我们分析了 2011 年 7 月“动车事件”期间的情绪波动趋势，发现恐惧情绪在此间快速攀升，悲伤情绪也在上升，愤怒情绪在后期慢慢爬升，并最终成为主导情绪。按照情绪评价理论，愤怒与恐惧、厌恶有着不同的认知评价成分。愤怒情绪虽然是一种负性情绪，但属于趋近性情绪。对方在目标上阻碍了我，我如果将自己评价为在效能上与对方旗鼓相当或我有优势时，才会有愤怒情绪产生。那什么时候害怕呢——对方阻碍了我，不让我去完成某件事情或达成某项目标，但是我评价自己抗衡不过你，或我无法预期抗衡的后果，那我不会愤怒，而只会害怕恐惧。天灾来临时，我们感到非常地恐惧，损失后会感受悲伤，但很少会感到愤怒。

总之，我们的分析表明五个基本情绪指标的生态效度或表面效度表现良好。接下来，我们将从股市、大众与精英关系、地区民族主义氛围、社会风险感知等几个方面，解析微博情绪指标与它们的关联或在其中起到的效应，展现这一新颖指标体系的理论和应用价值。

微博情绪能预测中国股市吗?

情绪作为影响个体决策的非理性动力因素之一，研究社会情绪对金融投资决策宏观结果股票市场的预测具有重要意义。本研究突破了以往从投资者群体情绪视角探讨情绪与股票市场的关系，为我们呈现了运用社交媒体大数据和信息技术直接获取大众情绪的技术方法优势，为进一步深化情绪影响股市的内在机制探索提供了新路径。

我们首先将个体层面的认知、情绪、行动三元素关系和心理过程，上升至群体层面去重新检视。认知是内容评价，情绪是行动的动机准备，行动是实际表现出来的结果。那么，股市或者说股市的起伏波动，在笔者看来就是一大群人基于各自自利动机的决策行为的汇合宏观结果。所以，它是大规模人群层面的行动表征，而且从时间的分析颗粒度和操作性上而言，可以跟以天为单位的微博情绪数据进行比较。

我们继续采用课题组开发的微博客基本情绪词库（Weibo-5BML）和 2012 年间的新浪微博数据，检验了不同类型的微博情绪与股市之间的关系。微博上约 160 万人每天在 5 类基本情绪上波动情况作为自变量，上证指数成交量作为因变量。结果发现，五种情绪中悲伤情绪能显著提高上证指数成交量（预测准确率提高 2.4%）。在其它时间区间中采用用其他测度方法，股市对数收益率作为因变量，我们都能发现悲伤情绪可以比较稳定地预测股市波动。

考虑到悲伤情绪的唤醒度最低，研究者再把悲伤情绪词中唤醒度最低的 25% 作为新的悲伤指数，结果发现对上证指数成交量的预测力仍然显著。该结果表明，具有低唤醒度的负性情绪与上证指数交易量相关，该结果从宏观群体层面支持了“情绪维持假说”，为情绪泛化假说和情绪维持假说的争论提供了新证据，与经典理论议题进行了对话。

中国经济资本精英群体引领大众情绪

接下来，我们稍微往前推进，将社会情绪元素带入大众和精英关系的探讨中。大众和精英关系问题在政治学、传播学中都是久已有之的重要问题领域。在传播学上，精英也可被称为意见领袖。意见领袖影响大众，还是大众影响意见领袖？这永远是学者乐此不疲的话题。

课题组探讨了在当前中国微博场域下，精英和大众的关系。研究者利用微博数据分别构建了精英与大众的微博情绪指标，从而探讨微博精英与大众情绪的关系。以微博情绪的分析视角为切入点，借助研究团队构建的微博客基本情绪词库（Weibo-5BML）工具和新浪微博 2011—2012 年的微博数据。探索了覆盖房地产、教育等 9 个行业的 894 名微博精英和 160 多万名大众用户之间的微博情绪关系。

新浪有所谓名人排行榜网站，它主要基于行业进行分类。我们从榜中挑选出典型的九类行业精英，包括财经、房地产、科技、传媒、文学、教育、艺术、娱乐和时尚。然后从 160 万人里面把这些精英数据剥离和独立出来，分别建立 9 类精英群体和大众在 5 类基本情绪上的时间序列趋势变量。我们通过 Granger 因果检验分析发现。

（1）**经济资本精英群体比文化资本精英群体具有更大的情绪影响力。**房产、财经和科技类精英（即经济资本精英群体）均有显著领先于大众情绪的倾向；而传媒、时尚、艺术、娱乐、教育、文学精英群体（即文化资本精英群体）领先大众情绪的倾向，则相对更低甚至落后于大众情绪表达。

（2）**不同领域不同情绪类型下的影响关系不完全相同**。但总体来看，“时势造英雄”的效果要比“英雄造时势”的效果强些。

（3）**消极情绪比积极情绪更易传播**。其中，积极情绪中快乐情绪在 4 个领域的精英群体和大众情绪中有显著的领先和滞后关系；而消极情绪中悲伤情绪在 8 个领域、厌恶情绪在 6 个领域、恐惧情绪在 5 个领域、愤怒情绪在 2 个领域内的精英群体和大众情绪中有显著的领先和滞后关系。

我们原以为有影响力的那些精英群体，实际证明对大众情绪没太大影响。例如，在娱乐领域明星拥有庞大的粉丝群，一般被认为具有非常大的影响力，但实际上，就我们分析而言，这些娱乐精英只在快乐情绪上对大众具有引领性；在愤怒、悲伤、厌恶、恐惧这些带有生存适应性的负性基本情绪上，他们没有任何引领作用，即使微博上的粉丝非常之多。

总体而言，经济资本和文化资本之间的支配和被支配关系取决于哪类资本占据了相对较高的话语权。基于微博情绪分析，发现的经济资本精英群体比文化资本精英群体更具情绪影响力的结果，在一定程度上反映转型期中国文化转型落后于经济转型的客观现状。

另外，负性情绪比正性情绪影响力更大，一些国内外的心理学和情绪分析研究也有类似发现。因为基本情绪由进化而来，当人类个体从事了一项增益于他生存几率的活动之后，生理上会产生正性情绪；负性情绪则提示和鼓励你避开或克服各式各样的生存危险与困境，同样也是增加生存几率。负性情绪的生存意义更大，因为它们所提示的情境，更具有生存迫切性，是雪中送炭的，而正性情绪更多是锦上添花的。我们在宏观大规模人群分析层面上验证到了这点。

厌恶情绪分布预测地区民族主义氛围

我们还探索了厌恶情绪表达与民族主义氛围之间的关系。厌恶感属于基本情绪，我们看到或想到那些腐败的食物，我们会有厌恶感，这是与生俱来的本能。它的进化适应性意义在于作为一种行为免疫系统，让人们避免接触那些有害的物质，或者使人远离那些可能携带病原体、有病的人或环境。

同时，在文化演进中，人的生理本能会有功能上的分化从而进入社会领域。心理学研究发现，一些人比另一些人更容易厌恶事物和其他人，对他人防范意识较强。心理学称他们是“厌恶敏感性高的人”，这些人在政治态度上一般也会比较保守和排外。另一方面，也有来自实验范式的一致性证据。研究者在实验室里面唤起被试的厌恶感，随后测量他们的外显或内隐政治意识形态，会发现这些被试会更大程度上表现出保守主义态度，即厌恶情绪具有泛化的社会排斥性。另外，存在一些间接证据表明厌恶感和民族中心主义存在关系。譬如，有研究发现在孕期前三个月中的孕妇的厌恶敏感性会提高，此阶段她们对陌生人和外族人的防范意识最强，这一行为免疫反应使腹中的孩子少受到或不受到可能的潜在伤害。

以上均基于个体的心理学研究。如果上升至宏观群体层面，我们猜测，一个地区在网络上较多地表达厌恶情绪，该地区的民族主义氛围会比较高。为确认这一假设性关联，我们做了相应工作，首先将厌恶情绪表达数据地理分布化，在一年期和在三年期内平均化，以省为单位摊到整个中国版图上。

接下来需要解决的是，如何测量中国各地区的民族主义氛围。民族主义是意识形态维度之一，一般情况下想要获得它的全国特征分布数据比较难。我们有幸拿到中国版政治指南针（Political Compass）网站 2014 年全年调查数据。该网站当年共调查了约 17 万中国人的政治意识形态，我们将其中的民族主义测量题目抽取出来，通过因子分析凝练出一个指标，计算出 30 多个省市的民族主义分布。

然后，控制以往社会科学研究中发现的影响一个地区民族主义程度的变量。比如，一个地区越靠港口，那么这个地区的民族主义氛围就会越淡；一个地区的外贸占比越高，民族主义氛围也会更低，因为你要跟外国人频繁打交道。这样类似地理或经济开放性的区域变量，可以从中国统计局等公开数据源获得。

我们将它们放进回归方程中进行建模，可以发现在没有厌恶情绪指标进入时，其他控制变量已能解释到民族主义氛围 67% 的方差。在将省级厌恶感表达变量放进去之后，总方差解释率提高至 75%，比之前提升了 8% 左右。在社会科学研究里面，这是蛮大的解释率上升。接着我们又用不同时间区间情绪数据做了稳健性检验，结果是一致的。在区分效度检验中，我们将其余四种基本情绪分别带入回归方程，发现它们都不能显著预测地区民族主义氛围。也就是说，只有宏观区域层面上的厌恶情绪表达能预测一个地区的民族主义氛围。

社会风险感知与大众情绪

处于社会转型期和全球化进程的中国社会面临着各种社会风险。个体层面的心理学研究认为，由感知的社会风险诱发的情绪，例如愤怒，可能会引发集群行为。以往研究已经证明，情绪在个体风险感知中的重要性。但这种效果同样适用于更宏观层面的社会群体吗？

由于测量手段与成本限制，在宏观群体层面探索大众感知的社会风险与社会情绪之间的关系并非易事。

我们在此方面做了尝试。首先我们需要一个有代表性的大众社会风险感知指标体系。中科院系统所唐锡晋研究员团队通过百度热搜词数据，刻画中国网民每天的社会风险感知水平。这些热搜词被归类于社会稳定、日常生活、资源环境、公共道德、政府执政、国家安全和经济金融 7 大类风险感知之一。他们所依据的准则来源于中科院心理所郑蕊、李纾等人实证研究确定的中国社会风险结构分类。

我们拿到其中一年左右的社会风险感知日波动数据。从心理学角度看，这属于宏观认知性数据，我们手中是情绪性数据。笔者意图将宏观认知性指标与宏观情绪性指标进行对话。具体利用到因果关系分析和线性回归模型，探究社会风险感知与社会情绪之间的关系。

Granger 因果检验发现，大众感知到的社会风险对社会情绪有显著预测力，但不同的风险类型对不同情绪的预测力是不同的。值得注意的是，大众感知的政治执政风险能显著预测愤怒情绪。也就是说，如果大量中国网民在百度里搜索那些与政府执政有关的负性事件主题词，第二天和第三天的微博中所反映出的愤怒情绪指标会随之有显著上升。

另外，资源环境风险感知能显著预测未来 2~5 日的悲伤情绪。比如“PM2.5”或是“雾霾”这类词在百度中搜索较多的话，会预示着微博中悲伤情绪的上升。之前曾提及，愤怒和悲伤等情绪背后的认知评价要素有所不同。愤怒背后是认为还可以解决，效能感较高。悲伤情绪是面对无法挽回损失，忧伤沉静下来，为深思接下面该如何做提供心境基础。可以看出，大众对环境、雾霾等问题是缺乏解决效能感的。消散雾霾，也许只能等风来。

从另一个角度上分析，社会情绪对大众社会风险感知也同样具有显著预测力。不同的社会情绪对不同类型社会风险感知的预测效果不同。相比快乐情绪，悲伤、厌恶、愤怒、恐惧四类负性社会情绪是社会风险感知水平更为有效的预测变量。这意味着负性社会情绪增强了公众对社会风险因素的感知。

对于社会风险感知与社会情绪间关系的探索发现，表明通过社会化媒体和搜索引擎数据捕捉与研究大众心理特征是可行的。

小结与展望

社交媒体、搜索引擎等网络应用中，由成千上万人产生的集合数据集中有着丰富的心理意蕴，对于心理学家而言是宝贵的研究资源库。同时，纷繁复杂的天然数据表现形态及相关复杂的抓取和分析技术又让心理学家望而却步。前面笔者通过对主要基于社交媒体的情绪信息进行建模，展示如何利用这些人类信息生态数据，做一些不同于既往问卷调查和实验室实验的心理学研究。尤其聚焦于大尺度人群在时间和空间上分布，及这些分布模式与哪些现实中的重要宏观变量之间存在关联。笔者在本文中所展示的一系列情绪研究探索，表明以上研究理路应该可以成为心理学未来研究方向的可选方案之一。

无需厚此薄彼，传统心理学和心理信息学所采用的任何一种范式，任何一个分析层次，都不应该被忽视或放弃。如果能将从微观的基因、脑认知、认知和社会认知的到宏观的集群、文化、社会生态层面人类信息进行全面捕捉和串联，其中所蕴含的解密人性的巨大能量将会源源释放出来。届时我们将可以看到人类心理行为的各层次表达，以及彼此之间如何关联，自然促生出非常多的新研究假设。因为它跨层随意关联，如同能够自由迁越的电子一样。会对现有的心理学，对我们如何认识人类自身，提供更多的刺激和机遇。

心理信息学在研究技术、因果关系分析、数据代表性、数据隐私伦理和研究规范、研究重心与人才培养等诸多方面仍有巨大讨论和提升空间，应结合传统心理学资源和其他学科养料，进一步挖掘其潜能。

空间约束的人类行为：追踪移动公民的注意力[1]

王成军[2]　吴令飞[3]

数字化媒体，尤其是互联网和智能手机，提供了一种研究物理空间和虚拟世界中的人类行为的新的视角。研究者们对于线上和线下的人类行为越来越感兴趣。例如 Ginsberg 等人尝试使用搜索引擎的检索词语来预测流行感冒的爆发（Ginsberg et al., 2009）；Bond 等人则研究了脸书的使用对于选举的促进作用（Bond et al., 2012）；Zhao 等人使用手机数据分析了人类在赛博空间和物理空间的移动行为（Zhao, Huang, Huang, Liu, & Lai, 2014）。值得一提的是，Zhao 等人发现在平均访问次数 <f> 和它的波动程度之间存在一个超线性关系，并且两个空间里的平均访问次数 <f> 之间具有较强的相关。但是，这些研究并未就高精确度的空间行为进行分析。在本文当中，使用一个中国城市 10000 名用户的细粒度的智能手机数据，我们从网络科学的视角研究了线上的人类行为与线下的移动行为之间的关联，尤其是它们的小世界和分形特征。

在以往的研究当中，多数复杂网络被发现是小世界[4]。小世界和分形是复杂网络的两个重要的结构特征。但是，根据以往的文献（Rozenfeld, Song & Makse, 2010），小世界和分形之间看上去是矛盾的：复杂网络的小世界特征意味着网络的平均直径和节点数量之间具有指数关系，即，其中是一个特征长度；而分形的自相似结构要求平均直径和节点数量之间为幂律关系。即。

1 文本扩展版本已经发表于 Scientific Reports，见 Wu, L. ,Wang，G. J. ★（2016）Tracing the Attention of Moving Citizen S. Scientific Reperts. b, 33103.doi:10.1038/Srep33103.

2 王成军：南京大学新闻与传播学院、计算传播学实验中心助理研究员。

3 吴令飞：芝加哥大学计算中心、知识实验室博士后。

4 Albert, Jeong, & Barabá si, 1999; Latora & Marchiori, 2001; Milgram, 1967; Montoya & Solé, 2002; Watts & Strogatz, 1998），此后一系列的研究证实很多复杂网络具有分形的特征（Goh, Salvi, Kahng, & Kim, 2006; Song, Havlin, & Makse, 2005; Song, Havlin, & Makse, 2006。

我们构建以移动网络和注意力网络来比较二者的网络结构。在移动网络当中，节点是物理位置（手机基站），而连边代表了位置之间的空间移动流量[1]；在注意力网络当中，节点是网站，而连边代表了用户的注意力在网站之间的流动（Wang & Wu, 2016）。我们使用了网络重整化的方法（具体而言是盒子覆盖的方法）来分析这两个网络的结构特征。盒子覆盖方法是由 Song 等人（2005）提出的，它起源于盒子计数方法。思考在一个欧几里得空间里嵌入一个网络，我们使用大小为的盒子覆盖这个网络。

我们的发现表明注意力网络是自相似的，而移动网络具有小世界特征，这表明了物理空间的移动行为和虚拟世界的移动行为具有明确的结构差异，人类在物理空间的移动和在赛博空间的移动代表了两类普遍的行为。意料之外的是在重整化的过程中随着的增加，移动网络的度相关系数由正变为负。据我们所知，这种行为模式是第一次发现，我们将这种现象定义为“空间约束的核心节点”并进行了进一步解释。

在以上发现的基础上，我们对移动网络进行社区识别。具体而言，我们采用重整化的结果将物理空间划分为不同的社区，之后我们采用 tf-idf 算法测量了物理空间的社区与用户所访问的网站之间的关联。这样，我们可以找到一个物理空间的用户所经常访问的网站有哪些，反过来，也可以找到访问一个网站的用户主要来自哪些物理空间。采用这种方法，我们找到了三种基于位置的网站浏览行为，包括在线购物、在线约会和手机叫车行为。对于移动网络的局部结构的分析也帮助我们更好地理解“空间约束的核心节点”现象。在讨论部分，我们尝试使用一个修正的几何网络模型来解释观察到的行为模式。

研究方法

在本文当中，使用一个中国城市 10000 名用户的细粒度的智能手机数据。使用盒子覆盖方法，Song 等人（2005）证实万维网具有分

1 Banavar, Maritan & Rinaldo, 1999; Song, Qu, Blumm, & Barab á si, 2010.

形的自相似特征。我们使用相同的算法对移动网络和注意力网络进行分析。下图给出了两个网络的重整化过程。注意力网络比移动网络更加紧密。移动网络当中包含 9899 个节点和 39083 个链接（密度为）；注意力网络有 16476 个节点和 144909 条链接（密度为）。移动网络的直径是 15，而注意力网络的直径只有 10。因此，我们需要更多的盒子来完全覆盖移动网络。如果我们固定的大小为 2，需要 15 步将移动网络变为一个节点；对于注意力网络而言，只需要 10 步。

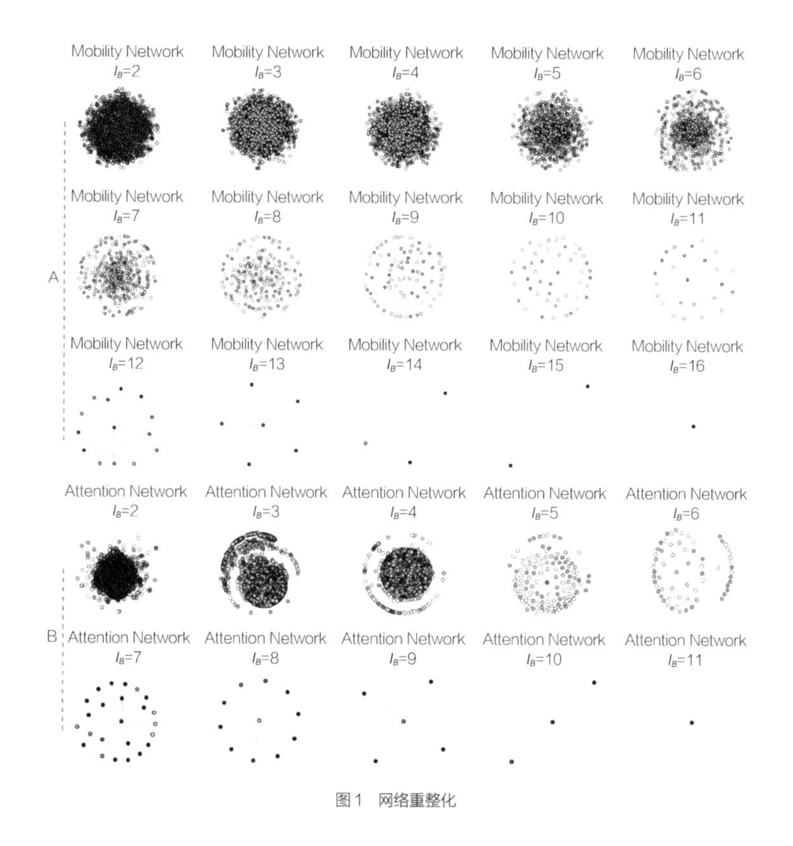

图 1　网络重整化

两类普遍的行为

如图 2B 所示，我们发现了两类普遍的行为。对于注意力网络，盒子数量和盒子大小之间具有幂律关系。因此注意力网络是自相似的货分形的。而对于移动网络，盒子数量和盒子大小之间具有指数关系。因此，移动网络展现了小世界特征，具有较小的直径和较大的聚集系数。以上发现表明，对于网络演化而言，注意力网络和移动网络存在着两类不同的动力学机制。

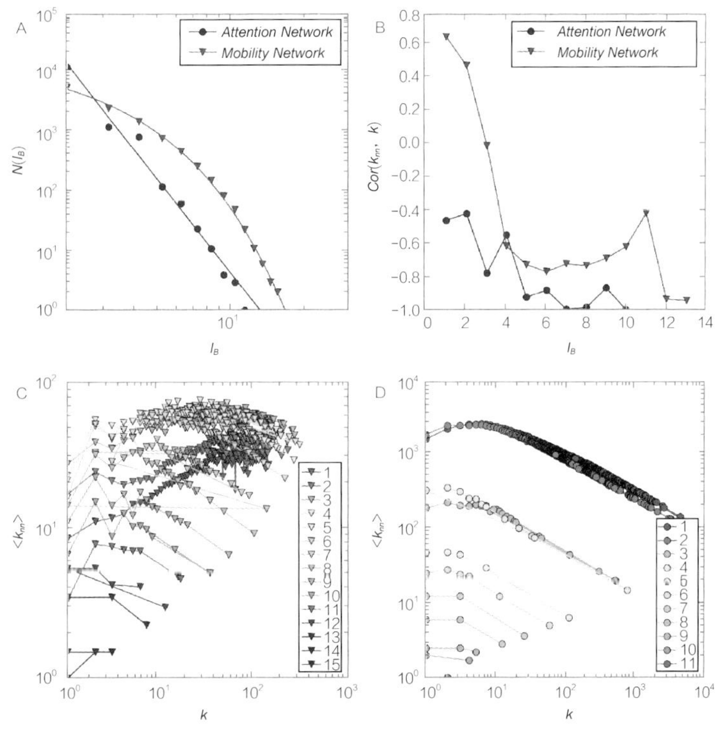

图 2　两类行为与度相关

度相关的转变

Song 等人（2005）认为网络的分形特征起源于网络的异配性（disassortativity），即核心节点倾向于不与核心节点相连，而是与非核心的节点相连。因此分形网络的度相关性是负的。为了理解产生两类普遍行为的机制，本文进一步分析了度相关随着盒子大小是如何变化的。网络的度相关性通过计算度为 k 的节点与它们的邻居的平均度 <knn> 二者之间的相关 Cor(knn, k)。如图 2B 所示，

l_B=3 是一个转折点（Cor(knn, k) < 0），此时网络节点度的同配性（assortativity）转为异配性（dissortativity）。当 l_B>4 的时候，移动网络和注意力网络的 Cor(knn, k) 与 k 之间的曲线都变得扁平（见图 2 B）。

为了更好理解度相关性伴随网络重整化的演变，对于不同的，<k> 与 <knn> 之间的关系被可视化展现出来（图 2C-D）。图 2C 和图 2D 分别展现了移动网络和注意力网络的度相关性 Cor(knn, k) 随的变化。对于移动网络和注意力网络，其度相关在重整化的过程具有相似的模式。随着的增长，度相关 Cor(knn, k) 和邻居的平均度 <knn> 都不断下降。例如，在注意力网络中，当 l_B=2, 度 k=1 的节点的邻居的平均度 <knn> 大于 1000；但当 R=6 的时候，度 k=1 的节点的邻居的平均度 <knn> 只有 10 左右。

移动网络的度相关性随着重整化由正变为负（见图 2C），而注意力网络的度相关性随着网络重整化保持不变（见图 2D）。我们认为这是因为移动网络具有局部和全局两层网络结构：局部结构由物理距离较近的节点构成，它们联系紧密。在局部网络中，从一个节点移动到另外一个节点的成本较小（不存在空间阻隔），因而容易随机地形成一些长程链接，表现出小世界网络的特点：网络直径较小，聚类系数较大，同时核心节点倾向于与核心节点相连，度小的节点倾向于与度小的节点相连。整个网络具备很多这种局部的小世界结构，使得我们观察到网络整体表现为小世界的特点。例如，使用较小的盒子来覆盖移动网络时，原始移动网络中的局部结构并未被破坏，因而我们依然可以观察到正的度相关。此后随着重整化的进行，局部网络中的核心节点将被合并为超级核心（superhub）。此时，物理距离近的节点已经被合并，度大的节点因为物理距离相对较远，因而不会直接相连（空间阻隔），而是通过度小的节点间接地联系在一起。因此，我们把这些全局网络中的超级核心称之为“空间约束的核心”，因为它们通常由空间距离较远的节点构成，不容易直接相连。因而，我们观察到当的时候，重整化之后的网络表现出度相关为负值的特点。

基于地理位置的人类移动行为

因为用户可以同时在注意力网络和移动网络中移动，二者之间具有关联，因而很自然地可以推断在虚拟世界的移动行为也是基于地理位置的。我们对移动网络进行社区识别，并找到在这些空间社区中移动的人主要访问哪些网站。根据对移动网络度相关转变的分析，我们知道当的时候，局部网络结构被合并为超级核心，此时移动网络的社区结构具有明确的物理意义：子社区代表了物理空间较近的节点，这些节点与其它节点的距离相对较远。另外我们从图 2B 当中也观察到，当的时候，度相关曲线也变得相对稳定（在 -0.6 左右）。因此我们使用当的时候的重整化进行社区划分。

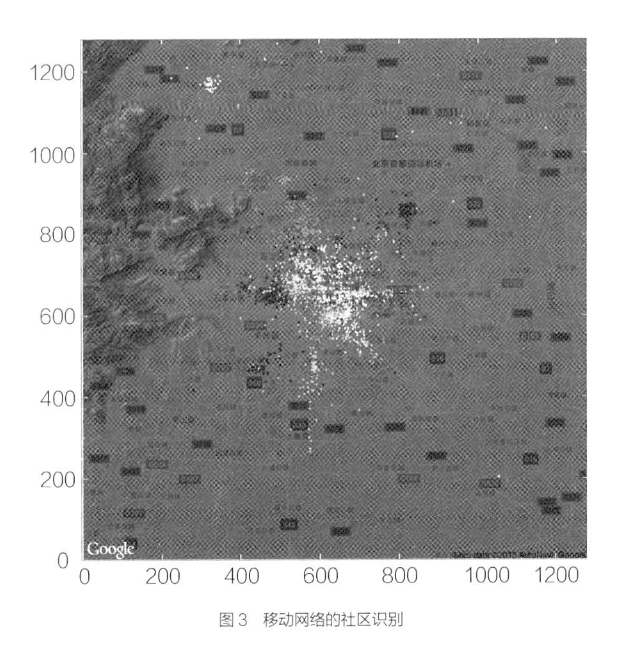

图 3　移动网络的社区识别

对于每一个空间社区，我们计算它的 tf-idf 数值。通过这种方法，我们可以找到每一个空间社区所对应的网站是哪些。我们这样做的原因基于以下假设，即物理空间和虚拟世界的移动行为是相关联的。正如图 4 所示，我们展现了三类典型的基于地理位置的行为：1. 红色的节点和链接所代表的社区主要访问在线购物网站。这些用户在朝阳路周边移动，距离王府井商业区较近，是北京最大的商业圈，因而吸引了很多消费者。线下购物的用户可以在做出购买决策之前，使用手机互联网很方便地找到想要购买的商品的信息；2. 蓝色节点和链接所代表的空间社区主要方位在线约会网站。这些地理位置非常清晰地勾勒出在线约会者的足迹，他/她们主要集中于海淀区，这里集中了很多最为著名的大学，例如北大、清华、人大。3. 黄色的节点和链接所展现的空间社区的用户广泛地使用网约车的服务，尤其是滴滴打车手机应用（www.xiaojukeji.com/）。大量使用网络叫车服务的地点主要集中于通往昌平区的高速路上，它地处北京西北，当时还没有被地铁很好地覆盖。

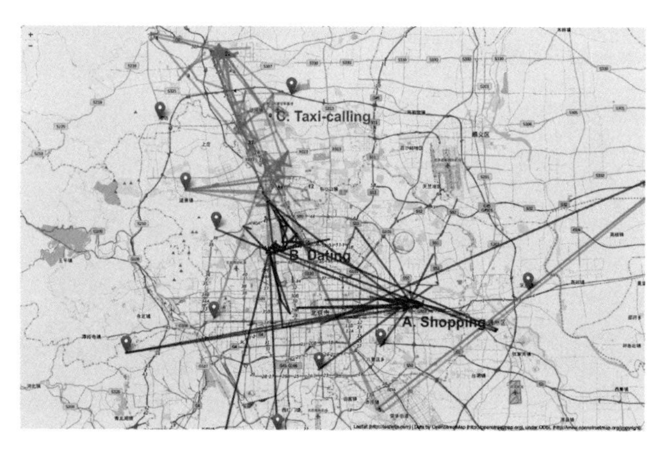

图 4　三类基于地理位置的手机网站使用行为

几何网络模型

移动网络和注意力网络的一个重要特征是节点和链接都是被空间约束的。空间约束的行为模式被图 4 很好地展现：我们观察到不管是节点和位置还是链接的建立都受到空间距离的约束，虽然长程的链接是可能的，但是短距离的链接更多，具备明显的局部聚集的特征。这些行为模式被空间约束链接模型进行定量地分析。例如，Zhang 等人（2015）提出了一个增长几何图模型来解释城市中的各种标度行为。

在几何图模型当中，存在一个 d 维的欧氏空间。初始状态，在这个网络的中心有一个种子节点存在。每一个时间步 t 有一个新节点 p 生成，但仅仅当 p 在已经存在的节点 q 的 r 距离范围以内，p 才能被加入网络，并在 p 和所有与之在 r 范围内的节点 q 之间建立链接。因为在这个模型当中，新节点与其距离 r 范围内的所有节点相连，我们把这个模型称为“模型 All”。

基于模型 All，可以对模型进行很多拓展，例如控制局部聚集系数或者增加初始状态的种子节点的数量。本文根据链接的生成机制，对模型 all 进行进一步拓展。我们考虑两种拓展方式：模型 max，将新加入的节点 p 与其半径 r 范围内的度最大的节点 qmax 建立链接；模型 min，将新加入的节点 p 与其半径 r 范围内的度最大的节点 qmin 建立链接。模型 max 类似于 BA 模型所采用的优先链接；而模型 min 则与之恰好相反。

我们比较了模型 all、模型 max、模型 min 三者之间的异同。图 5 的 ABC 展现了三种模型所生成的网络结构。观察这些网络的局部结构可以带来更深入的理解，图 5 的 E—G 分别展示了使用三种模型生成的网络的局部链接情况。显然，与使用模型 max 和 min 生成的网络相比，使用模型 all 生成的网络更加紧密；而在使用模型 max 生成的网络的局部结构中存在着更多的核心节点（hubs），并且其网络具有明显的异配性（度大的节点之间需要经过度小的节点间接连接起来），因而具有分形的特征；使用模型 min 生成的网络的局部结构的核心几点较少，链接具有明显的随机游走特点，而具有小世界的特征。

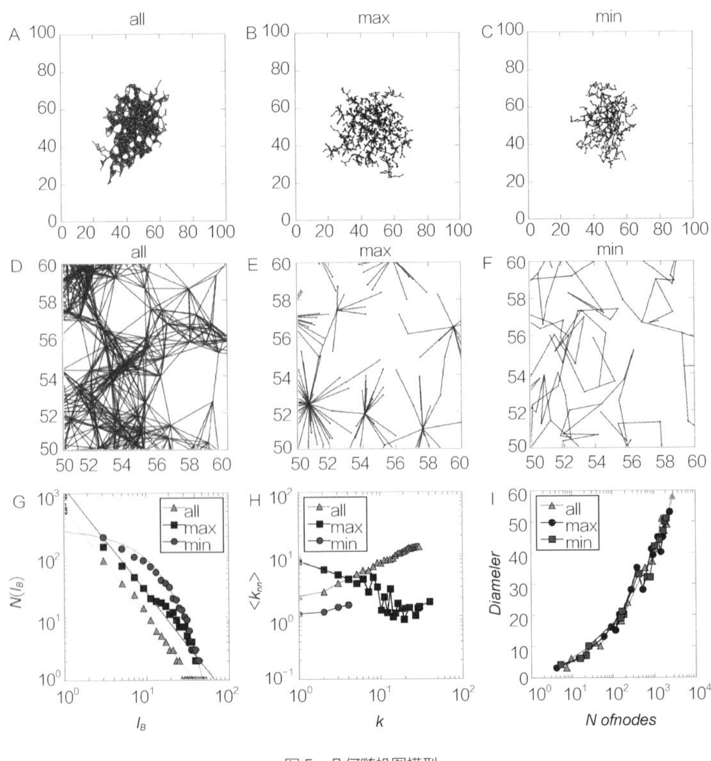

图 5　几何随机图模型

我们同样使用盒子覆盖法对三个模型生成的网络进行重整化。图 5G 证明使用三种模型可以构造出实证数据观察到的两类普遍的移动行为模式，使用模型 all 和模型 max 生成的网络都具有分形特点，和之间具有幂律关系（双对数坐标系中为直线），而使用模型 min 生成的网络具有小世界特征，和之间具有指数关系（双对数坐标系中为曲线）；我们进一步观察三种网络的度相关的情况。如图 5H 所示，对于模型 all 和模型 min 而言，存在一个正的度相关；而对于模型 max 而言，存在一个负的度相关。因而，模型 max 具有分形特点和负的度相关，可以较好解释注意力网络中观察到的模式；而模型 min 具有小世界特点，可以较好解释移动网络中的行为模式。

结论和讨论

比较人类在虚拟世界和现实空间的移动行为是科学研究的一个重要

方面。本文的研究为完成这一个目标，构建并比较了注意力网络和移动网络。将人类的行为的数学结构表达为网络的形式，并采用网络科学的视角进行分析。通过对网络进行重整化，我们发现注意力网络是分形的，而移动网络是小世界的。Zhao 等（2014）的研究认为人类在虚拟空间和现实世界的移动行为具有很强的相关；而我们的研究则进一步发现这两类行为其实属于两类普遍的人类行为。

更为重要的是空间约束不仅仅在物理空间发挥作用，在虚拟空间里同样发挥着重要作用，甚至更强。局部结构缺失空间约束使得移动网络表现出了小世界的特征并具有正的度相关；随着重整化的粗粒化过程空间约束开始发挥作用，度相关发生由正到负的变化。手机浏览的网站和应用之间具有明显的自相似的特点，使得移动网络空间约束更强，强制其嵌入几何网络的结构当中，并表现为很强的分形特点和与之相对应的负的度相关。通常我们认为虚拟空间解放了人的行为，因而可以表现出更多近乎随机的行为，而实际的发现则恰好与之相反。

图书在版编目（CIP）数据

连接之后 : 公共空间重建与权力再分配 / 胡泳，王俊秀主编. -- 北京 : 人民邮电出版社，2017.5
ISBN 978-7-115-44599-5

Ⅰ. ①连… Ⅱ. ①胡… ②王… Ⅲ. ①互联网络一发展一研究一中国 Ⅳ. ①TP393.4

中国版本图书馆CIP数据核字(2017)第057450号

内 容 提 要

互联网的互联互接更好地连接了人、物与世界，同时，新技术、新模式、新群体的涌现也冲击了传统社会的各个方面，并形成了新的社会形态。

本书收录了多位专家学者对互联网发展的研究成果，从法律、经济、社会等不同学科出发，对互联网演变进行跨界观察，既有个别案例的分析与解读，也有对信息社会新格局、新秩序的宏观探索；既有互联网研究前沿的诸多思考，也有对新社会形态的争议思辨。

可以说，本书是对互联网连接一切之后的一次多方面、深刻的剖析，多维度描述了今天中国信息社会的样貌、内涵与外延，适合互联网从业者、研究者、观察者阅读与探讨。

◆ 主　编　胡　泳　王俊秀
责任编辑　俞　彬
责任印制　焦志炜

◆ 人民邮电出版社出版发行　　北京市丰台区成寿寺路 11 号
邮编　100164　　电子邮件　315@ptpress.com.cn
网址　http://www.ptpress.com.cn
北京天宇星印刷厂印刷

◆ 开本：720×960　1/16
印张：17.25
字数：245 千字　　2017 年 5 月第 1 版
印数：1－8 000 册　　2017 年 5 月北京第 1 次印刷

定价：45.00 元

热线：(010)81055410　印装质量热线：(010)81055316
反盗版热线：(010)81055315

是节点和位置还是链接的建立都受到空间距离的约束，虽然长程的链接是可能的，但是短距离的链接更多，具备明显的局部聚集的特征。这些行为模式被空间约束链接模型进行定量地分析。例如，Zhang 等人（2015）提出了一个增长几何图模型来解释城市中的各种标度行为。

在几何图模型当中，存在一个 d 维的欧氏空间。初始状态，在这个网络的中心有一个种子节点存在。每一个时间步 t 有一个新节点 p 生成，但仅仅当 p 在已经存在的节点 q 的 r 距离范围以内，p 才能被加入网络，并在 p 和所有与之在 r 范围内的节点 q 之间建立链接。因为在这个模型当中，新节点与其距离 r 范围内的所有节点相连，我们把这个模型称为“模型 All”。

基于模型 All，可以对模型进行很多拓展，例如控制局部聚集系数或者增加初始状态的种子节点的数量。本文根据链接的生成机制，对模型 all 进行进一步拓展。我们考虑两种拓展方式：模型 max，将新加入的节点 p 与其半径 r 范围内的度最大的节点 qmax 建立链接；模型 min，将新加入的节点 p 与其半径 r 范围内的度最大的节点 qmin 建立链接。模型 max 类似于 BA 模型所采用的优先链接；而模型 min 则与之恰好相反。

我们比较了模型 all、模型 max、模型 min 三者之间的异同。图 5 的 ABC 展现了三种模型所生成的网络结构。观察这些网络的局部结构可以带来更深入的理解，图 5 的 E—G 分别展示了使用三种模型生成的网络的局部链接情况。显然，与使用模型 max 和 min 生成的网络相比，使用模型 all 生成的网络更加紧密；而在使用模型 max 生成的网络的局部结构中存在着更多的核心节点（hubs），并且其网络具有明显的异配性（度大的节点之间需要经过度小的节点间接连接起来），因而具有分形的特征；使用模型 min 生成的网络的局部结构的核心几点较少，链接具有明显的随机游走特点，因而具有小世界的特征。

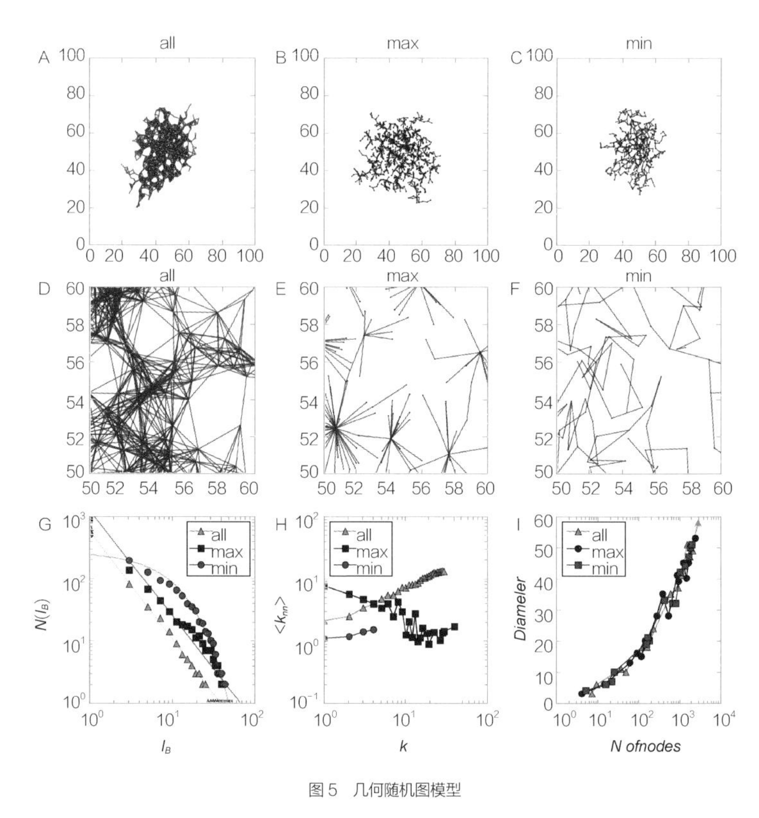

图 5　几何随机图模型

我们同样使用盒子覆盖法对三个模型生成的网络进行重整化。图 5G 证明使用三种模型可以构造出实证数据观察到的两类普遍的移动行为模式，使用模型 all 和模型 max 生成的网络都具有分形特点，和之间具有幂律关系（双对数坐标系中为直线），而使用模型 min 生成的网络具有小世界特征，和之间具有指数关系（双对数坐标系中为曲线）；我们进一步观察三种网络的度相关的情况。如图 5H 所示，对于模型 all 和模型 min 而言，存在一个正的度相关；而对于模型 max 而言，存在一个负的度相关。因而，模型 max 具有分形特点和负的度相关，可以较好解释注意力网络中观察到的模式；而模型 min 具有小世界特点，可以较好解释移动网络中的行为模式。

结论和讨论

比较人类在虚拟世界和现实空间的移动行为是科学研究的一个重要

方面。本文的研究为完成这一个目标，构建并比较了注意力网络和移动网络。将人类的行为的数学结构表达为网络的形式，并采用网络科学的视角进行分析。通过对网络进行重整化，我们发现注意力网络是分形的，而移动网络是小世界的。Zhao 等（2014）的研究认为人类在虚拟空间和现实世界的移动行为具有很强的相关；而我们的研究则进一步发现这两类行为其实属于两类普遍的人类行为。

更为重要的是空间约束不仅仅在物理空间发挥作用，在虚拟空间里同样发挥着重要作用，甚至更强。局部结构缺失空间约束使得移动网络表现出了小世界的特征并具有正的度相关；随着重整化的粗粒化过程空间约束开始发挥作用，度相关发生由正到负的变化。手机浏览的网站和应用之间具有明显的自相似的特点，使得移动网络空间约束更强，强制其嵌入几何网络的结构当中，并表现为很强的分形特点和与之相对应的负的度相关。通常我们认为虚拟空间解放了人的行为，因而可以表现出更多近乎随机的行为，而实际的发现则恰好与之相反。

图书在版编目（CIP）数据

连接之后 ：公共空间重建与权力再分配 / 胡泳，王俊秀主编. -- 北京 ：人民邮电出版社，2017.5
ISBN 978-7-115-44599-5

Ⅰ. ①连… Ⅱ. ①胡… ②王… Ⅲ. ①互联网络—发展—研究—中国 Ⅳ. ①TP393.4

中国版本图书馆CIP数据核字(2017)第057450号

内容提要

互联网的互联互接更好地连接了人、物与世界，同时，新技术、新模式、新群体的涌现也冲击了传统社会的各个方面，并形成了新的社会形态。

本书收录了多位专家学者对互联网发展的研究成果，从法律、经济、社会等不同学科出发，对互联网演变进行跨界观察，既有个别案例的分析与解读，也有对信息社会新格局、新秩序的宏观探索；既有互联网研究前沿的诸多思考，也有对新社会形态的争议思辨。

可以说，本书是对互联网连接一切之后的一次多方面、深刻的剖析，多维度描述了今天中国信息社会的样貌、内涵与外延，适合互联网从业者、研究者、观察者阅读与探讨。

◆ 主　　编　胡　泳　王俊秀
责任编辑　俞　彬
责任印制　焦志炜
◆ 人民邮电出版社出版发行　　北京市丰台区成寿寺路 11 号
邮编　100164　　电子邮件　315@ptpress.com.cn
网址　http://www.ptpress.com.cn
北京天宇星印刷厂印刷
◆ 开本：720×960　1/16
印张：17.25
字数：245 千字　　2017 年 5 月第 1 版
印数：1 – 8 000 册　　2017 年 5 月北京第 1 次印刷

定价：45.00 元

读者服务热线：(010)81055410　印装质量热线：(010)81055316
反盗版热线：(010)81055315